四川盆地天然气勘探开发技术丛书

高温高压高含硫气藏采气工程技术

张华礼　李玉飞　杨　健　唐　庚　等编著

U0336079

石油工业出版社

内 容 提 要

本书从完井工艺技术、测试工艺技术、储层改造工艺技术、采气工艺技术、修井工艺技术以及井筒完整性评价技术等方面，系统介绍了高温高压高含硫气藏采气工程技术方面的攻关成果，并以四川盆地龙岗礁滩气藏和磨溪龙王庙组气藏为应用载体，详细阐述了现场应用和实践情况。

本书可供从事高含硫气藏开发的管理人员和科技人员使用，也可作为石油院校相关专业师生的学习参考书。

图书在版编目（CIP）数据

高温高压高含硫气藏采气工程技术／张华礼等编著.
— 北京：石油工业出版社，2023.2
（四川盆地天然气勘探开发技术丛书）
ISBN 978-7-5183-5511-2

Ⅰ．①高… Ⅱ．①张… Ⅲ．①含硫气体-气田开发
Ⅳ．①TE375

中国版本图书馆 CIP 数据核字（2022）第 138780 号

出版发行：石油工业出版社
　　　　　（北京安定门外安华里 2 区 1 号　100011）
　　　　　网　　址：www. petropub. com
　　　　　编辑部：（010）64523541
　　　　　图书营销中心：（010）64523633
经　　销：全国新华书店
印　　刷：北京中石油彩色印刷有限责任公司

2023 年 2 月第 1 版　2023 年 2 月第 1 次印刷
787×1092 毫米　开本：1/16　印张：19.5
字数：450 千字

定价：160.00 元
（如出现印装质量问题，我社图书营销中心负责调换）

《高温高压高含硫气藏采气工程技术》
编 写 组

组　长：张华礼

副组长：李玉飞　杨　健　唐　庚

编　委：刘祥康　李　力　谢南星　阳　星　张　林

　　　　罗　伟　舒　刚　蔡道钢　刘　飞　何轶果

　　　　卢亚锋　杨　盛　陆林峰　汪传磊　刘东明

　　　　孔　波　朱达江　李　奎　李　松　原　励

　　　　冉　立　田　璐　张芳芳　彭　庚　龚　浩

　　　　黄浩然　谭舒荔　王　汉　段蕴琦

前　言

高温高压井是指储层温度大于 150℃、储层压力大于 70MPa 或井口关井压力大于 35MPa 的井，高含硫气井是指硫化氢含量大于 $30g/m^3$ 的井。与传统的常温常压井相比，高温高压高含硫气井的井下环境恶劣，作业工况复杂，对完井测试、储层改造、排水采气等采气工程技术提出了更高的要求。

本书以川渝地区高温高压高含硫气藏为背景，系统地介绍了西南油气田公司在高温高压高含硫气藏采气工程技术方面取得的主要技术成果及其应用情况，主要包括：完井工艺技术、测试工艺技术、储层改造工艺技术、采气工艺技术、井筒完整性评价技术以及修井工艺技术等。在本书编写过程中力求理论与实践相结合，从理论上详细阐明了采气工程技术相关内容的基本理论和原理，特别注重采气工程技术的科学性、系统性、适用性以及可操作性，并结合西南油气田公司龙岗礁滩气藏和磨溪龙王庙组气藏实际特征，着重介绍了系列技术的现场应用经验和效果，同时还介绍了国内外采气工程技术方面的部分新工艺和新技术。

全书共分为七章，其中第一章由张华礼、李玉飞、唐庚、孔波编写；第二章由李玉飞、张林、何轶果、田璐、张芳芳编写；第三章由阳星、张华礼、陆林峰、彭庚、黄浩然、王汉编写；第四章由刘飞、李力、李松、原励、冉立编写；第五章由蔡道钢、李奎、谢南星、段蕴琦编写；第六章由刘祥康、杨健、舒刚、朱达江、卢亚锋、汪传磊、龚浩编写；第七章由唐庚、罗伟、刘东明、谭舒荔编写。全书由张华礼、李玉飞和阳星统稿。

本书的编写工作是在西南油气田公司组织下完成的。编写过程中得到了李杰、马辉运、刘同斌以及西南石油大学张智等领导和专家的关心、指导和帮助，在此一并表示感谢。

鉴于编者水平有限，书中疏漏和不当之处在所难免，敬请广大读者批评指正。

编者

2022 年 11 月

目　　录

第一章　概述 ·· (1)

第一节　高温高压高含硫气田开发概况 ·· (1)

第二节　高温高压高含硫气藏采气工程技术现状与难点 ··· (4)

第二章　完井工艺技术 ··· (8)

第一节　完井方式 ··· (8)

第二节　完井管柱 ·· (36)

第三节　完井工作液 ··· (58)

第四节　采气井口装置 ·· (62)

第三章　测试工艺技术 ··· (76)

第一节　高温高压高含硫气井工艺技术要求 ·· (76)

第二节　地层测试技术 ·· (78)

第三节　地面测试控制技术 ·· (102)

第四节　试油控制技术 ··· (125)

第五节　典型井例应用 ··· (130)

第四章　储层改造工艺技术 ·· (141)

第一节　碳酸盐岩储层改造机理 ··· (141)

第二节　储层改造室内实验评价技术 ·· (145)

第三节　储层改造工艺技术 ·· (162)

第四节　储层改造工作液体系 ··· (196)

第五章　采气工艺技术 ··· (203)

第一节　气井生产系统 ··· (203)

第二节　井下节流工艺技术 ·· (209)

第三节　排水采气工艺技术 ·· (215)

第四节　动态监测技术 ··· (234)

第六章　修井工艺技术 ··· (245)

第一节　压井工艺技术 ··· (245)

第二节　永久式封隔器完井管柱处理技术 ··· (249)

第三节　气井暂闭及弃置技术 ··· (263)

第七章　井筒完整性技术 ……………………………………………………（271）

　第一节　井筒完整性失效形式及屏障划分 …………………………………（271）

　第二节　井筒完整性评价 ……………………………………………………（276）

　第三节　井筒完整性管理 ……………………………………………………（284）

　第四节　井筒完整性现场检测技术 …………………………………………（292）

参考文献 ………………………………………………………………………（298）

第一章 概　述

中国高含硫气藏资源丰富，累计探明高含硫天然气储量 $1\times10^{12}m^3$，开发潜力巨大。中国的高含硫气藏大多赋存于碳酸盐岩储层中，具有埋藏深、地质条件复杂、高温高压、硫化氢和二氧化碳含量高的特点，在采气工程技术上存在诸多难题。20 世纪 60 年代，我国就开始了高含硫气藏开发的技术攻关和开发生产实践，逐步发展和完善了我国高含硫气藏开发配套的技术系列，全面支撑了我国高含硫气藏的安全、高效、清洁开发。

第一节　高温高压高含硫气田开发概况

21 世纪是天然气的时代，随着油气勘探开发技术的不断发展，近年来中国陆上四大天然气产区（塔里木盆地、鄂尔多斯盆地、柴达木盆地以及四川气区）都相继发现大型气田，天然气储量迅速增长，为中国天然气产业的大发展奠定了坚实的资源基础。随着气田开发转向更深更恶劣的环境，气井的高温、高压、高含硫等问题也随之而来，尤其是克拉2、迪那、罗家寨、龙岗等气田的发现，对高温、高压、高含硫等"三高"气田的安全、高效开发提出了新的挑战。

一、高含硫气田概况

高含硫气田拥有巨大的资源量，是天然气资源量的重要组成部分。据统计，目前全球已发现 300 多个具有工业价值的高含硫气田，其中仅苏联就发现了 70 多个含硫气田，其储量占该国天然气储量的 12%；高含硫天然气在加拿大、美国、法国和德国等国家和地区也都有十分丰富的储量。

国外的高含硫气田主要分布在侏罗系、二叠系，少量分布在泥盆系、石炭系、白垩系和古近系，埋深从 1800~6000m，其储层岩性主要为石灰岩和白云岩，少量为膏盐岩。硫化氢含量变化非常大，为 3%~98%，总体来看，国外的高含硫气田硫化氢含量普遍较高，一般都在 10% 以上。世界已开发的高含硫碳酸盐岩气藏中，著名的有法国拉克气田（H_2S含量为 15.6%）、加拿大和阿尔贝利气田（H_2S 含量为 90%）、苏联滨海盆地的阿斯特拉罕气田（H_2S 含量为 21%）等，已知含硫化氢组分最高的气藏是美国南得克萨斯气田奥陶系石灰岩气藏（H_2S 含量为 98%）。国外典型的高含硫气田基本情况见表 1-1。

中国高含硫天然气资源丰富，开发潜力巨大。截至 2014 年，中国累计探明高含硫天然气储量约 $1\times10^{12}m^3$，其中 90% 都集中在四川盆地。主要分布于三叠系雷口坡组、嘉陵江组、飞仙关组，二叠系的长兴组、茅口组、栖霞组，寒武系的龙王庙组和震旦系的灯影组等纵向上多层系，埋深从 2000 多米到 7000 多米不等，其储层岩性主要为海相碳酸盐岩。四川盆地已探明高含硫天然气储量约 $9200\times10^8m^3$，占全国天然气探明储量的 1/9，已动用

高含硫天然气储量 $1402.5 \times 10^8 m^3$，仅占已探明高含硫天然气储量的 15%，开采潜力巨大。

表 1-1 国外典型的高含硫气田（藏）统计表

国别	气田名称	H₂S（%）	CO₂（%）	地层压力（MPa）	温度（℃）	井数（口）	发现时间	储量（$10^{12}m^3$）
法国	拉克气田	15.6	9.3	67.5	140	38	1951	2640
德国	Zechetein Sour Gas	20.2		51.7	140			
	Zechetein Sweet Gas		15.4	27.9	90~95			
俄罗斯	阿斯特拉罕气田	16.03~28.30	17.9~21.5	62.6	106		1976	38000~42000
加拿大	平切尔溪气田	11.2	5.0	34.0	88.3	27	1947	196
	卡布南气田	17.74	3.43	32.4	114	114	1961	1044
美国	布拉迪气田	1.17~30.11	0.35~23.19	32.7~41.6		22	1975	
	威特尼卡特溪气田	0.63~21.34	0.10~5.76		90.6~98.9	28	1977	1500

二、高温高压高含硫气藏划分标准

20 世纪 60—90 年代，美国密西西比、英国北海等地区垂深 4500m 以深的超深层油气藏的钻探过程中出现了越来越多的高温高压井，其地层压力往往超过 70MPa 达到 105MPa 以上，地层温度往往超过 150℃ 达到 205℃ 以上。如埋深 7620m 的美国密西西比南方盐下超深层酸性气藏，地层压力 165.5MPa、温度 221℃、H₂S 含量 45%；埋深 5500m 的英国北海超深层凝析气藏地层压力 107MPa、温度 204℃；埋深 5830m 的意大利 Malossa 超深层凝析气藏地层压力 104.6MPa、地层温度 155℃。1992 年，Statoil 联合 Amoco、Shell、ELF、BP、Mobil、Halliburton、Schlumberger 和 Expro 等公司成立了高温高压井合作促进协会，根据 HTHP 合作促进协会的规定，油气井的地层温度达到 149℃（300℉），地层压力达到 103.4MPa（15000psi）或井口压力达到 68.9MPa（10000psi）以上称为高温高压井，若油气井的地层温度达到 204℃（400℉），地层压力达到 137.8MPa（20000psi）或井口压力达到 103.4MPa（15000psi）以上称为超高温高压井。目前国际上对高温高压的划分标准见表 1-2。国际上对高温高压井的划分标准虽然没有统一的国际标准，但大多数油公司和服务公司认同的标准为：地层压力达到 68.9MPa（10000psi）、地层温度达到 149℃（300℉）以上称为高温高压井，地层压力达到 103.4MPa（15000psi）、地层温度达到 177℃（350℉）以上称为超高温高压井。

表 1-2 国际部分国家（企业）高温高压油气藏划分标准

单位	高温高压		超高温超高压	
	温度（℃）	压力（MPa）	温度（℃）	压力（MPa）
美国石油协会 API	121	68.9	177	103.4
HTHP 合作促进协会	149	103.4	204	137.8
哈里伯顿	149	68.9	177	103.4
斯伦贝谢	149	68.9	204	103.4

1976 年，国内第一口超深井四川女基井的完成标志着我国油气田勘探开发工作向超深高温高压气井发展。经过 40 多年的发展，国内高温高压气井采气工程技术取得了长足进步，目前国内普遍认为地层压力达到 70MPa、温度达到 150℃即为高温高压气藏。

国外对于高含硫气藏没有统一的标准和定义，主要依据《天然气藏分类》（GB/T 26979—2011）对含硫气藏进行分类。其含硫化氢气藏分类标准见表 1-3。

表 1-3　含硫化氢气藏分类

气藏分类 H_2S 含量	微含硫气藏	低含硫气藏	中含硫气藏	高含硫气藏	特高含硫气藏	硫化氢气藏
H_2S (g/m^3)	≤0.02	0.02~5.0	5.0~30.0	30.0~150.0	150.0~770.0	≥770.0
$H_2S^{①}$ (%)	≤0.0013	0.0013~0.3	0.3~2.0	2.0~10.0	10.0~50.0	≥50.0

注：①指体积分数。

三、四川盆地高温高压高含硫气田开发历程

四川盆地含硫天然气勘探始于 20 世纪 60 年代，历史长达 60 余年，是我国该类气田开发的先驱，含硫气藏开发经历了 H_2S 含量从 50g/m³ 以下到 100g/m³ 之上、埋深从 2000m 级到 6000m 级、储量规模从小到大的技术发展变迁，含硫天然气产量所占比重逐年递增。

四川盆地天然气勘探开发是伴随着含硫气藏的不断发现而不断扩大的，经历了从不含硫、低含硫到高含硫，从气藏局部含硫到全气藏含硫的转变过程。自 1965 年 10 月威远震旦系气藏（硫化氢含量高达 45.2g/m³）投入开采以来，已安全平稳生产 52 年，累计采出天然气超过 140×10⁸m³，威远震旦系气藏的顺利投产，标志着我国天然气已经从非含硫天然气跨越到含硫天然气开发领域。1973 年 8 月，卧龙河嘉五₁—嘉四₃气藏（硫化氢含量最高的达到 75.6g/m³）投产，已安全开采 44 年，累计采出超过 170×10⁸m³，标志着我国含硫气藏开发从低含硫到高含硫的转变。1982 年 3 月，中坝气田雷三气藏（硫化氢平均含量 8%、115g/m³）投产，已实现 35 年安全平稳生产，累计采气约 70×10⁸m³，中坝气田雷三气藏安全平稳生产，标志着我国高含硫气藏开发从局部含硫到全气藏含硫的转变。

20 世纪 90 年代后，磨溪雷一₁、高峰场、黄龙场等高含硫气田相继投入开发。"十五"期间，在四川盆地开江—梁平海槽东侧飞仙关组和长兴组相继探明渡口河、罗家寨、铁山坡、滚子坪、金珠坪、铁山、七里北、黄龙场等高含硫气藏，共获天然气探明储量 1942.78×10⁸m³，并且普遍获得高产气流，其中罗家 11H 井最大测试产量达 302×10⁴m³/d，这些发现显示出高含硫气藏开发的巨大潜力。中国石油西南油气田公司已开发的部分高含硫气藏信息见表 1-4。

2007 年以来，随着技术不断发展和进步，先后发现并成功开发了长兴和飞仙关等高温高压含硫气藏，磨溪龙王庙和高石梯震旦系气藏等中含硫气藏也按照高含硫气藏相关要求进行建设，标志着我国高含硫气藏开采技术取得重大突破和进展。与此同时，四川盆地高温高压高含硫气藏开发的成功经验也有力支撑了我国第一个海外高含硫气田——土库曼斯坦阿姆河气田的顺利投产，标志着中国石油在高含硫气藏开采整体技术进入国际先进行列。

表1-4　中国石油西南油气田公司已开发的部分高含硫气藏

气藏名称	投产时间	H_2S含量高值 （g/m^3）	埋深 （m）	储量规模
威远震旦系	1965.10	45.2	3100	大型
卧龙河嘉五$_1$—嘉四$_3$	1973.08	75.6	1996	中型
中坝雷三	1982.03	144.0	3194	中型
磨溪雷一$_1$	1991.02	44.1	2715	大型
黄龙场长兴组	2003.04	201.5	4003.5	小型
高峰场飞仙关组	2004.12	105.6	3780	小型
龙岗长兴组—飞仙关组	2009.07	130.3	4790~6210	大型

注：气藏按地质储量分类，大型≥$300×10^8 m^3$；中型（50~300）×$10^8 m^3$；小型<$50×10^8 m^3$。

第二节　高温高压高含硫气藏采气工程技术现状与难点

一、国外采气工程技术现状

1. 完井工艺技术

加拿大Bearberry气田、Foothills气田、Kaybobsouth气田，法国Lacq气田、中东阿布扎比Thamama气田"C"层、美国Black Creek气田、俄罗斯奥伦堡气田等完井的主要经验教训如下：

（1）天然气中的硫化氢对人或其他动物均为剧毒气体，对井下设备、管柱有严重的腐蚀作用，一旦事故发生，损失惨重，因此要有充分的准备，不能仓促行事。在整个气井的钻井、完井及生产过程中一定要高度重视安全，选择抗酸性气的管材，制定预防办法，采取防腐、防堵措施。

（2）高含硫气井要采用抗硫油、套管等一系列抗硫措施，开发成本高，应尽量少打井，最好在储层连通性好的构造顶部打生产井，利用压力高、产量高的特点保持稳产来实现少井高产。

（3）连续注化学缓蚀剂是高含硫气井防腐效果最好的方法，可明显地延长完井管柱的使用寿命。但有缓蚀剂存在损失和分离问题，成本相对较高。

（4）采用AISI 410不锈钢材料做井口装置，在有氯化物及二氧化碳含量高及高温条件下可以抗失重和局部腐蚀。这种马氏钢材已广泛用于含硫油气井。

（5）对多产层高含硫气田采用双管柱完井时，与平行双管相比，采用同心双管柱完井可获得更大的产量。

（6）高含硫气井产量及采气速度受天然气处理能力的限制，在高含硫气田投产方案中，天然气的加工处理规模很关键。

（7）经济效益决定气田寿命和采收率。高含硫天然气对生产管柱腐蚀严重，一般5年后的腐蚀较为明显，而抗硫管材价格贵，换油管成本高，根据国外气田经济效益预测，一般要气井寿命达 20 年左右才可考虑采用抗硫管材。

(8)腐蚀监测是保证高含硫气井安全生产必不可少的步骤,应给予足够重视。井口及关键设备除用目测进行腐蚀监测外,通常还用超声波和 X 射线探伤,对生产管柱进行监测,以了解其腐蚀程度,为生产决策提供依据。

2. 测试工艺技术

国外高温高压深井的测试工艺技术发展得较早且较成熟,对于高温高压深井的测试必须采用封隔器保护套管;同时在完井技术上,要求油层套管本身能承受气井的最高关井压力。测试管柱尽量做到测试与生产合一,测试后无须压井更换管柱即可投入生产。对于探井和暂不投入生产的井也采用逐层上试的测试管柱。

3. 增产工艺技术

国外对适应含硫气井储层改造的酸液体系研究已经经历了大约 30 年的时间,形成了以胶凝酸和乳化酸为代表的酸液体系。同时,酸液体系中必须添加沉淀控制剂、缓蚀剂、助排剂、铁离子稳定剂和硫化氢吸收剂等一种或多种添加剂。针对高含硫气井的储层改造工艺技术没有统一的标准,而是根据实际储层的特征选择合理的酸压工艺,以确保得到良好的改造效果,达到气井增产目的。

4. 防腐工艺及措施

主要的防腐措施是通过选材、注入缓蚀剂或热油循环及腐蚀监测等方法来减缓井下管柱的腐蚀。腐蚀监测系统采用的测定方法有:(1)挂片测试方法;(2)液体中铁浓度测定法;(3)舒拉显示仪(Sonoscope);(4)油管内径卡尺;(5)X 光测定法;(6)氢探头等相结合的方法。

5. 防治硫沉积技术

国外高含硫气井井下除硫主要采用硫溶剂。硫溶剂分两大类:物理溶剂和化学溶剂。目前采用的硫溶剂主要有二硫化碳、二芳基二硫化物、二烷基二硫化物、二甲基二硫化物(DMDS)等。二甲基二硫化物的溶硫能力最强,应用较多。美国、加拿大采用二甲基二硫化物较多。

6. 水合物的预测与防治

目前国外在处理高含硫气藏井筒水合物堵塞问题时有两种主要方法:一是将适量的溶剂(热油溶剂)连续泵入井内油管和环行空间,然后借助井口双通节流加热器进一步加热,防止水合物生成。二是当生产过程中井筒内有水合物生成,可关井用泵向井中加注乙二醇清除水合物。

二、四川盆地高温高压高含硫气藏特征

截至目前,四川盆地已探明的高温高压高含硫气藏普遍具有储层埋藏深、温度高、压力高、含 H_2S 和 CO_2 等有毒有害气体、腐蚀性强等特征,部分井还具有产水和单井产量高的特点。在已开发含硫气藏中,H_2S 含量最高达 $493g/m^3$,最大埋深 7000m 以上,最大地层压力近 127.3MPa,最高温度 175℃,对测试完井、增产改造和后期安全生产等采气工程

技术提出了更高的挑战，并且难以采用同一技术模式开发，如表1-5所示。不仅如此，四川盆地含硫气藏多位于多山、多静风、人居稠密地区，使得气藏在开发过程中面临的环境与安全风险显著增大，开发评价要求提高、工艺技术复杂性和开发成本大幅增加。

表1-5 四川盆地典型高含硫气藏特征参数

气藏名称 层位	H_2S 含量高值 （g/m^3）	平均埋深 （m）	地层压力 （MPa）	地层温度 （℃）	天然气储量 （$10^8 m^3$）	最大单井产量 （$10^4 m^3/d$）
威远 震旦系	45.2	3100.0	29.53	92.11		60
卧龙河 嘉五$_1$—嘉四$_3$	493.0	1996.0	22.80	67.64	408.86	79.5
中坝 雷三	143.9	3194.0	35.34	86.1	186.3	35.64
磨溪 雷一$_1$	44.2	2715.0	32.56	87		40.18
黄龙场 长兴组	201.5	4003.5	42.599	96.02		65.05
高峰场 飞仙关组	105.6	3780.0	64.02	90.33		61.13
龙岗主体 长兴组—飞仙关组	130.3	4790.0~6210.0	58.19~88.87	140	720.33	93
罗家寨 飞仙关组	150.0	3450.0	41.93	89.85	797.36	302

三、采气工程技术难点

川渝地区高温高压含硫气藏普遍具有埋藏深、地层温度和压力高、含 H_2S 和 CO_2 腐蚀介质、储层非均质性强、产量差异大等特点，并且绝大部分井有不同程度的产水情况，对完井测试、增产改造、采气、修井和井筒完整性等都提出了更高的要求和挑战，主要存在以下几个方面的技术难点。

1. 高温高压高含硫气藏开发安全性与经济性矛盾突出

高温高压高含硫气井的安全生产历来是关注的焦点，其工程风险大大超过常规气井，井筒失效等井下事故问题突出。腐蚀是高温高压高含硫气井的一个重要特点，完井、测试和采气等作业过程中需要考虑油层套管、油管、井下工具和地面流程的材质选择及防腐问题，需要进行储层改造的地层，还应考虑高温和高含硫化氢对酸液体系的影响。

然而，影响腐蚀的因素众多，由于高温高压气井腐蚀的特殊性和复杂性，目前还没有普遍适应性的腐蚀预测方法。材质选择过低，气井面临安全风险，而由于井下管柱材质价格差异巨大（镍基合金为普通碳钢价格的10~30倍），材质选择过高，将带来巨大的资金投入。同时，深层气藏由于复杂的地质特征，平面和纵向上产能差异大，易导致低产能高投入的现象发生，存在巨大投资风险。

2. 气藏埋藏深，井下条件及作业工况复杂

四川已开发气田的统计分析表明，高温高压高含硫气藏一般具有埋藏深等特点，通常井深为 5000~6000m，部分井甚至可达 8000m 以上，导致井下条件复杂，完井、测试和增产改造等作业周期长、难度大。

井下条件复杂主要包括四个方面，一是井身结构复杂，通常为"四开四完"和"五开五完"井身结构，部分井甚至为非常规井身结构，且往往要挂尾管；二是钻井过程中井下情况复杂，既加大了套管的损伤，又给完井及测试留下隐患；三是深井储层复杂且具有不确定性，既有高压高渗的储层，又有高压低渗的储层，两类储层对油套管影响和试油的准备是截然不同的；四是管柱尺寸复合，井下测试阀、安全阀、封隔器等工具组合复杂，为了保证井内平稳，高压气井需要高密度完井液，井下管柱承受的温度和压力变化大，断裂、卡埋、堵塞等失效现象发生概率较高，且完井周期长，井控风险大。

高温高压气井井下作业主要包括射孔、测试、酸化、气举和转采等，有时甚至是两项或多项作业联作。油管和井下工具在上述作业过程中，不但要承受很大的静载荷，而且要承受很大的交变载荷，并且其承受的压力和温度也随之变化，导致井下管柱产生活塞效应、螺旋弯曲效应、鼓胀效应和温度效应，严重影响作业和后期生产安全。

3. 对完井测试工具、井口装置、改造液体材料和配套工艺等要求高

四川盆地已开发的高温高压高含硫气藏中，地层压力最高 137MPa，地层温度最高 175℃，且绝大部分井油层套管为 5in 小井眼，给完井测试工具和井口装置的选择造成了很大困难，部分井甚至无法正常完井。另外，为了达到较好的改造效果，一是要求储层改造的酸液耐温缓速性能好、降阻率高、抗硫性能好；二是要求采用与储层地质特征相匹配的改造工艺，以适应于孔、洞、缝等多种类型储层，提高单井产量，实现经济高效开发；三是要求采用均匀布酸或分层分段改造工艺，满足储层非均质性强的特点，提高储层有效动用程度。

4. 井完整性问题突出，安全风险高

随着高温高压高含硫气井投入开采，井的完整性日益受到重视，若井的完整性出现问题，不仅影响正常的开发和生产，还可能会带来一定程度的经济损失。环空带压是井完整性问题的一个主要表现形式。2004 年美国矿产管理局一项调查表明墨西哥湾深水及大陆架 14927 口生产井中有 6650 口井出现过环空带压，占比 45%；2009 年 SPE 论坛中《北海井完整性挑战》中统计 4700 口生产井中有 1600 口井出现了不同程度的环空带压问题，占比 34%；2017 年塔里木库车山前已有 140 口气井先后投入生产，其中有 31 口井出现环空带压问题，占比 22%；而西南油气田目前 400 余口高温高压井中有 40 口井出现了不同程度的环空带压情况，占比 10%。因此，从国内外高温高压高含硫气藏开发情况看，受地层温度和压力高，作业工况复杂等因素的影响，井完整性问题还比较突出。

四川已开发的高含硫气田多位于多山、多静风、人居稠密地区，高含硫天然气腐蚀性强、所含硫化物毒性大，在钻井、完井、增产改造和采气等生产环节一旦出现问题，将具有较大的环境与安全风险。

第二章　完井工艺技术

完井是衔接钻井和油气开采工程的相对独立的一项系统工程，完井方式的选择是完井系统工程中最为关键的一个技术环节。一口井完井方式的选择是否合理，直接关系到该井今后的开发开采能否顺利进行，尤其是高温高压高含硫气井，不仅要考虑增产改造和后期排水采气工艺的要求，还要结合"三高"气井完整性的要求，设计合理的完井方式及完井管柱结构，满足气井在全生命周期内安全高效生产。

第一节　完井方式

一、完井方式选择

根据气层地质特征和开采技术要求建立气井井筒与气层的连通方式，又称完井方法。储层类型及其均质程度、岩石的粒度组成、井底附近地带岩层的稳定性、产层附近有无高压层、底水或气顶、产层的渗透性等，是选择完井方法的主要根据。

1. 选择的原则及考虑的因素

目前完井方式有多种类型，但都有各自的适用条件和局限性。只有根据气藏类型和气层的特性选择最合适的完井方式，才能有效地开发气田，延长气井寿命和提高其经济效益。合理的完井方式应根据气田开发方案的要求，做到充分发挥各气层段的潜力，气井管柱既能满足气井自喷采气的需要，又要考虑到后期人工举升措施的要求，同时还要为一些必要的井下作业措施创造良好条件。

1）完井方式选择原则

（1）气层和井筒之间应保持最佳的连通条件，气层所受损害最小；

（2）气层和井筒之间应具有尽可能大的渗流面积，气流入井的阻力最小；

（3）若井眼穿过多套储层，应能有效封隔气、水层，防止气窜或水窜，杜绝层间干扰；

（4）对于水平段穿过多层、储层不均质严重、或水平段较长的水平井，应考虑完井后，能够进行分层或分段作业及生产控制；

（5）应考虑开采过程中井壁稳定状况，防止井壁坍塌，确保气井长期生产；

（6）应考虑气藏高含 H_2S、CO_2 腐蚀介质，确保高含硫气井长期安全生产；

（7）施工工艺成熟、可行，综合成本低，经济效益要好。

2）考虑的因素

（1）储层类型：如果是孔隙性碳酸盐岩气层，由于渗透率低，无论有无底水，都要选择能采用压裂酸化增产措施的套管或尾管射孔完井；如果是裂缝性碳酸盐岩气层，可以根据有无底水情况，选择套管或尾管射孔完井及裸眼完井，有时也可选择衬管完井。

（2）产气量：对高产气井，可采用裸眼或衬管完井；如果采用射孔完井，则必须是在大直径的套管（≥ϕ139.7mm）内射孔。对低产气井，原则上采用射孔完成、主要是考虑到以后需采用增产措施。

（3）地层压力和渗透率：高压高渗地层的流动性好、供液能力强，而低压低渗地层的流动性差、供液能力弱，考虑到以后是否采用增产措施而选择合理的完井方式。

（4）目的层下是否有底水：对于有气底水的气层，在选择完井方式时要考虑避开底水。

（5）泥岩、页岩夹层：对具有泥岩、页岩夹层的目的层，一般应采用射孔完成。而且在钻开油层和固井、完井时，必须考虑抑制泥岩、页岩夹层的水化膨胀问题。否则，将易引起井塌，或者在泥岩、页岩夹层水化膨胀后裂缝产层受到压缩作用从而使裂缝闭合，最终限制产量（实际上，这也是一种严重的地层损害，必须引起高度重视）。

（6）深井或高破裂压力井：对深井或高破裂压力井，一般应采用射孔完成。而且还应加大生产套管的直径，以便下入较大直径的油管，这样有利于减少水力压裂时井筒的摩阻、有利于在压裂时压开产层。某些深井或高破裂压力井，在压裂时往往压不开产层，其原因之一就是套管尺寸太小、井筒摩阻太大。

2. 井壁稳定性分析

井壁稳定性对于合理选择完井方式具有重要影响。通过井壁岩石所受的剪切应力与岩石抗剪切强度的研究，判断井壁的稳定程度，从而为是否选择采用支撑井壁的完井方式提供理论依据。此外，在压井过程中如果井内液柱压力过大，井壁还可能发生张性破坏，在完井方式优选时也应该注意。

1）井壁周围的应力分布

在垂直井中，由于井眼与水平面垂直，在使用三轴应力分析井壁的稳定性时可直接使用地应力。但是斜井以及水平井由于井壁的应力状态与直井不同，所以需要进行井壁应力状态分析。根据 Bradley 井眼周围应力计算方法，首先假设原始地层最大水平主应力 σ_H，最小水平主应力 σ_h，垂向地应力 σ_v，井眼倾斜角 γ，井眼方位角 ϕ（井眼与最大水平应力的夹角，如图 2-1 所示）。将原地应力转换为井轴直角坐标系（x, y, z）中的 3 个法向应力 σ_{xx}、σ_{yy}、σ_{zz} 以及 3 个剪切应力 τ_{xy}、τ_{yz}、τ_{xz}。坐标变换关系式如下：

$$\begin{bmatrix} \sigma_{xx} & \tau_{xy} & \tau_{xz} \\ \tau_{yx} & \sigma_{yy} & \tau_{yz} \\ \tau_{zx} & \tau_{zy} & \sigma_{zz} \end{bmatrix} = \begin{bmatrix} L \end{bmatrix} \begin{bmatrix} \sigma_H & & \\ & \sigma_h & \\ & & \sigma_v \end{bmatrix} \begin{bmatrix} L \end{bmatrix}^T \tag{2-1}$$

$$\begin{bmatrix} L \end{bmatrix} = \begin{bmatrix} \cos\gamma & 0 & \sin\gamma \\ 0 & 1 & 0 \\ \sin\gamma & 0 & \cos\gamma \end{bmatrix} \begin{bmatrix} \cos\phi & \sin\phi & 0 \\ -\sin\phi & \cos\phi & 0 \\ 0 & 0 & 1 \end{bmatrix} \tag{2-2}$$

由式（2-1）和式（2-2）计算可得：

$$\sigma_{xx} = (\sigma_H\cos^2\phi + \sigma_h\sin^2\phi)\cos^2\gamma + \sigma_v\sin^2\gamma \tag{2-3}$$

$$\sigma_{yy} = \sigma_{\mathrm{H}} \sin^2\phi + \sigma_{\mathrm{h}} \cos^2\phi \tag{2-4}$$

$$\sigma_{zz} = (\sigma_{\mathrm{H}} \cos^2\phi + \sigma_{\mathrm{h}} \sin^2\phi) \sin^2\gamma + \sigma_{\mathrm{v}} \cos^2\gamma \tag{2-5}$$

$$\tau_{xy} = 0.5(\sigma_{\mathrm{h}} - \sigma_{\mathrm{H}}) \sin(2\phi) \cos\gamma \tag{2-6}$$

$$\tau_{yz} = 0.5(\sigma_{\mathrm{h}} - \sigma_{\mathrm{H}}) \sin(2\phi) \sin\gamma \tag{2-7}$$

$$\tau_{xz} = 0.5(\sigma_{\mathrm{H}} \cos^2\phi + \sigma_{\mathrm{h}} \sin^2\phi - \sigma_{\mathrm{v}}) \sin(2\gamma) \tag{2-8}$$

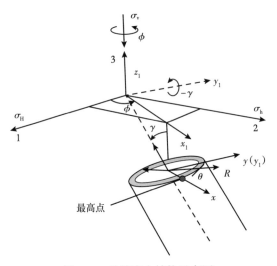

图 2-1 井筒应力结构示意图

将上述六个地应力分量转换为井眼圆柱坐标系（R，θ，z）中应力分量 σ_r、σ_θ、σ_z、$\tau_{r\theta}$、τ_{rz}、$\tau_{\theta z}$。则在考虑地层孔流体孔隙压力时，井周围的应力分布可以表示为：

$$\sigma_r = p_{\mathrm{w}} \frac{r_{\mathrm{w}}^2}{R^2} + \frac{\sigma_x + \sigma_y}{2}\left(1 - \frac{r_{\mathrm{w}}^2}{R^2}\right) + \frac{\sigma_x - \sigma_y}{2}\left(1 - \frac{4r_{\mathrm{w}}^2}{R^2} + \frac{3r_{\mathrm{w}}^4}{R^4}\right)\cos2\theta$$
$$+ \sigma_{xy}\left(1 - \frac{4r_{\mathrm{w}}^2}{R^2} + \frac{3r_{\mathrm{w}}^2}{R^4}\right)\sin2\theta + a\left[\frac{b(1 - 2\mu)}{2(1 - \mu)}\left(1 - \frac{r_{\mathrm{w}}^2}{R^2}\right) - \phi\right](p_{\mathrm{w}} - p_{\mathrm{r}}) \tag{2-9}$$

$$\sigma_\theta = p_{\mathrm{w}} \frac{r_{\mathrm{w}}^2}{R^2} + \frac{\sigma_x + \sigma_y}{2}\left(1 + \frac{r_{\mathrm{w}}^2}{R^2}\right) - \frac{\sigma_x - \sigma_y}{2}\left(1 + \frac{3r_{\mathrm{w}}^4}{R^4}\right)\cos2\theta$$
$$- \sigma_{xy}\left(1 + \frac{3r_{\mathrm{w}}^4}{R^4}\right)\sin2\theta + \alpha\left[\frac{b(1 - 2\mu)}{2(1 - \mu)}\left(1 + \frac{r_{\mathrm{w}}^2}{R^2}\right) - \phi\right](p_{\mathrm{w}} - p_{\mathrm{r}}) \tag{2-10}$$

$$\sigma_z = \sigma_{zz} - 2\mu(\sigma_x - \sigma_y)\left(\frac{R}{r}\right)^2\cos2\theta - 4\mu\,\tau_{xy}\left(\frac{R}{r}\right)^2\sin2\theta$$
$$+ a\left(\frac{b\mu(1 - 2\mu)}{1 - \mu} - \phi\right)(p_{\mathrm{w}} - p_{\mathrm{r}}) \tag{2-11}$$

$$\tau_{r\theta} = \tau_{xy}\left(1 - \frac{3r_{\text{w}}^4}{R^4} + \frac{2r_{\text{w}}^2}{R^2}\right)\cos 2\theta \tag{2-12}$$

$$\tau_{rz} = \tau_{xz}\left(1 - \frac{r_{\text{w}}^2}{R^2}\right)\cos\theta + \tau_{yz}\left(1 - \frac{r_{\text{w}}^2}{R^2}\right)\sin\theta \tag{2-13}$$

$$\tau_{\theta z} = \tau_{yz}\left(1 + \frac{r_{\text{w}}^2}{R^2}\right)\cos\theta - \tau_{xz}\left(1 + \frac{r_{\text{w}}^2}{R^2}\right)\sin\theta \tag{2-14}$$

式中　p_{w}——井底压力，MPa；

　　　p_{r}——地层孔隙压力，MPa；

　　　b——岩石 boit 系数；

　　　r——泊松比；

　　　r_{w}——井筒半径，m；

　　　R——距井轴的距离，m；

　　　a——渗透性系数，当井壁渗透时为 1，不可渗透时为 0；

　　　ϕ——孔隙度。

在井壁处，即 $R=r_{\text{w}}$ 时的应力分布为

$$\sigma_r = p_{\text{w}} - a\phi\,(p_{\text{w}} - p_{\text{r}}) \tag{2-15}$$

$$\sigma_\theta = \sigma_x + \sigma_y - p_{\text{w}} - 2(\sigma_x - \sigma_y)\cos 2\theta - 2\sigma_{xy}\sin 2\theta$$
$$+ a\left[\frac{b(1-2\mu)}{(1-\mu)} - \phi\right](p_{\text{w}} - p_{\text{r}}) \tag{2-16}$$

$$\sigma_z = \sigma_{zz} - 2\mu(\sigma_x - \sigma_y)\cos 2\theta - 4\mu\,\tau_{xy}\sin 2\theta +$$
$$a\left[\frac{b\mu(1-2\mu)}{1-\mu} - \phi\right](p_{\text{w}} - p_{\text{r}}) \tag{2-17}$$

$$\tau_{r\theta} = 0 \tag{2-18}$$

$$\tau_{rz} = 0 \tag{2-19}$$

$$\tau_{\theta z} = 2\,\tau_{yz}\cos\theta - 2\,\tau_{xz}\sin\theta \tag{2-20}$$

从而计算得到井眼圆柱坐标下的主应力计算公式为

$$\sigma_1 = \sigma_r \tag{2-21}$$

$$\sigma_{2,3} = \frac{1}{2}(\sigma_\theta + \sigma_z) \pm \frac{1}{2}\left[(\sigma_\theta - \sigma_z)^2 + 4\,\tau_{\theta z}^2\right]^{0.5} \tag{2-22}$$

将式（2-21）与式（2-22）的计算结果，重新按大小编码，最大主应力标记为 σ_1，中间主应力记为 σ_2，最小主应力标记为 σ_3。

2）岩石强度破坏准则

（1）Mohr-Coulomb 剪切破坏准则。

Mohr-Coulumb 剪切破坏准则是一种常用的判断井壁稳定性的方法，它只考虑了最大主应力与最小主应力的影响，实质为第三强度理论。岩石抵抗破坏的剪切力等于沿潜在破坏面滑动时的摩擦阻力与黏聚力之和，其表达式为：

$$\tau = C_h + \sigma_N \tan\varphi \tag{2-23}$$

式中　τ——作用在井壁岩石最大剪切应力，MPa；

　　　σ_N——有效法向应力，MPa；

　　　φ——岩石的内摩擦角，(°)；

　　　C_h——岩石的内聚力，MPa。

Mohr-Coulumb 准则用主应力应力形式可以表示为：

$$\frac{1}{2}(\sigma_1 - \sigma_3) = \frac{1}{2}(\sigma_1 + \sigma_3)\sin\varphi + C_h\cos\varphi \tag{2-24}$$

屈服方程写为：

$$F_M = \frac{1}{2}(\sigma_1 + \sigma_3)\sin\varphi + C_h\cos\varphi - \frac{1}{2}(\sigma_1 - \sigma_3) \tag{2-25}$$

当作用在井壁上的最大剪切应力（τ）大于岩石的抗剪切强度（$C_h + \sigma_N \tan\varphi$），即 $F_M < 0$ 时，岩石将会发生剪切破坏，井眼可能发生不稳定现象。此时应采用支撑井壁的完井方式。

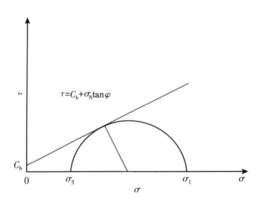

图 2-2　摩尔应力圆示意图

（2）von Mises 剪切破坏理论。

von Mises 剪切破坏理论是 von Mises 于 1913 年提出的，其含义为当材料中某点应力状态的等效应力达到某一与应力状态无关的定值（应力张量第二不变量）时，材料就会屈服。其物理意义为当材料单位变形体体积内所积蓄的变形比能（包括形状改变比能和体积改变比能）达到某一常数时，材料就屈服，实质为第四强度理论。根据 von Mises 破坏理论，井壁岩石的剪切强度均方根可由下式计算：

$$J_2^{0.5} = \sqrt{\frac{1}{6}(\sigma_1 - \sigma_2)^2 + (\sigma_2 - \sigma_3)^2 + (\sigma_3 - \sigma_1)^2} \tag{2-26}$$

岩石许用的均方根剪切强度为

$$\left[J_2^{0.5}\right] = \alpha + \bar{J}_1 \tan\beta \tag{2-27}$$

$$\bar{J}_1 = \frac{1}{3}(\sigma_1 + \sigma_2 + \sigma_3) - p_r \tag{2-28}$$

$$\alpha = \frac{3C_h}{(9+12\tan^2\varphi)^{0.5}} \tan\beta = \frac{3\tan\varphi}{(9+12\tan^2\varphi)^{0.5}} \tag{2-29}$$

式中 $\left[J_2^{0.5}\right]$ ——储层岩石的剪切强度均方根，MPa；

α ——岩石材质常数；

β ——岩石材质常数；

$\bar{J}_1$ ——有效法向应力，MPa；

p_r ——地层孔隙压力，MPa。

定义 von Mises 判断准则的判断准则为

$$F_v = \left[J_2^{0.5}\right] - J_2^{0.5} \tag{2-30}$$

若 $F_v<0$，表明井壁失稳。

（3）Drucker-Prager 强度准则。

Drucker-Prager 强度准则认为应该考虑中间应力对岩石破坏的影响。判断式为

$$J_2 = H_1 + H_2 J_1, \quad J_1 = \frac{\sigma_1 + \sigma_2 + \sigma_3}{3} \tag{2-31}$$

$$J_2 = \frac{\sqrt{(\sigma_1-\sigma_2)^2 + (\sigma_1-\sigma_3)^2 + (\sigma_3-\sigma_2)^2}}{3} \tag{2-32}$$

式中 J_1，J_2 ——应力第一不变张量和应力第二不变张量；

H_1，H_2 ——材料参数，关系式如下：

$$H_1 = \frac{6C_h\cos\varphi}{\sqrt{3}(3-\sin\varphi)}, \quad H_2 = \frac{2\sin\varphi}{\sqrt{3}(3-\sin\varphi)} \tag{2-33}$$

定义 Drucker-Prager 判断准则的判断参数为

$$F_D = H_1 + H_2 J_1 - J_2 \tag{2-34}$$

当 $F_D<0$ 时，表明井壁岩石处于不稳定状态，可能会发生坍塌现象，应该采取相应保护措施以及选择支撑井壁的完井方式。

（4）最大拉应力强度准则。

当钻井液或完井液密度过大时，井壁会出现拉应力，当井壁岩石所受最小周向应力超过岩石的抗拉强度 σ_t 时，井壁发生破裂。对于拉伸破坏一般采用最大拉应力理论，当岩石内任意一点的最小周向应力（σ_θ）超过了岩石的抗拉强度（σ_t）时，井壁岩石将发生拉伸断裂。其判断条件如下：

$$\sigma_\theta \leqslant \sigma_t \tag{2-35}$$

3）酸化对井壁稳定性影响分析

酸化主要是改变地层岩石结构，改善储层渗流能力，提高单井产能。然而，酸作用在提高渗流能力的同时，也会弱化地层岩石强度，导致井周岩石承载能力降低，进而影响到井壁的稳定性及能够采用的生产压差，这个过程可能会使完井方式发生改变。

（1）酸化对储层孔隙度、渗透率的影响。

通过砂岩岩心酸化实验研究，认为孔隙度、渗透率变化的趋势是，酸化使岩心的孔隙度和渗透率呈现增大的趋势，说明酸化的作用较明显，显著提高了低渗岩石的渗透性，这有助于流体从孔隙流出。

孔隙度与时间的关系可以通过酸化模拟模型计算：

$$\phi_i^{n+1} = \phi_0 + (1-\phi_0)\sum_{j=1}^{J}(C_{0j} - C_{j_i}^{n+1})\frac{W_j}{\rho_j} \tag{2-36}$$

酸化后的酸蚀区域渗透率可由下式计算：

$$K_i^{n+1} = K_0 \cdot \left(\frac{\phi_i^{n+1}}{\phi_0}\right)^L \tag{2-37}$$

式中　L——由实验和酸液决定的经验指数，通常取7。

如果知道酸液的浓度分布，可以计算酸蚀区域的酸液有效作用距离和孔隙度、渗透率分布。根据有效作用距离和酸化后的渗透率还可以计算出酸化后的表皮系数：

$$S(t) = \left(\frac{K_0}{K_d}-1\right) \cdot \ln\left(\frac{r_d}{r_w}\right) \tag{2-38}$$

当然，随着酸化时间、酸液用量和酸液浓度的增加，酸化区的孔隙度、渗透率都将有所增加。

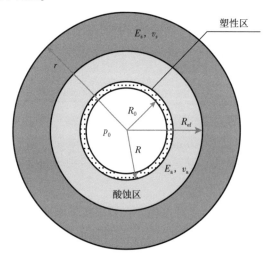

图 2-3　酸化后井周岩石力学参数状态示意图

（2）酸化对岩石力学参数的影响。

酸化能够有效解除钻完井过程中所造成的储层伤害，增加近井岩层的渗透率。由于残酸的侵入，改变了近井部分岩石的结构特征和力学特征，形成与原地层力学性质不同的酸化侵蚀圈，如图2-3所示。在侵蚀区，不仅岩石强度降低，岩石弹性模量与泊松比也发生改变，进而改变井周应力场。

研究表明，酸化会引起岩层弹性模量、泊松比、黏聚力及内摩擦角变化，酸化过程中，弹性模量和泊松比可以通过孔隙度变化计算；岩石黏聚力与内摩擦角随时间的衰减关系可以通过实验数据拟合；酸化会引起近井应力的衰减，衰减程度与酸化时间及酸化半径有关；酸化后试油过程中井壁稳定性由衰减后的应力及强度参数共同决定；通常酸化前期对试油井壁稳定性的影响比酸化后期严重。

勒热夫斯基研究了岩石的弹性模量、泊松比与孔隙度的关系，认为弹性模量、泊松比与岩石的孔隙度存在一定的统计学关系。岩石的损伤定义为截面内损伤区面积与总面积的比值。因此可以定义酸化过程中酸蚀区的整体弹性模量为

$$E(t) = E_0 \left[\frac{1-\phi(t)}{1-\phi_0}\right]^{2/3} \tag{2-39}$$

式中　$E(t)$——酸蚀区整体弹性模量随时间变化函数，GPa；

　　　E_0——围岩初始弹性模量，GPa；

　　　ϕ_0——围岩的初始初隙度，%；

　　　$\phi(t)$——酸蚀区整体孔隙度随酸化时间变化函数，%。

图2-4、图2-5为酸化过程中围岩弹性模量的变化情况。如图2-4所示，随着酸化进行，酸蚀区岩石弹性模量降低；酸化前期对弹性模量的影响较大，主要因为酸化初期，酸液浓度高，酸化残留物少，酸化对岩石腐蚀更快。如图2-5所示，随着有效酸化半径的增加，酸蚀区整体弹性模量降低，特别是酸化后期，虽然酸化半径不再增加，但大量酸液积聚在地层中，持续消耗填充物和岩石骨架，使得岩石弹性模量下降，直到酸液返排或者消耗殆尽。酸蚀区整体弹性模量降低程度取决于酸的类型、酸的浓度、酸化施工时间以及酸液添加剂等因素。

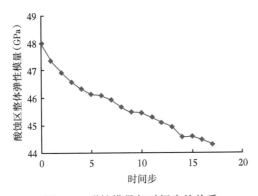

图2-4　弹性模量与时间步的关系

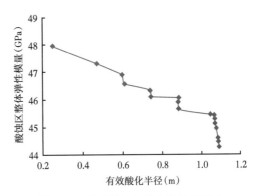

图2-5　弹性模量与酸化半径的关系

泊松比与孔隙度呈上开口抛物线关系，故当孔隙度较小时，泊松比随孔隙度增加而减小，当孔隙度大于一定值（根据岩性，该值范围在7.5%~10.0%）后，泊松比随孔隙度增大而增大。故酸化过程中酸蚀区的整体泊松比可用式（2-40）表示：

$$v(t) = v_0 + \left[\phi(t) - \xi\right]^2 \tag{2-40}$$

式中　$v(t)$——酸蚀区整体泊松比随酸化时间变化函数；

　　　v_0——初始泊松比；

　　　ξ——相关系数，可以通过实验获得，一般为0.075~1。

图2-6、图2-7为酸化过程中泊松比的变化情况。可以看出，泊松比随着酸化的进行而增加。

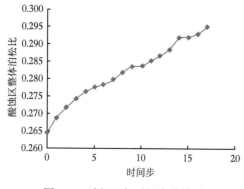

图2-6　泊松比与时间步的关系

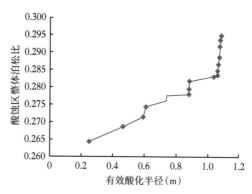

图2-7　泊松比与有效酸化半径的关系

井壁上岩石与酸液接触时间最长，受到酸液的影响最大，且应力最大，因此更容易被破坏。出于安全考虑，与岩石强度相关的黏聚力和内摩擦角可以选用井壁岩石的值，而不是酸化区的整体值，黏聚力和内摩擦角可通过实验拟合得到。根据砂岩酸化实验结果，黏聚力和内摩擦角与酸化时间的拟合关系式为

$$C(t) = a(t/T)^n \qquad (2\text{-}41)$$
$$\varphi(t) = \varphi_0 - bt \qquad (2\text{-}42)$$

式中　$C(t)$——酸蚀区黏聚力随酸化时间变化函数，MPa；

　　　a——与酸化总时间有关的系数；

　　　T——酸化总时间，min；

　　　t——酸化过程中某一时刻，min；

　　　b——与酸浓度相关的系数。

由图2-8、图2-9可知，酸化早期对黏聚力的影响较大，后期影响减弱，而内摩擦角则基本随酸化时间呈线性下降。HF浓度越高对黏聚力和内摩擦角的消减程度越大。

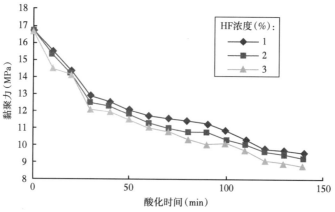

图2-8　黏聚力与酸化时间的关系

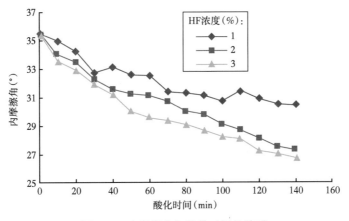

图 2-9 内摩擦角与酸化时间的关系

总的来说，随着酸的用量增加，酸化后岩石强度总体趋势下降，泊松比变减小。内摩擦角仍有微弱增大变化。

（3）酸化对井周应力的影响。

酸化引起井周酸蚀区弹性模量、泊松比的变化，井周应力也相应改变。若考虑酸化影响，井周围岩将分为两个具有不同弹性模量与泊松比的区域。井周围岩各点应该都满足平衡方程，在均匀地应力情况下，径向应力和切向应力可以表示为

$$\begin{cases} \sigma_r = \sigma + A/r^2 \\ \sigma_\theta = \sigma - A/r^2 \end{cases} \tag{2-43}$$

式中　σ——远场地应力，MPa；

　　　σ_r，σ_θ——径向应力与切向应力，MPa；

　　　A——待定系数；

　　　r——至井点的径向距离，m。

酸化后砂岩在围压下表现出明显的塑性，当围岩发生塑性变形时，塑性区从井壁开始向外扩展，根据理想弹塑性理论，塑性区每一点都满足摩尔库伦准则：

$$\frac{\sigma_{\theta,ap} + C\cot\varphi}{\sigma_{r,ap} + C\cot\varphi} = \frac{1+\sin\varphi}{1-\sin\varphi} \tag{2-44}$$

式中　C——酸蚀区的黏聚力，MPa；

　　　φ——酸蚀区的内摩擦角，（°）；

　　　$\sigma_{r,ap}$，$\sigma_{\theta,ap}$——塑性区的径向应力与切向应力，MPa。

塑性区的径向应力与切向应力为

$$\begin{cases} \sigma_{r,ap} = -C\cot\varphi + (p_0 + C\cot\varphi)\left(\dfrac{r}{R_0}\right)^{\frac{2\sin\varphi}{1-\sin\varphi}} \\ \\ \sigma_{\theta,ap} = -C\cot\varphi + (p_0 + C\cot\varphi)\dfrac{1+\sin\varphi}{1-\sin\varphi}\left(\dfrac{r}{R_0}\right)^{\frac{2\sin\varphi}{1-\sin\varphi}} \end{cases} \tag{2-45}$$

式中 p_0——井底压力，MPa；

R_0——井眼半径，m；

R——塑性半径，m。

在塑性区和弹性区边界上，径向应力和切向应力相等，酸蚀区与原地层之间的应力传递系数为 S_2，可得塑性半径：

$$R = R_0 \left[(1-\sin\varphi) \ \frac{S_2+C\cot\varphi}{p_0+C\cot\varphi} \right]^{\frac{1-\sin\varphi}{2\sin\varphi}} \tag{2-46}$$

式中 S_2——酸蚀区与原地层之间应力传递系数。

考虑到酸蚀区弹性区与塑性区的径向应力相等，可以得到：

$$\begin{cases} \sigma_{r,ae} = S_2 - \dfrac{R_0^2}{r^2}(S_2\sin\varphi + C\cos\varphi)M \\[3mm] \sigma_{\theta,ae} = S_2 + \dfrac{R_0^2}{r^2}(S_2\sin\varphi + C\cos\varphi)M \end{cases} \tag{2-47}$$

$$M = \left[(1-\sin\varphi) \ \frac{S_2+C\cot\varphi}{p_0+C\cot\varphi} \right]^{\frac{1-\sin\varphi}{2\sin\varphi}}$$

式中 $\sigma_{r,ae}$，$\sigma_{\theta,ae}$——酸蚀弹性区的径向应力与切向应力，MPa。

在未酸蚀区，应力同样可以用式（2-47）表示，由式（2-45）、式（2-46）可得到原地层的应力表达式：

$$\begin{cases} \sigma_{r,s} = \sigma + \dfrac{R_{ef}^2}{r^2}(S_2-\sigma) - \dfrac{R_{ef}^2}{r^2}(S_2\sin\varphi + C_0\cos\varphi)M \\[3mm] \sigma_{\theta,s} = \sigma - \dfrac{R_{ef}^2}{r^2}(S_2-\sigma) + \dfrac{R_{ef}^2}{r^2}(S_2\sin\varphi + C_0\cos\varphi)M \end{cases} \tag{2-48}$$

式中 $\sigma_{r,s}$，$\sigma_{\theta,s}$——未酸蚀区的径向应力与切向应力，MPa；

R_{ef}——有效酸化半径，m；

E_a，E_s——酸蚀区、原地层的弹性模量，GPa；

ν_a，ν_s——酸蚀区、原地层的泊松比。

在未酸蚀区与酸蚀区交界面上，两部分的位移相等，径向应力也相等，可以得到 S_2 的值：

$$\frac{1-\nu_s}{1-\nu_a}\frac{E_a}{E_s}\left[2\sigma - S_2 + \frac{R_0^2}{R_{ef}^2}(S_2\sin\varphi + C\cos\varphi)M - 2\nu_s\sigma \right]$$

$$= S_2 + \frac{R_0^2}{R_{ef}^2}(S_2\sin\varphi + C\cos\varphi)M - 2\nu_a S_2 \tag{2-49}$$

式（2-49）为隐函数，可以通过数值方法求解，如图2-10所示，酸化后近井应力场发生了很大的变化，特别是塑性区内。酸化后井周应力出现了衰减现象，随着酸化半径的增加，径向应力与切向应力均有不同程度的减小，切向应力减小的幅度较大。由于岩石的强度降低，形成塑性区需要的应力差值减小，塑性区半径扩大。

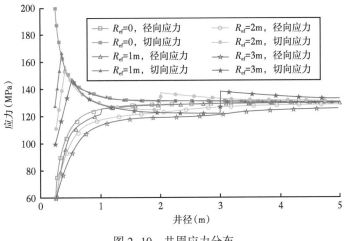

图2-10　井周应力分布

(4)酸化对井壁稳定性的影响。

测试过程中，井底压力是维持井壁稳定最重要的可控因素，最小井底压力受井周地应力、岩石产状、岩石强度以及增产措施等多方面因素的影响。试油过程中的井壁稳定性可以通过允许的最小井底压力评价，允许的最小井底压力越小，井壁越稳定，反之井壁越容易失稳。

为计算允许的最小井底压力，可将式（2-50）改写为

$$S_2=\frac{1}{1-\sin\varphi}\left(p_0+C\cot\varphi\right)\left(\frac{R}{R_0}\right)^{\frac{2\sin\varphi}{1-\sin\varphi}}-C\cot\varphi \qquad (2-50)$$

R/R_0为塑性区大小的主要标志。将式（2-49）代入式（2-48），在塑性区一定的情况下，即可通过数值计算得到井底压力，即为允许的最小井底压力。

图2-11为酸化过程中最小井底压力与有效酸化半径的关系曲线，可以看出，随着有效酸化半径的增加，试油时允许的最小井底压力也在增加，酸化开始阶段最小井底压力增加较快，在酸化施工后期，虽然酸化半径增加很小，但是最小井底压力仍然大幅增加。图2-12为酸化过程中，最小井底压力随酸化时间步的变化。可以看出，随着酸化进行，最小井底压力增大，酸化初期对最小井底压力的影响远大于后期，这说明虽然酸化后期岩石的强度减小很多，但是由于酸化区的应力衰减，最小井底压力增加幅度很小。可以看出，酸化后试油过程中井壁稳定性由衰减后的应力及强度参数共同决定。

酸化作用对井周地层岩石强度的弱化程度取决于所用酸液类型、酸化规模及酸作用时间等因素。

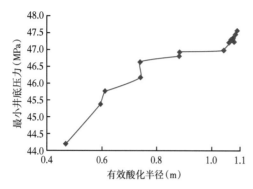

图 2-11 最小井底压力与有效酸化半径关系

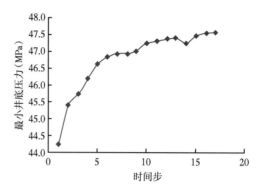

图 2-12 最小井底压力随酸化时间步变化关系

酸化作用将降低水平井井周地层的稳定性，具体表现为在三种不同应力状态下，沿水平最大主应力方位的水平井与沿水平最小应力方位的水平井临界井底流压均随酸化程度的增大而升高。在地应力大小数值相同的条件下，均质地层，酸化作用对不同地应力状态下，不同延伸方位水平井所需临界井底流压的影响幅度相同。酸化作用下地层岩石强度降低时，将导致水平井井周地层所需临界井底流压增大。低渗气藏水平井完井方法优选必须考虑不同类型酸液及酸化规模、酸化程度的影响。

3. 地层出砂预测

地层出砂通常是由于井底附近地带的岩层结构遭受破坏引起的，弱胶结或者中等胶结砂岩储层的出砂现象较为严重。地层岩石的胶结程度以及井壁岩石的应力状态是产层出砂的内在因素。因此我们需要对产层是否会出砂进行预测，同时对岩石的坚固程度进行定量计算，以判断是否需要考虑采用防砂的完井方式。

1) 出砂预测流程

出砂预测过程中，一般根据出砂气田的基础资料，通过经验分析判断地层是否存在潜在出砂可能，然后在现场观察过程中进行确认，再经过室内实验确定岩石的基础参数和临界出砂参数，最后通过数值计算确定合理的工作制度或出砂界线，出砂预测通常是上述几种方法相互验证、综合应用，出砂预测流程如图 2-13 所示。

2) 出砂预测方法

常用的方法有经验分析法、现场观测法、室内实验法和数值计算法四种，其中经验分析法是一种定性出砂预测方法，主要包括组合模量法、斯伦贝谢指数法、声波时差法、出砂指数法、孔隙度法和地层强度法。

(1) 现场观测法。

现场观测法包括观察岩心、DST 测试法以及观测临井出砂情况等方法。

①岩心观测法。

用肉眼观察、手触摸等方法判断岩心强度，若一触即碎，或停放数日自行破裂，或可在岩心上用指甲刻痕，则该岩心疏松、强度低，生产过程中易出砂。

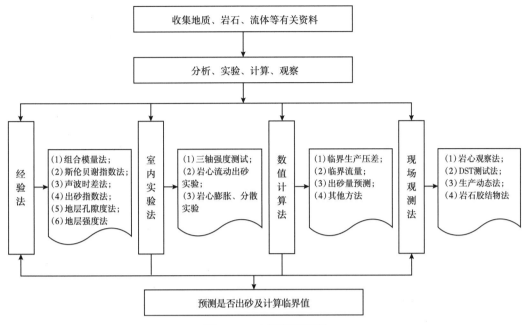

图 2-13　出砂预测流程

②邻井状态。

在同一油气藏中，若相邻井在生产过程中出砂，则该井出砂的可能性较大。

③岩石胶结物。

泥质胶结物易溶于水，当气井含水量增加时，易溶于水的胶结物就会溶解而降低岩石强度；当胶结物含量较低时，岩石强度主要由压实作用提供，对出水不敏感。

④DST 测试法。

DST（Drillstem test）测试期间气井出砂，表明在地层容易出砂。如果 DST 测试期间未见出砂，但发现井下工具在接箍台阶处附有砂粒，或 DST 测试完毕后，下探砂面，发现砂面上升，则表明该井在生产时会出砂。

（2）剪切破坏出砂预测。

一般来讲，井筒附近岩石所受周向应力及径向应力差是比较大的，若岩石的抗剪切强度低，井壁附近岩石将产生塑性破坏，引起出砂。判断公式如下：

$$\frac{p_{wf}}{\sigma_c} = (1-\mu)\left[3\frac{\sigma_H}{\sigma_c}\frac{\sigma_h}{\sigma_c} - \frac{(1-2\mu)}{(1-\mu)}\frac{p_r}{\sigma_c} - 1\right] \qquad (2-51)$$

$$\sigma_c = \frac{2C_h\cos\varphi}{1-\sin\varphi}$$

式中　σ_c——岩石单轴抗压强度，MPa。

当式（2-51）左边小于右边时，地层将会出砂。

（3）出砂经验预测方法。

①孔隙度法。

岩石孔隙度大小可以反映地层岩石致密程度。一般认为，孔隙度大于30%，胶结程度差，出砂较为严重；孔隙度在20%~30%之间，地层出砂情况中等；孔隙度小于20%，地层出砂情况轻微或者不出砂。

②声波时差法。

声波时差是声波纵波沿井剖面传播速度的倒数，记为 $\Delta t_c = 1/v_c$。用声波时差最低临界值来进行出砂预测，超过这一临界值地层就会出砂。临界值也随油田或者区块不同有所变化。一般认为，声波时差 $\Delta t_c > 295\mu s/m$ 时，地层出砂的可能性加大。

③组合模量法。

根据声速及密度测井资料，用下式计算岩石的弹性组合模量 E_c：

$$E_c = \frac{9.94 \times 10^8 \rho_b}{\Delta t_c^2} \tag{2-52}$$

式中 E_c——组合模量，MPa；

  Δt_c——纵波声波时差，$\mu s/m$；

  ρ_b——岩石密度，g/cm^3。

根据以往测井资料、岩石特性及出砂分析结果，E_c 值越小，地层出砂的可能性越大。美国墨西哥湾地区的作业经验表明，当 $E_c > 2.608 \times 10^4 MPa$ 时，油气井不出砂，反之出砂；我国胜利油田也用此方法做现场试验，准确率在80%以上。在对现场大量油气井出砂结果分析后得出如下结论：

a. 当 $E_c \geq 2.0 \times 10^4 MPa$ 时，正常生产时不出砂；

b. 当 $1.5 \times 10^4 MPa < E_c < 2.0 \times 10^4 MPa$ 时，正常生产时轻微出砂；

c. 当 $E_c \leq 1.5 \times 10^4 MPa$ 时，正常生产时严重出砂。

④出砂指数法。

通过对声波时差及密度测井等测井数据进行计算，求得不同部位的岩石强度参数，从而计算出不同层段的出砂指数，计算公式为：

$$B = K + \frac{4}{3} G \cdot 10^4 \tag{2-53}$$

$$K = \frac{E}{3(1-2\mu)} \tag{2-54}$$

$$G = \frac{\rho_b}{\Delta t_s^2} \tag{2-55}$$

式中 B——出砂指数，$10^4 MPa$；

  μ——泊松比；

  Δt_s——横向声波时差，$\mu s/m$；

  G——切变弹性模量，MPa；

K——体积弹性模量，10^4MPa；

E——杨氏模量，10^4MPa。

出砂指数值 B 越大，即岩石的体积弹性模量 K 和切变弹性模量 G 之和越大，表明岩石强度越大，越不易出砂。出砂的经验判别准则如下：

a. 当出砂指数 $B \geqslant 2 \times 10^4$MPa 时，储层不会出砂；

b. 当出砂指数 1.4×10^4MPa$<B<2 \times 10^4$MPa 时，储层轻微出砂；

c. 当出砂指数 $B \leqslant 1.4 \times 10^4$MPa 时，生产过程中出砂量较大，应采取相应防砂措施。

⑤斯伦贝谢比值法。

根据测井资料所求得的地层岩石剪切模量 G 和岩石体积压缩系数 C_b 可以计算 G/C_b 值，其计算公式如下：

$$\frac{G}{C_b} = \frac{(1-2\mu)(1+\mu)\rho_b^2}{6(1-\mu)(\Delta t_c)^4} \times (9.94 \times 10^8)^2 \qquad (2-56)$$

式中　C_b——岩石体积压缩系数，MPa^{-1}；

G——地层岩石剪切模量，MPa；

Δt_c——纵向声波时差，μs/m。

斯伦贝谢比值法出砂的经验判别准则如下：

a. 当 $G/C_b \geqslant 3.8 \times 10^7$MPa^2 时，地层不易出砂；

b. 当 $G/C_b < 3.8 \times 10^7$MPa^2 时，地层要出砂。

⑥岩石坚固程度判别法。

储层出砂是由于岩石结构被破坏引起的。准确判断岩石坚固程度可以为是否采取防砂完井提供依据。

直井井壁岩石所受的最大切向地应力为：

$$\sigma_t = \frac{2\mu}{1-\mu}(10^{-6}\rho g H - p_r) + 2(p_r - p_{wf}) \qquad (2-57)$$

水平井井壁岩石所受的最大切向地应力为：

$$\sigma_t = \frac{3-4\mu}{1-\mu}(10^{-6}\rho g H - p_r) + 2(p_r - p_{wf}) \qquad (2-58)$$

式中　σ_t——最大切向应力，MPa；

ρ——上覆岩石平均密度，kg/m^3；

g——重力加速度，m/s^2；

H——储层中部深度，m。

在根据岩石破坏理论，如果岩石的抗压强度 $\tau_c > \sigma_t$，则表明岩石坚固较好，生产压差一定时不会引起岩石结构的破坏，地层不出砂，因此不需要选择防砂的完井方式。反之如果岩石的抗压强度 $\tau_c \leqslant \sigma_t$，表明在井壁岩石的最大切向应力超过岩石的抗压强度，将导致岩石结构的破坏，地层出砂可能出砂可能性较大，应采取防砂措施。

因为地层结构复杂，测试设备精度等问题，导致某些地层物性参数取值不准确，从而使得一些预测方法出现偏差，为了避免预测的片面性，可以将上述 8 种出砂预测方法所得的结果进行加权处理，综合评价产层出砂情况。权值的确定方法一般是，对事物影响大的因子取值较大。如果按照现场观察法、剪切破坏判断、声波时差法、孔隙度法、组合模量法、出砂指数法、斯伦贝谢比值法和岩石坚固程度判别法的排列顺序，权值向量可取为 V（3，2，2，1，2，2，2，2）假设各种出砂模型预测结果为 M（m_1，m_2，m_3，m_4，m_5，m_6，m_7，m_8），其中 $m=0$ 或者 1（1 表示出砂，0 表示不出砂）。综合出砂判断结果 $\text{Sand} = \sum_{i=1}^{7} V(i)m_i$，当 $\text{Sand} \geq 5$ 时，判定为出砂，此时应采用防砂完井方式。

3）出水对出砂的影响分析

当储层出水时，由于岩石中的胶结物被水溶解，特别是一些黏土矿物，如蒙脱石等，遇水后膨胀、分散，岩石结构被破坏，大大降低了地层的强度，加剧出砂。同时含水饱和度上升使支持砂粒黏合的毛细管力下降，导致地层强度降低，引起出砂。地层水具有一定矿化度，与某些矿物间的化学反应产生沉淀堵塞喉道，也会加剧出砂。

（1）出水对岩石抗压强度的影响。

岩石强度是影响地层出砂的决定因素，而岩石强度主要受到岩石矿物成分和地层出水的影响。室内试验证明，含水率越高，岩石强度值就越低。水对岩石强度的影响通常用软化系数来表示。软化系数是指岩样饱和水状态的抗压强度与自然风干状态下的抗压强度比值，计算公式如下：

$$\eta_c = \sigma_{cw}/\sigma_c \tag{2-59}$$

式中　η_c——岩石的软化系数；

　　　σ_{cw}——饱和水岩样的抗压强度，MPa；

　　　σ_c——自然风干岩样的抗压强度，MPa。

岩石强度的软化系数主要和矿物亲水性有关。岩石中亲水性最大的是黏土矿物，其在浸湿后强度降低至 70%；而含亲水矿物少（或不含）的岩石，如花岗岩、石英岩等，浸水后强度变化较小，各类岩石的见水强度软化系数见表 2-1。

表 2-1　不同类型岩石软化系数

岩石类型	软化系数	岩石类型	软化系数	岩石类型	软化系数
花岗岩	0.72~0.97	火山集块	0.60~0.80	片麻岩	0.75~0.97
闪长岩	0.60~0.80	火山角砾岩	0.57~0.95	石英片岩	0.44~0.84
闪长粉岩	0.78~0.81	凝灰岩	0.52~0.86	角闪片岩	0.44~0.84
流纹岩	0.75~0.95	安山凝灰集块岩	0.61~0.74	云母片岩	0.53~0.69
辉绿岩	0.33~0.90	石英砂岩	0.65~0.97	绿泥石片岩	0.53~0.69
安山岩	0.81~0.91	砾岩	0.50~0.96	千枚岩	0.67~0.96
玄武岩	0.30~0.95	泥质砂岩、粉砂岩	0.21~0.75	硅质板岩	0.75~0.79
石灰岩	0.70~0.94	泥岩	0.40~0.60	泥质板岩	0.39~0.52
泥灰岩	0.44~0.54	页岩	0.24~0.74	石英岩	0.94~0.96

（2）出水对岩石抗剪强度的影响。

岩石抗剪强度主要取决于泥质含量与含水饱和度，因为每个油田区块的岩石物性不同，一般是通过室内实验，对实验数据进行回归得到抗剪强度与泥质含量、含水饱和度的关系式。如图 2-14 所示，变化趋势一般为，在泥质含量一定的情况下，岩石抗剪切强度随着含水饱和度的增大而不断减小；含水饱和度一定的情况下，抗剪切强度随着泥质含量的增大而减小。根据某气田开发经验，给出了剩余剪切强度指数与含水饱和度和泥质含量的关系：

$$f_\tau = - 0.0582 + 0.34e^{-4.78V_{sh}} + 0.72e^{-2.14S_w} \tag{2-60}$$

式中 S_w——为含水饱和度；

      V_{sh}——为泥质含量；

      f_τ——剩余剪切强度指数（出水后剪切强度与原始剪切强度之比）。

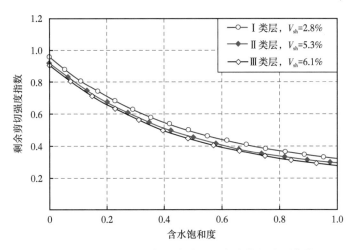

图 2-14   含水饱和度与剩余剪切强度指数的关系曲线

4. 完井方式选择程序

碳酸盐岩油气层大多不存在出砂问题，并且多为稀油和天然气藏，可以不考虑防砂和热采问题，可按渗流特征分孔隙性地层和裂缝性地层来选择完井方式。对孔隙性地层，在开采过程中一般要采取增产措施，所以原则上都要选择套管（或尾管）射孔完井。在油井完井时应根据有无气顶和底水考虑控制和利用气顶和底水的问题。天然气井应考虑底水问题。对裂缝性碳酸盐岩地层，既可选择套管射孔完井，也可选择裸眼完井或衬管完井，可视具体情况取舍。在调研国内外水平井理论研究和现场实践基础上，提出了碳酸盐岩气藏水平井完井方式选择流程，如图 2-15 所示。

以罗家气田罗家 11H 井例，根据储层岩石的地质特性、岩石力学性质、气体性质以及钻井、工程技术要求等多种因素，进行了地层出砂和井壁稳定性等分析，优选出了适合于地层地质条件和工程技术要求的最佳完井方式，并分别从开井产量、经济效益、达到预期采收率所需的最短生产时间三个方面分别优选出了对应的最佳完井方式。

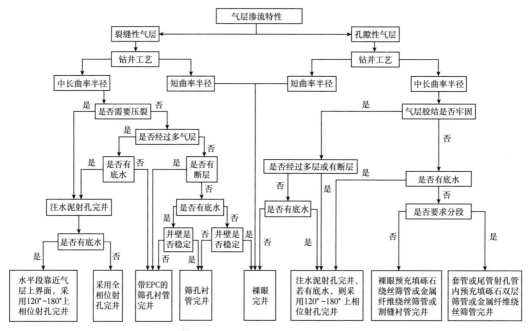

图 2-15 气藏完井方式选择流程示意图

1）罗家 11H 井地层参数

表 2-2 完井方法选择补充参数列表

气井套管尺寸（in）	5.400	地层岩石密度（g/cm³）	2.800
地层岩石泊松比	0.250	岩石抗压强度（MPa）	166.000
抗拉强度（MPa）	16.000	设计生产压差（MPa）	5.000
水平向最大应力方位（°）	76.000	水平井段方位（°）	166.000

2）井壁稳定与出砂预测

（1）井壁稳定与出砂预测输入参数。

表 2-3 井壁稳定与出砂预测输入参数列表

水平向最大应力（MPa）	121.00	水平向最小应力（MPa）	69.00
垂向应力（MPa）	91.000	岩心资料	—
DST 测试结果	—	邻井状态	—
纵波时差（μs/m）	—	体积模量（MPa）	39818.00
剪切模量（MPa）	16270.00		

（2）井壁稳定与出砂预测结果。

表 2-4 井壁稳定与出砂预测结果输出列表

岩心资料	—	DST 测试结果	—
邻井状态	—	'C'公式法	不出砂
声波时差法	—	出砂指数法	不出砂
斯伦贝谢比法	不出砂	判定结果	
选择处理结果	不出砂	井壁稳定判断结果	井壁稳定

（3）完井方法优选结果。

按经济效益优选最佳完井方式：裸眼完井。

二、射孔完井

1. 射孔工艺

1) 射孔工艺优选

电缆输送射孔（WCP）、过油管射孔（TTP）、管柱传输射孔（TCP）三种常用的输送方式的优缺点如下表所示。

表 2-5 各类射孔输送工艺对比

类型	电缆输送射孔（WCP）	过油管射孔（TTP）	管柱传输射孔（TCP）
优点	作业简便快捷，一次作业可进行多层射孔；定位快捷、准确	能进行负压射孔，对地层伤害小	负压射孔，减少地层伤害；不受射孔井段长度限制；适用于水平井或大斜度井施工作业；易与其他工艺进行联合作业；安全性较高
缺点	通常为正压射孔，易对地层造成伤害；对地层压力掌握不准时，射孔后容易发生井喷；受电缆输送能力或者防喷管长度的限制，一次下枪的长度有限	枪、弹受油管内径的限制，穿深浅、孔径小，影响产能；施工过程中，易发生阻、卡等工程事故	对下井器材的使用要求高

结合高温、高压、高含硫气藏的实际情况，电缆输送射孔下枪长度和施工安全性完全不能满足现场需要，对于过油管射孔，无法与其他工艺进行联作，并限制了射孔枪尺寸，也不满足生产需要。而管柱传输射孔则完全具备了施工安全可靠，易于进行射孔测试酸化联作，因此高温高压含硫气井选择油管传输射孔最为合理。

2) 油管输送射孔工艺

油管输送射孔的基本原理是把每一口井所要的射孔器全部串联在一起，连接在油管柱的末端，形成一个硬连接的管串下入井中。通过在油管内测量放射性曲线或磁性定位曲线，校深并对准射孔层位。起爆方式可采用压力起爆或投棒起爆，能实现负压和超正压射孔，管柱如图 2-16 所示。

（1）射孔—投产联作工艺。

电缆将生产封隔器坐挂在生产套管上，然后下入生产管柱（常规射孔枪），管柱的导向接头下到封隔器位置时，进行循环冲洗干净管柱内的积渣；继续下管柱，当管柱密封总成坐封后，井口投棒下落撞击枪头的引爆器，使之射孔；射孔枪及残渣释放至井底即投产，如图2-17所示。对于低压斜井、大斜度井和水平井，可不采用封隔器，直接油管携带射孔枪下井射孔投产联作。

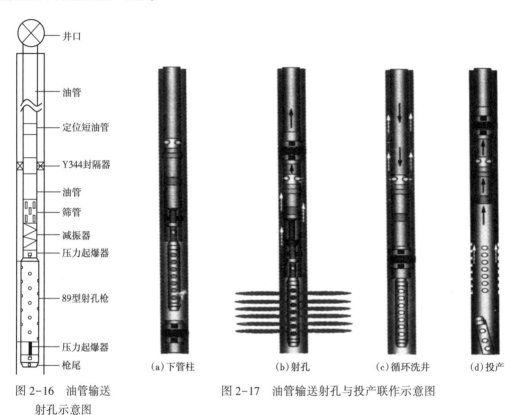

图2-16　油管输送
　　　　射孔示意图

图2-17　油管输送射孔与投产联作示意图

　　　　　　　　　（a）下管柱　　　　（b）射孔　　　　（c）循环洗井　　　　（d）投产

井口
油管
定位短油管
Y344封隔器
油管
筛管
减振器
压力起爆器
89型射孔枪
压力起爆器
枪尾

（2）射孔—测试联作工艺。

油管输送射孔与地层测试器联作是指将射孔器与地层测试器连接在同一下井管柱上，在射孔后立即进行地层测试的工艺技术。射孔—测试联作是采用一趟管柱进行射孔和测试作业，其主要优点是节约作业周期，一般采用负压方式射孔，便于流动。在射孔—测试联作中，根据不同的目的和工艺条件可以使用不同的测试工具，如图2-18所示。

油管输送射孔与地层测试联作的特点不仅具备一般油管输送射孔的优点，还具有以下特点：

①一次管柱同时完成射孔与测试作业，缩短试气周期，降低试气成本；

②保护地层，获取真实的地层数据；

③减少压井液对储层的伤害。

（3）射孔—改造—测试联作工艺。

在射孔—测试联作工艺的基础上，对测试管柱设计进行优化，可以实现一趟管柱射孔、测试、酸化三联作工艺，如图 2-19 所示。根据不同的测试目的，又可以细分为超正压射孔—酸化—测试联作和负压射孔—测试—酸化—测试联作，如图 2-20 所示。

2. 射孔参数设计

为获得理想的射孔效果，需要对射孔参数进行优化设计。射孔参数优化设计主要包括：各种参数组合的产能比、射孔后套管损害情况和孔眼的力学稳定性。产能比是优化过程的目标函数，后两者是约束条件。另外，对特殊作业情况（压裂井、水平井、砾石充填等）也要做专门考虑。

优选最佳射孔参数，取决于以下几个方面：一是对不同条件下射孔井产能规律的量化认识程度；二是射孔参数、伤害参数和储层及流体参数获取的准确程度；三是可供选择的射孔弹品种、射孔枪的系列化程度。

钻井损害参数（损害深度、损害程度）也是影响射孔优化设计的重要指标。目前确定钻井损害参数的方法有裸眼中途测试方法、测井方法、反求法、经验法等，可以采用裸眼中途测试法测定或借用同一地层相同钻井条件的邻井中途测试资料，也可以根据钻井数据用经验法确定。

射孔参数优化要建立在对特定地质条件和流体条件下射孔产能规律的正确认识的基础上，或者建立正确的

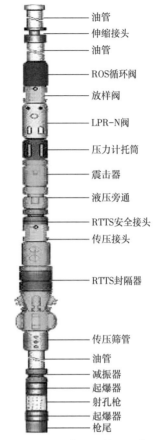

油管
伸缩接头
油管
ROS循环阀
放样阀
LPR-N阀
压力计托筒
震击器
液压旁通
RTTS安全接头
传压接头
RTTS封隔器

传压筛管
油管
减振器
起爆器
射孔枪
起爆器
枪尾

图 2-18　联作工艺管柱示意图

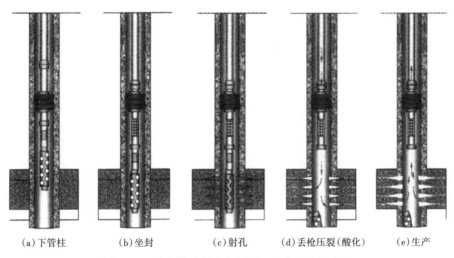

（a）下管柱　　（b）坐封　　（c）射孔　　（d）丢枪压裂（酸化）　　（e）生产

图 2-19　油管输送射孔与压裂、酸化联作示意图

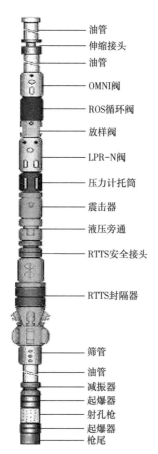

油管
伸缩接头
油管
OMNI阀
ROS循环阀
放样阀
LPR-N阀
压力计托筒
震击器
液压旁通
RTTS安全接头
RTTS封隔器
筛管
油管
减振器
起爆器
射孔枪
起爆器
枪尾

图 2-20 射孔—测试—酸化
联作管柱结构示意图

预测模型，获得定量化的关系。优选参数时，根据上述定量关系，计算各种可能的孔密、相位、射孔弹配合下的产能比，并计算出每种配合下套管抗挤能力降低系数，在保证套管抗挤毁能力降低不超过 5% 的前提下，选择出使产能比最高的射孔参数组合。

1) 射孔参数优化流程

对裂缝性储层、砂泥岩交互薄层和疏松砂岩储层等，要建立各自相应的产能模型，根据这些储层射孔的特殊性优选，射孔优选过程如下：

(1) 建立各种储层及产层流体条件下的射孔完井产能关系数学模型，获得各种条件下射孔产能比定量关系；

(2) 收集本地区、邻井有关资料和数据，进一步修正预测模型；

(3) 调查各种类型射孔枪(弹)型号及其性能测试数据；

(4) 校正各种射孔弹的井下穿深和孔径；

(5) 计算各种射孔弹的压实损害参数、预测设计井的钻井损害程度；

(6) 计算和比较各种可能参数配合下产能比和套管抗挤毁能力降低参数，优选出最佳射孔参数组合；

(7) 预测所选择方案下的气井产量、表皮系数等。

这里提到的射孔参数优选是指，针对特定储层，使气井产能达到最高的射孔参数优化组合，以及要达到这些参数对工艺的要求。优选射孔参数主要包括射孔枪外径、适用孔密、相位角以及适用的射孔弹型号等。

2) 射孔参数优化设计

(1) 孔深、孔密。

孔深和孔密对射孔完井的产能有很大影响，如图 2-21 所示，在射孔孔眼穿透钻井伤害深度带后，射孔完井的产能将有较大幅度的提高。对孔隙性储层，产能比随孔深、孔密的增加而增加，但提高幅度逐渐减小，所以靠增加孔深、孔密提高产能有一个限度。在各向异性不是很严重、储层伤害区较严重时，孔深比孔密更重要，此时宜选用深穿透、中等孔密；若地层伤害区较浅，则孔密比孔深更重要。应采用高密度(22 孔/m 以上)射孔；在各向异性情况较严重时，高孔密效果也非常明显。

在孔深已经很大，再靠增加孔深来提高产能，其效果就不是很明显了。因此，孔深的选择应以超过钻井伤害带而又不影响孔眼的稳定性为宜。在孔密很小时，提高孔密的增产效果明显，当孔密增大到某一程度时，提高孔密的增产效果不明显，而且孔密太大还会造

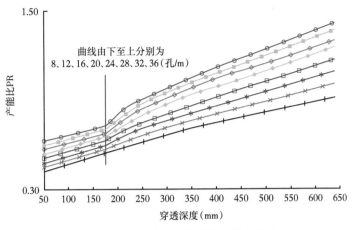

图 2-21 气井产能比与孔深、孔密关系

成套管伤害，使射孔成本增高，所以在射孔参数选择时，不宜采用较大孔密。

（2）相位角。

由于射孔的相位角可以人为的控制，所以选择适当的相位角对提高射孔完井的产能也是十分重要的。在均质地层中，90°相位角最佳；在非均质严重的地层，按产能比高低依次为180°、120°、90°、60°、45°相位角。在射孔密度较高情况下或在疏松砂岩地层中，60°相位角最好，同时60°相位角也是维持套管强度的最佳相位角。相位角与产能比的关系不仅与各向异性有关，还与生产压差高低、是否穿透伤害区等有关。

（3）射孔孔径。

一般的研究认为孔径对产能有一定的影响，如图 2-22 所示，但当孔径较小时，增大孔径也会使气井产能得到改善。对于一般的砂岩地层选择孔径在 6.3～12.7mm（0.25～0.5in）较好，但对于出砂严重的地层，为减少摩擦阻力、降低流速、减少冲刷作用和携砂能力，应采用较大直径的孔眼（直径>16mm）。

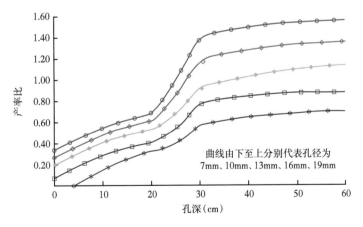

图 2-22 气井产能与射孔孔径关系曲线

（4）射孔枪布孔形式。

螺旋布孔优于交错布孔，而交错布孔又优于平面简单布孔。由于螺旋布孔是在枪身的每一平面上只射一个孔，枪身变形小，有利于施工，是最优的选择。国内几种有枪身射孔枪的技术规格和性能指标见表2-6。

表2-6 国内几种有枪身射孔枪的技术规格和性能指标

名称	药量（g）	射孔枪直径（mm）	耐温（℃）	穿孔性能		装药性能	备注
				孔径（mm）	穿深（mm）		
YD73	16	73	180	≥8	≥350	RDX	
YD89	24	89	180	≥9	≥500	HMX	
YD89	24	89	180	≥9	≥500	RDX	
YD89	24.5	89	180	≥9	≥400	HMX	
YD102	32	102	180	≥17	≥250	HMX	大孔弹
YD102	32	102	180	≥9	≥550	HMX	
YD102	32	102	180	≥10	≥550	RDX	
YD127	38	127	180	≥10	≥700	RDX	

（5）射孔枪（弹）的选择。

国内几种主要有枪身射孔弹的技术规格和性能指标见表2-7，可以根据实际需要进行射孔枪（弹）选择。

表2-7 射孔枪外径选择表

套管尺寸（mm）	89	102	127	139.6	177.8	244.5
射孔枪外径（mm）	51～60	60～73	73～89	89～102	102～127	127～178

目前，斯伦贝谢、哈里伯顿、欧文等公司的深穿透、大孔径射孔弹、高孔密射孔枪可实现深层穿透（达到1.5m以上），特别适用于坚硬岩石的射孔，能有效射穿地层伤害带，增加气井产能；更深的穿透深度能与更多的天然裂缝交汇，能增大有效的井眼半径，减小通过射孔孔道的压力降，满足高产量气井的射孔要求。

（6）射孔负压值设计。

负压射孔就是射孔时造成井底压力低于储层压力，负压值是设计的关键，负压射孔能改善气井的生产能力。一方面负压使孔眼的破碎压实带的细小颗粒冲刷出来，使井眼清洁，满足这个要求的负压称为最小负压；另一方面该值不能超过某个值以免造成地层出砂、垮塌、套管挤毁或封隔器失效等问题，对应这个临界值称为最大负压。因此合理射孔负压值的选择应当是既高于最小负压值又不超过最大负压值。表2-8为 W·T·Bell 射孔负压设计经验准则。

表2-8　W·T·Bell射孔负压设计经验准则

渗透率 ($10^{-3}\ \mu m^2$)	负压范围（MPa）	
	油层	气层
$K \geqslant 100$	1.4~3.5	6.9~13.8
$10<K<100$	6.9~13.9	13.8~34.5
$K \leqslant 10$	>13.8	>34.5

美国岩心公司和Conoco公司也都分别给出了射孔负压经验公式和负压设计方法。

（7）裂缝性储层射孔要求。

天然裂缝地层，射孔完井的产能取决于孔眼与裂缝间的水动力学连通情况，这种连通与裂缝类型、裂缝方位、裂缝密度、孔深和孔密有关。由于裂缝性储层非均质性严重，故射孔孔眼穿过裂缝越多越好，因此孔深、孔密及射孔相位角对产能比的影响都比较明显。

对于垂直裂缝，最好能沿垂直于裂缝面的方向射孔（定方位射孔）；对于互相正交的垂直裂缝，射孔方位角应尽量避开90°的倍数，最好选用60°或30°的相位角；对垂直裂缝，射孔越深，穿透裂缝条数越多，效果越好，而对孔密影响不大；对于水平裂缝，孔深、孔密对产能比的影响都比较明显，只有提高孔密才能减少因垂向汇流引起的附加压降。

三、衬管完井

1. 衬管孔径的确定

1）割缝衬管缝隙的确定

（1）对于易出砂的产层，割缝衬管的缝隙宽度必须根据油藏地层砂的粒度分析数据进行合理选择。根据实验研究，砂粒在缝眼外形成"砂桥"的条件是：割缝宽度不大于占累计重量10%的对应砂粒直径的两倍，即 $e \leqslant 2D_{10}$。该式表明：占砂样总重量为90%的细小砂粒允许通过缝眼，占砂样总重量为10%大直径的骨架砂不能通过，被阻挡在衬管外面形成具有较高渗透的"砂桥"。随着"砂桥"的逐步形成，细小砂粒被挡在粗砂粒的外边。从而形成一定厚度的高渗透环形挡砂带。

（2）对于不易出砂的天然裂缝性碳酸盐岩或硬质砂岩产层既可用割缝衬管又可用打孔衬管。若用割缝衬管，则缝隙宽度采用0.8~1.2mm即可。

2）打孔衬管孔径的确定

对于不易出砂的天然裂缝性碳酸盐岩或硬质砂岩产层，选择打孔衬管比割缝衬管更经济方便。考虑罗家寨水平井所处的气藏地质条件较好、井眼稳定性很好，且不考虑后期对水平井进行分段选择性增产作业，因此采用水平井全井段打孔衬管完井方式。布孔参数为：孔径为8mm，孔密为10孔/m，采取螺旋布孔。该布孔参数可提供足够的流通面积，同时也满足拉伸载荷、压缩载荷、外壁围压载荷和弯矩等对衬管工况条件的需要。

2. 衬管过流面积计算

1）割缝衬管过流面积及缝长的确定

（1）割缝衬管过流面积的确定。

缝眼数量应在保证衬管强度的前提下，有足够的流通面积。割缝衬管有效面积=日产量/速敏临界值。割缝衬管割缝数量一般取割缝开口总面积为衬管外表面积的2%~6%，一般取2%。

$$\alpha = eLn/F \tag{2-61}$$

式中　e——缝宽度，mm；

　　　L——缝长度，mm；

　　　F——每米衬管外表面积，mm^2/m；

　　　n——割缝数量，条/m；

　　　α——割缝总面积占衬管表面积百分数2%~6%。

（2）割缝衬管缝长的确定。

根据断裂力学理论，割缝衬管缝长是依据井下应力状态、管径大小和缝眼的排列方式而定。由于垂直轴向割缝强度低，因此垂直轴向割缝的缝长较短，一般为20~50mm。平行轴向割缝的缝长一般为50~300mm，考虑到弯曲、扭转应力，割缝长度越长，对应力场强度因子值影响越大，因此，平行轴向割缝缝长应小于100mm，缝间距取0.3~0.7倍割缝长度 L。

2）打孔衬管过流面积的计算

经计算，在 $\phi139.7$mm 的衬管表面上，以孔径为8mm，孔密为10孔/m 参数布孔；则612m 衬管孔眼流通面积为 3.08×10^5 mm^2，占衬管外表面积0.1145%。两口水平井所用 $4\frac{1}{2}$in 采气油管的内径为97.18mm，油管流通面积为 7.42×10^3 mm^2。因而612m 衬管孔眼流通面积是 $4\frac{1}{2}$in 油管流通面积的41.5倍，即使考虑水平井流体入井的扰流阻力以及大部分孔眼被堵塞的情况，也足以满足气流入井的流量。

3. 衬管的受力校核

1）衬管破坏因素

衬管破坏的原因一般有：随着多孔介质油藏的开采，孔隙压力衰竭而导致地层压实，从而对衬管产生较大的围压而引起其破坏；地震或油藏压力衰竭导致断层滑动，衬管被剪断；腐蚀性钻井液、完井液或地层液对衬管的腐蚀破坏；地层下沉导致衬管弯曲变形；在油井的生产过程中，油井出砂或岩层下沉使衬管受不对称载荷作用而受到破坏；由于井眼不规则而导致衬管下入遇阻，需要上下往复活动衬管或旋转衬管以利于下入而引起的过大压缩载荷、拉伸载荷或扭转载荷等，都会破坏衬管；温度变化引起的温度应力破坏衬管；地层压实作用导致衬管螺纹连接失效。另外，因设计不合理造成衬管强度小于其受力也是使其失效的原因。

但目前还未发现有关衬管破坏及受力分析研究成果的报道。因此在这里借用套管的工况和研究方法对割缝衬管进行安全性评价。

2）衬管的工况分析

（1）拉伸载荷：在衬管下入过程中，衬管自身质量会导致其受拉伸载荷的作用；井底温度应力会产生拉伸载荷；在下入遇阻时，上下往复活动衬管也会产生拉伸载荷。

（2）压缩载荷：井眼不规则和大斜度井、水平井中套管或衬管与井壁间的摩阻会使衬管下入遇阻，需施加较大的轴向载荷。摩阻的大小取决于衬管的质量、衬管所受的压缩载荷、井壁粗糙度以及钻井液的类型；井底温度应力会产生压缩载荷；在下入遇阻时，上下往复活动衬管也会产生压缩载荷。套管外壁围压变化会产生轴向力。

（3）扭转载荷：在下入遇阻时，旋转衬管会产生扭转载荷。

（4）外壁围压载荷：通过前面的研究可知，井眼沿最小主应力方向井壁在生产期末会发生岩石脱落、掉块等现象，但是上覆岩层压力不会直接作用在衬管上，衬管只是起到支撑破碎岩石的作用。

（5）弯矩：在造斜井段、井斜角或方位角急剧变化的井段，衬管都会受到弯矩的作用；井底断层的滑移或岩层下沉也可能产生弯矩。

3）衬管许用载荷确定

（1）割缝衬管许用载荷的确定。

① 许用拉伸载荷确定。

由于 $\phi139.7\text{mm}$ N80 套管的管体屈服强度 F 为 1633kN，当套管每周开 14 条缝后，其承载面积减少而使许用拉伸载荷也相应减小，即衬管的许用拉伸载荷 F_1 为

$$F_1 = F \frac{\frac{\pi}{4}(D^2 - d^2)LWI^4}{\frac{\pi}{4}(D^2 - d^2)} = 1063.6 \qquad (2-62)$$

式中　d——套管内径，mm；

F——套管体屈服强度，kN；

I^4——截面惯性距，m^4。

② 许用扭矩确定。

按理论计算，$\phi139.7\text{mm}$ N80 套管发生剪切屈服时的扭矩 T 为

$$T = \frac{\tau_{max}I}{r} \qquad (2-63)$$

式中　τ_{max}——最大剪切应力，$\tau_{max} = 0.58 \times (\sigma_1)_{max} = 319.58\text{MPa}$；

I——极惯性矩，$I = \frac{\pi}{32}(D^4 - d^4) = 1.297 \times 10^{-5}\text{m}^4$；

r——套管半径，m。

代入上式，得 $T = 59213.61\text{N} \cdot \text{m}$。则衬管许用扭矩 T_1 为

$$T_1 = aT \qquad (2-64)$$

式中　a——修正系数，据实验确定。

按材料力学简化模型计算，将衬管从开缝处切断，则缝间的部分形成 14 根矩形梁，设其扭矩主要由这 14 根矩形梁承担，根据衬管尺寸，计算出系数 $a = 0.263$。

所以每根梁单独可承受最大扭矩 Mn_{max} 为

$$Mn_{max} = \tau_{max}ahb^2 = 80.16\text{N} \cdot \text{m} \qquad (2-65)$$

式中　h——梁高，m；

　　　b——梁宽，m。

则 14 根梁可承受扭矩（即衬管的许用扭矩）为 $T_1 = 1122.24N \cdot m$。

与该计算的割缝衬管相比，上述布孔方式的打孔衬管的受力状况要更好一些。

（2）打孔衬管许用载荷的确定。

打孔衬管与割缝衬管相比，钻掉的面积占表面积的比例小得多，且小圆孔和螺旋布孔方式使衬管表面受力更合理，只要割缝衬管满足了强度要求，则打孔衬管更能满足强度要求。

第二节　完井管柱

一、材质选择及防腐

腐蚀是金属材料与其所处的自然环境交互作用产生的物理化学现象。采气工程中金属材料的腐蚀问题是关系到气井生产安全的重大问题。气井中的腐蚀是与气井产出天然气中包含的腐蚀介质、气井腐蚀环境与油套管和采气装备所使用的材料的化学成分和组织结构等因素相关的。对酸性气田，气井中的腐蚀更为危险，一旦因腐蚀造成井喷或泄漏，会导致有毒气体的逸散，造成不同程度的公众安全问题及环境伤害。因此在气井设计工作中做好防腐设计，对于气田的安全开发具有重要的理论与实际意义。

高温高压含硫气井在井下油管材质选择方面，首先通过图版和相关标准初选出适合的材质，再通过室内腐蚀评价实验确定选用的材质是否满足井下腐蚀环境，最后通过现场试验验证选用的材质是否满足气田开发要求。

1. 材质选择

1）通过标准及图版进行材质初选

（1）气井腐蚀性环境材料选用的标准。

在含酸性气体的湿天然气环境中，防腐设计首先考虑的是材料的环境断裂和环境腐蚀等因素。由于含 H_2S 环境中钢材的环境脆断（包括 SSC 和 SCC）是采气工程中最危险的一种腐蚀类型，因此也是材料选择最重要和优先考虑的因素，其中酸性环境抗开裂的材料选择已有国际标准 NACE MR 0175/ISO 15156 为含 H_2S 环境油气田开发材质选择标准方法：

NACEMR0175/ISO 15156 – 1 – 2001、NACE STANDARD MR0175/ ISO 15156 – 2 – 2003/ NACE STANDARD MR0175/ ISO 15156 – 3 – 2003。

近年来依据上述标准，根据我国的国情制订了我国的相应国标：

GB/T 20972.1—2007 石油天然气工业　油气开采中用于含硫化氢环境的材料　第 1 部分：选择抗裂纹材料的一般原则；

GB/T 20972.2—2008 石油天然气工业　油气开采中用于含硫化氢环境的材料　第 2 部分：抗开裂碳钢、低合金钢和铸铁；

GB/T 20972.3—2008 石油天然气工业　油气开采中用于含硫化氢环境的材料　第 3 部

分：抗开裂耐蚀合金和其他合金。

（2）材质选择的图版。

目前，材质选择的图版主要是根据相关标准及厂家推荐的图版进行选材，图版选材只能是一种粗略的选择，如图 2-23 所示，需要在图版选择的基础上通过室内评价实验进一步确定材质。

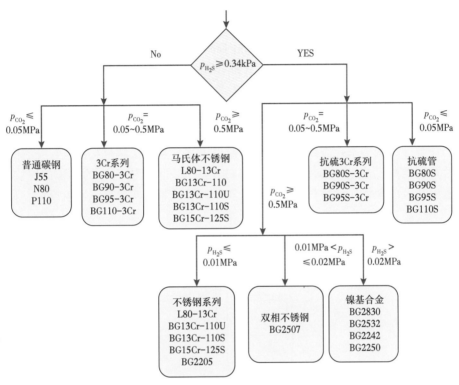

图 2-23 油气井腐蚀环境与材料选用指导图

2）通过实验评价进一步确定材质

碳钢和低合金钢在高含硫气藏开采中起到很重要的作用，可根据 GB/T 20972.1《石油天然气工业 油气开采中用于含硫化氢环境的材料》和实际工程应用经验进行选择。根据标准选择的材料，在实际应用中还是需要模拟现场实际应用工况条件进行室内材料评价试验，因此掌握其腐蚀评价技术，对于了解材料腐蚀机理和规律、估计材料的腐蚀速率和使用寿命，或者根据介质和使用环境指导材料的选用，都有重要意义。目前常用碳钢及低合金钢材料腐蚀评价技术包括失重腐蚀评价、氢致开裂评价和硫化物应力开裂评价。

（1）材料评价。

①失重腐蚀评价。

失重腐蚀实验主要评价碳钢及低合金钢在模拟高含硫腐蚀条件下，将试样浸泡在模拟腐蚀溶液中，根据试验前后试件的失重量计算均匀腐蚀速率，由试件表面最深的点蚀深度，计算点蚀速率，根据评价出的腐蚀速率，确定管材的壁厚和腐蚀裕量等，为材料选择打下基础。国内主要按照 JB/T 7901—2001《金属材料实验室均匀腐蚀全浸试验方法》和 ASTM G46《点腐蚀评价检测标准指南》进行评价。实验主要在高温高压反应釜内进行，高压釜与实验介质接触的材料一般为哈氏合金 C276，且釜体有足够大的容积，保证试验溶液体积与试样总表面积的最小比率为 20mL/cm²，并保证试样不与容器内壁相接触。

②氢致开裂（HIC）评价。

碳钢和低合金钢材料浸泡在含硫化物水溶液的腐蚀环境中，由于腐蚀吸氢会引起过饱和的氢原子在各种缺陷处结合成分子氢，从而产生巨大的内压。金属内部不同平面上或金属表面邻近的氢鼓泡相互连接而逐步形成的内部开裂即氢致开裂（Hydrogen-Induced Cracking，缩写为 HIC）。HIC 的形成不需要有外部作用力，其开裂的驱动力是由于氢鼓泡内部压力的累积而在氢鼓泡周围形成的高压。

目前氢致开裂实验主要参照 NACE TM0284《管线和压力容器用钢抗氢致开裂评价方法》和 GB/T 8650—2015《管线钢和压力容器用钢抗氢致开裂评定方法》。观察试后试样内部裂纹，计算裂纹敏感率、裂纹长度率和裂纹厚度率，从而了解材料抗氢致开裂的性能。

氢致开裂实验容器应该具有硫化氢气体的出入口，并且有足够的容积放置实验样品。实验装置中涉及的任何一种材料都不应污染实验环境或者与实验环境发生反应，如图2-24所示。

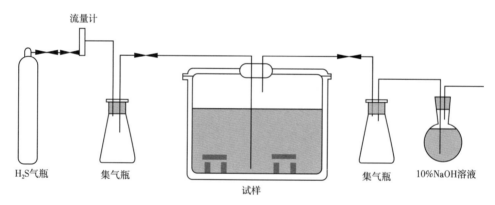

图 2-24　氢致开裂实验评价装置示意图

③硫化物应力开裂（SSC）评价。

将加载了应力的试样浸泡在标准溶液中，或模拟高含硫腐蚀条件下，将试样浸泡在模拟腐蚀溶液中。根据试验后试样是否存在裂纹，甚至断裂失效作为材料选择的依据。在有水和硫化氢存在的情况下，高强度的碳钢和低合金钢往往在低于屈服强度时过早地失效，这种开裂被称为硫化物应力开裂（Sulfide Stress Cracking，SSC）。硫化物应力开裂与氢致开裂一样，具有不可预见性，在高含硫天然气的开发过程中通常会带来较大的安全隐患，因此，必须将开展含硫工况下碳钢和低合金钢材料抗硫化物应力开裂性能的评价实验。

目前评价碳钢和低合金钢材料抗 SSC 性能的标准主要有 NACE TM 0177 硫化氢环境中金属抗硫化物应力开裂及应力腐蚀开裂的试验方法和 GB/T 4157—2017《金属在硫化氢环境中抗硫化物应力开裂和应力腐蚀开裂的实验室试验方法》。这两个标准规定了四种评价方法：

拉伸试验；弯梁试验(三点弯曲和四点弯曲法)；C形环试验；双悬臂梁(DCB)试验。

拉伸试验可在应力环实验装置中进行。该实验装置包括应力加载装置、应力测量装置以及带有进气口和出气口的环境容器。拉伸试验装置如图2-25所示。弯梁试验主要在高温高压反应釜内进行，高压釜与实验介质接触的材料一般为哈氏合金C276，且釜体有足够大的容积。

3)现场试验进一步确定材质的合理性

由于室内试验的评价条件与现场井下实际工况存在偏差，需要在室内评价实验的基础上确定的材质通过现场试验进一步验证材质的合理性，从而进一步确定材质的合理性。

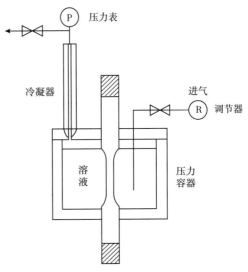

图2-25 拉伸试验装置示意图

2. 防腐工艺

1)常用防腐工艺比选

目前国内外在酸性气藏开发中成熟应用的防腐工艺主要有两大类，一类是采用材质防腐，即采用耐蚀合金材质防腐工艺，另一类就是采用高抗硫油管+缓蚀剂的综合防腐工艺。

材质防腐和综合防腐工艺具有不同的特点和适应性，不同的防腐工艺措施具有各自的优缺点，见表2-9。

表2-9 不同防腐工艺优缺点

防腐技术	优点	缺点	适应性	综合成本对比(万/年)
抗硫碳钢油管(光油管+不加缓释剂)	成本低，完井工艺简单	套管与酸性气体接触，而且不满足防腐要求	不满足酸性气藏完井要求	设定1为基础单位
耐蚀合金钢	适合在苛刻的腐蚀环境，防腐方式简单，效果好，基本不需要后期的维护	一次性投入大，完井成本高	震旦系气藏产能小，单井配产相对低，从经济开发角度不适合	8~10
抗硫光油管+缓蚀剂	腐蚀介质中添加少量的缓蚀剂就能使金属腐蚀速率显著降低，初期投资少，缓蚀剂加注简单	套管与酸性气体接触，存在腐蚀风险，套管修复成本高	低产低压气井	1.8(维护费6万/年)
抗硫油管+封隔器(从油管内定期加注缓蚀剂)	加注工艺简单，只需从油管定期注入或通过加棒状缓蚀剂即可，初期投资少	需要关井，影响正常生产	在高温、深层气井中的应用需要进一步验证	1.6(维护费6万/年)
抗硫油管+封隔器(带注入阀)+缓蚀剂	可以连续注入，不需要关井，不影响气井正常生产，初期投资少	深井带封隔器完井的气井缓蚀剂注入困难，环空注入时，套管需承受一定压力	在高温、深层气井中的应用需要进一步验证	1.8(维护费8万/年)

注：成本对比中以1为基础单位，进行对比。

从表 2-9 可以看出，在达到震旦系气藏气井防腐要求的情况下，采用耐蚀合金材质防腐工艺一次性投入较高，采用高抗硫油管+缓蚀剂的综合防腐工艺综合成本较材质防腐成本低。

2）材质防腐

（1）优点。

对于大产量的重点部位的井，为确保气井的长期、安全、稳定生产，尽量避免修井，以确保稳定供气，可选用耐蚀合金钢管材，延长气井的免修期。利用耐蚀材料主要有以下优点：

①不需要防腐剂的注入系统；

②耐蚀合金钢有较高强度和薄的管壁，在同样外径尺寸下，耐蚀合金油管将比碳钢油管有更大的内径，因此，油管的通过能力相对要大一些；

③油管的生命周期和井的寿命几乎相同；

④在服役期内，耐蚀合金可靠性高；

⑤耐蚀合金油管的质量一般比低合金油管的质量好；

⑥耐蚀合金材料完全不需要进行防腐监测；

⑦耐蚀合金材料完全不存在防腐剂连续注入和运输的问题。

（2）耐蚀合金钢的分类。

近年来，国外在金属材料的腐蚀研究方面取得了一些成果，相继开发和研制了一些耐蚀合金材料，马氏体不锈钢、马氏体-铁素体双相钢、奥氏体不锈钢、镍基合金钢。

①马氏体不锈钢。常用的有 13%Cr 和超级 13%Cr 两种材料。主要用于井下含有 CO_2，且碳钢已不能满足要求的情况。

使用条件：p_{H_2S}（分压）<1.5psi（MR 0175）；温度<150℃（经验值）；没有 O_2 的情况（注入缓蚀剂时有点蚀的危险），超级 13%Cr Grade 95（用于更为严酷的条件），在相同 H_2S 分压和较高温度下可以采用较高屈服强度的材质。

②双相钢、马氏体-铁素体钢。主要有 22%Cr、25% 和超级 13Cr、25%Cr。

使用范围：有 CO_2 存在的高温井，且有少量 H_2S 的情况。

使用条件：用于马氏体不锈钢不能解决的 CO_2 腐蚀情况（a. 可使用较高强度的材质及允许较高的井下温度；b. 对 Cl^{-1} 和 O_2 有更好的抵抗能力）。

限制条件：a. p_{H_2S}（分压）<3psi，且要考虑材料的屈服强度；b. 温度 200℃ 以下；c. 没有或少量的 O_2，不能有 H_2S；d. 可用材质级别 65~140ksi。

③奥氏体不锈钢。主要有 28%Cr 的一种材料。

使用条件：CO_2、H_2S 和 Cl^{-1} 同时存在的情况，温度<204℃。

④镍基合金钢。主要材料品种：Incoloy 825、Hastelloy G3，G50 和 C276。

使用条件：用于 H_2S，Cl^{-1} 和温度组合下腐蚀性过强，且有游离硫存在的情况。

3）加注缓蚀剂防腐

（1）环空保护液体技术。

由于提喷、泄漏等，使得含 CO_2、H_2S 的腐蚀介质进入环空。为了延长油套管的使用寿命，均采用井下加注环空保护液。

①环空保护液的技术现状。

目前环空保护液防腐方案主要有两种，一是使用含缓蚀剂的柴油溶液，法国 Lacq（拉克）气田、中东 Thamama 气田石灰岩气层在使用封隔器完井的井中，在环空中加注含缓蚀剂的柴油，但柴油在运输和现场加注过程中存在较大的风险。国内还没有成熟的现场应用技术，因此国内还无使用环空中加注含缓蚀剂的柴油的气井；二是使用含缓蚀剂的水溶液，在国内罗家寨气田、龙岗气田、磨溪气田龙王庙组在使用封隔器完井的井中，在环空中加注含缓蚀剂的水溶液。

②高含硫气田环空保护液特点。

针对高含硫气田水溶性环空保护液，必须考虑其在现场腐蚀介质中的缓蚀能力、杀菌能力和阻垢能力，还要考虑其高温高压稳定性，在井况条件下不分解的特性。相应的在环空保护液配方中添加了抗 H_2S 缓蚀剂、抗 O_2 缓蚀剂、抗 CO_2 缓蚀剂、阻垢杀菌剂及高温高压稳定的剂等，如图 2-26 所示。在现场使用过程中和室内试验的过程中，认为这种简单的复配存在相互制约的效应，因此在后来的环空保护液研究中，对环空保护液进行了改进，研制出了综合的环空保护液配方 CT 系列高含硫气井环空保护液。

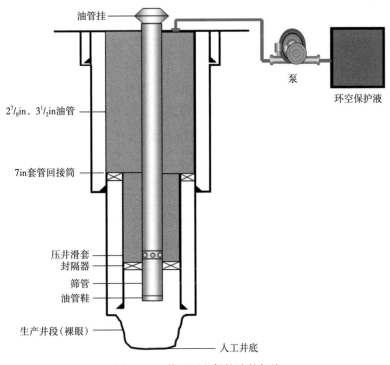

图 2-26　井下环空保护液的加注

③环空保护液的应用。

环空保护液应用的环境条件较广，如针对川渝气田高含硫气井的特点，室内评价选择 H_2S：2%~10%，CO_2：2%~10%，温度：60~150℃，压力：10~60MPa，采用较苛刻的水质进行评价，使用常用的抗硫材质 VM80SS、NT80SS、P110S 进行室内评价，评价结果环空保护液控制腐蚀速率在 0.125mm/a 以下。从川渝气田两口井加注环空保护液三年后起出的油管和保护液检测结果来看，加入的水基环空保护液 CT 系列具有较好的保护效果和高温高压稳定性。

（2）井下缓蚀剂防腐技术。

近年来，美国、加拿大等国在井下管柱防腐措施中，90%以上是加注缓蚀剂，其次是选用耐蚀合金材料。井下的缓蚀剂的加注方法主要有：间歇注入法和连续注入法等。美国多采用连续注入法，法国、加拿大、德国等多采用间隙注入法。国外实验证明：连续注入法的防腐效果更好。在德国，采用连续加注缓蚀剂的油管使用寿命延长 10~20 倍；在美国，点蚀速度超过 250mil/a（1mil＝0.0254mm）和油管寿命不到 1 年的油气井中，连续加注工艺的防腐效果 [防腐效果＝（未加注缓蚀剂时的腐蚀速率－加注缓蚀剂后的腐蚀速率）/未加注缓蚀剂时的腐蚀速率] 达 90%以上。在加拿大，对于 H_2S、CO_2 含量较高、腐蚀较严重的气井，采用同心双油管完井工艺，一根采气一根专门加注缓蚀剂，或在油套管环空间另外下入一根连续细管（又称毛细管）穿过封隔器专门加注缓蚀剂。但对于 H_2S 含量低于 20%的气井一般不采用此法，通常对于井深 3000~4000m 的气井，直接采用从油管加注缓蚀剂的方法进行防腐。

①常用缓蚀剂类型。

最常用的缓蚀剂是胺类、吡啶及咪唑啉类，大多数缓蚀剂加量都很少。缓蚀剂的种类与每个气田的具体情况有密切关系，各气田的气体组分、温度压力等不一样，所选用的缓蚀剂也不同。国内，高含硫天然气开发主要在四川，中国石油西南油气田公司针对特殊酸性腐蚀环境，开发并拥有 10 余种适应于不同腐蚀环境的缓蚀剂系列产品，包括油溶性、水溶性、油溶水分散、水溶油分散和固体等多种类型，见表 2-10。

表 2-10 缓蚀剂类型及应用

缓蚀剂名称及代号	主要用途
油溶性缓蚀剂 CT2-1	适用于油气井及集输管线 H_2S、CO_2、Cl^- 腐蚀
集输系统缓蚀剂 CT2-2	适用于集输管线内 H_2S、CO_2、Cl^- 腐蚀
水溶性缓蚀剂 CT2-4	适用于油气井及集输管线 H_2S、CO_2、Cl^- 腐蚀
油气井缓蚀剂 CT2-11	适用于集输管线内 H_2S、CO_2 腐蚀
杀菌剂 CT10-1、CT10-2、CT10-3	适用于回注水系统内 SRB 腐蚀
气液两相缓蚀剂 CT2-15	油溶水分散型，适用于油气井及集输管线内 H_2S、CO_2、Cl^- 腐蚀
水溶性棒状缓蚀剂 CT2-14	适用于大产水量井中 H_2S、CO_2、Cl^- 腐蚀
抗 CO_2 腐蚀缓蚀剂 CT2-17	适用于油气井及集输管线 CO_2、Cl^- 腐蚀
长效膜缓蚀剂 CT2-19	高含硫气井采输管线防腐

②缓蚀剂加注方法。

国内高含硫气田常采用的井下缓蚀剂方法主要有：开式环空、井下注入阀、毛细管连续加注法、带封隔器的间歇加注法等，这几种加注法的优缺点见表 2-11。

表 2-11　井下缓蚀剂加注法的对比

加注方法	优点	弱点	实例
开式环空(无封隔器)加注法	不需辅助设备	套管承受高压	川渝高含硫气田
带封隔器井的间隙加注法	不需辅助设备	加注时可能影响生产	川渝高含硫气田
井下注入阀加注法	注入阀靠油管的压差来启动，用泵施加压力打开注入阀	注入孔易被堵塞	龙王庙气田
毛细管加注法	套管不承受高压，有利于保护油套管，不易被堵塞	施工难度大，需换特殊井口，修井复杂	罗家寨气田

对于光油管完井的气井采用向环空连续加注缓蚀剂，如川渝高含硫气田龙岗 27 井，缓蚀剂通过油管反排到地面系统，实现对套管内壁和油管的保护，监测腐蚀速率小于 0.076mm/a，加注工艺示意图如图 2-27 所示。

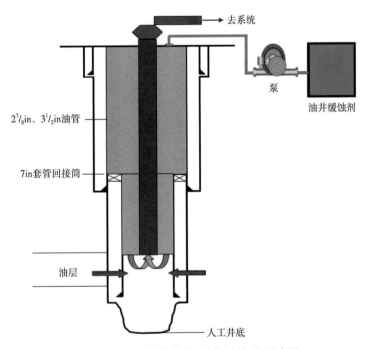

图 2-27　光油管完井井下缓蚀剂加注示意图

目前国内带封隔器完井的高含硫气井普遍采用间歇加注缓蚀剂来防腐，但从油管加注缓蚀剂，则要定期开/关井，会影响到生产的正常进行，但能实现对油管内壁的保护，如川渝高含硫龙岗气田大部分井，监测腐蚀速率小于 0.1mm/a。有井下加注通道(井下加注阀)的采用连续加注缓蚀剂来防腐，主要从环空加注缓蚀剂，再通过井下加注阀到油管，随着天然气从井下反排，来达到对油套管的保护如川渝高含硫龙王庙气田，监测腐蚀速率小于 0.1mm/a。

③缓蚀剂加注量。

a. 缓蚀剂预膜量。

井下缓蚀剂预膜量计算公式：井下缓蚀剂加注量＝油管内壁需要缓蚀剂加注量＋油管外壁需要缓蚀剂加注量＋套管内壁需要缓蚀剂加注量，需要缓蚀剂加注量计算以在保护面上形成3mil的膜厚计算。

油管内、外壁缓蚀剂预膜量计算

油管内表面积 S_1：

$$S_1 = \pi \cdot (D-2d) \cdot h \tag{2-66}$$

油管内壁缓蚀剂体积 V_1：

$$V_1 = S_1 \cdot 3\text{mil} \cdot \rho \tag{2-67}$$

油管外表面积 S_2：

$$S_2 = \pi \cdot D \cdot h \tag{2-68}$$

油管内壁需要缓蚀剂体积 V_2：

$$V_2 = S_2 \cdot 3\text{mil} \cdot \rho \tag{2-69}$$

式中　D——油管外径，cm；

　　　d——壁厚，cm；

　　　h——油管长度，m；

　　　mil——长度单位，1mil＝0.0254mm；

　　　ρ——缓蚀剂密度，kg/m³。

套管内壁缓蚀剂预膜量计算

套管内表面积 S_3：

$$S_3 = \pi \cdot (L-2n) \cdot H \tag{2-70}$$

油管内壁缓蚀剂体积 V_3：

$$V_3 = S_3 \cdot 3\text{mil} \cdot \rho \tag{2-71}$$

式中　L——套管外径，cm；

　　　n——壁厚，cm；

　　　H——套管长度，m。

采用井下加注缓蚀剂时，根据经验需要有30%~40%的缓蚀剂富裕量。

b. 缓蚀剂正常加注量

针对高含硫气田，可依据室内模拟评价结果确定现场缓蚀剂正常加注量，如无评价条件则根据纳尔科公司提供的国外高酸性气田缓蚀剂应用经验数据，每万立方米气量缓蚀剂加注量在0.17~0.66L之间，结合川渝高含硫气田的开发经验，推荐高含硫气田现场缓蚀剂的加量为0.5L/10⁴m³天然气。

（3）环空异常的腐蚀控制技术。

在高含硫气田开发过程中，带封隔器完井的环空容易出现异常带压现象，环空异常带压可能导致环空保护液的漏失和腐蚀性气体窜漏到环空内，引起套管和油管的腐蚀。引起环空异常带压的原因主要有以下三种：①井下温度的变化；②井下封隔器失效，天然气窜漏到环空；③井下油套管穿孔。

分析环空异常带压的原因，判断环空连通与否，主要应用环空示踪剂来确定环空是否连通，再确定环空异常的解决措施，针对环空异常情况采取的措施如图 2-28 所示。环空示踪剂的概念与依据源于油田化学示踪剂技术，即选定易识别的示踪剂加入需示踪物质或流体中，通过监测示踪剂性质与浓度的变化来研究所示踪物质或流体的存在、运动状态和变化规律。

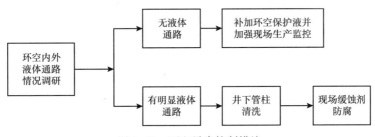

图 2-28　环空异常控制措施

二、油管螺纹类型

随着高难度复杂井的不断开发，油套管生产厂家纷纷开展特殊螺纹接头的研制。目前，特殊螺纹接头已有数百种，多是基于上节介绍的结构类型进行改进设计。本节选取国内油田常用的几种特殊螺纹接头，介绍各接头的设计理念、结构参数及性能特点。

1. VAM TOP 特殊螺纹

VAM TOP 特殊螺纹接头由法国瓦鲁瑞克公司开发，接头密封结构如图 2-29 所示。VAM TOP 特殊螺纹接头沿用 API 偏梯形螺纹牙型，改进了螺纹结构密封形式，公扣齿峰上的间隙大，入扣侧面的间隙小。密封面为锥面对锥面 20° 密封，台肩为反角 15°。抗内压强度、抗外挤强度和接头屈服强度 100% 与管体相同，适用于高扭矩和高弯曲应力的井况。VAM TOP 特殊螺纹接头螺纹参数及密封结构见表 2-12 和表 2-13。

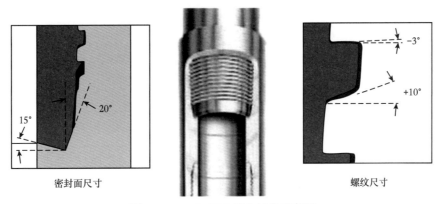

图 2-29　VAM TOP 接头结构示意图

表 2-12 VAM TOP 特殊螺纹接头螺纹参数

承载面角度（°）	导向面角度（°）	锥度	每英寸牙数
-3	10	1:16	6

表 2-13 VAM TOP 特殊螺纹接头密封结构

密封形式	主密封	副密封	特点
锥面对锥面、反角15°台肩双重金属接触形式	金属与金属之间的曲面密封	斜端面的扭矩密封	适用于高扭矩和高弯曲应力的井况

2. FOX 特殊螺纹接头

FOX 特殊螺纹接头由日本川崎公司研制，接头结构如图 2-30 所示。FOX 特殊螺纹接头为 API 偏梯形螺纹，母扣采用变螺距结构，密封面为球面对球面，扭矩台肩为反向角设计。它的密封结构由连续的圆弧面组成，主密封是公扣外圆弧面，副密封是公扣前端的圆弧面扭矩密封。FOX 特殊螺纹接头螺纹参数及密封结构见表 2-14 和表 2-15。

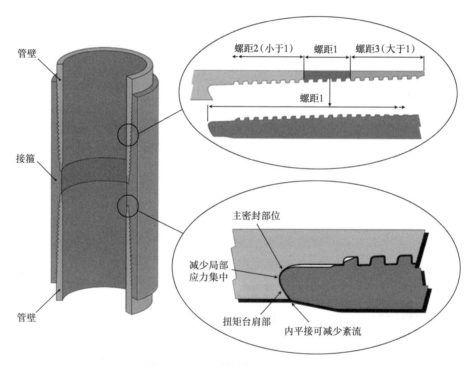

图 2-30 FOX 特殊螺纹接头示意图

表 2-14 FOX 特殊螺纹接头螺纹参数

承载面角度（°）	导向面角度（°）	锥度	每英寸牙数
3	10	1:16	5

表 2-15 FOX 特殊螺纹接头密封结构

密封形式	主密封	副密封	特点
球面对球面金属密封结构	公扣外圆弧面	公扣前端的圆弧面扭矩密封	球面对球面金属密封，密封球面同时还起扭矩台肩的作用，提高了接头的抗过扭矩紧螺纹能力

3. NK3SB 特殊螺纹接头

NK3SB 特殊螺纹接头套管由日本钢铁公司生产，其螺纹牙形及密封结构如图 2-31 所示。螺纹为偏梯形，但其螺纹的导向角为 45°角斜面，大于其他偏梯形扣；螺纹根部延伸到外表面，减小了应力集中，螺纹连接强度相当于管体强度。密封结构由圆周上正切点金属与金属接触的变形密封，随内压的增加，金属的接触压力增加，密封效果增加。副密封是公扣前端面扭矩密封，另一个副密封是锥形螺纹与高压密封脂配合在一起形成的支撑密封。NK3SB 特殊螺纹接头螺纹参数及密封结构见表 2-16 和表 2-17。

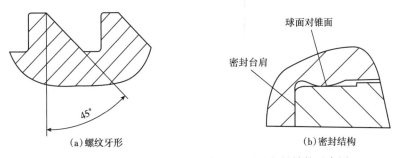

图 2-31 NK3SB 特殊螺纹接头螺纹牙形及密封结构示意图

表 2-16 NK3SB 特殊螺纹接头螺纹参数

承载面角度（°）	导向面角度（°）	锥度	每英寸牙数
0	45	1:16	5

表 2-17 NK3SB 特殊螺纹接头密封结构

密封形式	主密封	副密封	特点
球面对锥面线接触，90°台肩密封	圆周上正切点金属与金属接触的变形密封	公扣前端面扭矩密封；螺纹与高压密封脂配合的支撑密封	随内压的增加，金属的接触压力增加，密封效果增加

4. JFE BEAR 特殊螺纹接头

JFE BEAR 特殊螺纹接头是 JFE 公司开发用于替代 FOX 的新接头，其螺纹牙形及密封结构如图 2-32 所示。气密封性能达到 100% 管体水平，抗压缩效率 60%，锥面对锥面密封，优化了导向面、承载面角度及齿宽。JFE BEAR 特殊螺纹接头螺纹参数及密封结构见表 2-18 和表 2-19。

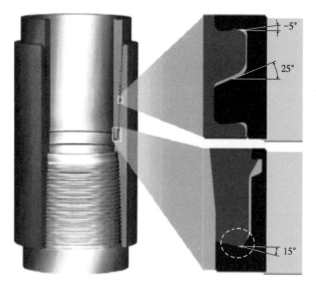

图 2-32　JFE BEAR 特殊螺纹接头螺纹牙形及密封结构示意图

表 2-18　JFE BEAR 特殊螺纹接头螺纹参数

承载面角度（°）	导向面角度（°）	锥度	每英寸牙数
-5	25	1:16	6

表 2-19　JFE BEAR 特殊螺纹接头密封结构

密封形式	主密封	副密封	特点
锥面对锥面面接触，15°台肩密封	锥面金属与金属接触的变形密封	公扣前端面扭矩台肩密封	抗弯曲性能好

5. BGT-1 特殊螺纹接头

宝钢公司 BGT-1 扣型是在原 BGT 扣的基础上开发出的新产品，其螺纹牙形及密封结构如图 2-33 所示。主密封采用柱面、锥面、球面组合的密封结构，逆向扭矩台肩-15°，

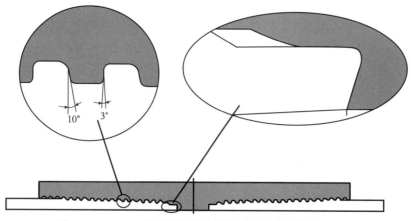

图 2-33　BGT-1 特殊螺纹接头螺纹牙形及密封结构示意图

接箍与管体内平光滑。螺纹形式为改进 API 偏梯形螺纹，承载面齿顶和齿底平行于管体轴线，内螺纹表面镀铜。接头抗弯曲性能好，适用于热采井、定向井、大斜度井。BGT-1 特殊螺纹接头螺纹参数及密封结构见表 2-20 和表 2-21。

表 2-20 BGT-1 特殊螺纹接头螺纹参数

承载面角度（°）	导向面角度（°）	锥度	每英寸牙数
3	10	1:16	8

表 2-21 BGT-1 特殊螺纹接头密封结构

密封形式	主密封	副密封	特点
柱面、锥面、球面组合密封	两段式金属与金属密封	逆向扭矩台肩密封	抗弯曲性能好

三、油管尺寸

1. 油管尺寸选择原则

生产油管尺寸是确定生产套管尺寸的首要依据，而确定气井油管尺寸必须考虑的因素包括气井理论产气量、携液能力、冲蚀条件、摩阻损失、能保证动态监测仪器在油管中的正常起下以及气井增产措施和修井作业等，其主要选取原则为：

(1)满足气井单井配产及油管抗冲蚀能力要求；

(2)井筒压力损失相对较小，能够实现开发设计的要求；

(3)具有较强的携液能力，能够最大限度延长气井水淹时间；

(4)能够满足增产措施等工况对油管强度的要求；

(5)所选用的油管尺寸，要求具有与其成熟配套的井下工具；

(6)满足气井效益开发需求，降低生产建设成本。

2. 计算方法

根据气藏参数，建立气井模型，采用"气井压力系统节点分析"法，对不同管径油管的最大协调产量、井筒压力损失分析、防冲蚀能力及携液能力的计算分析，并结合不同工况下管柱力学分析及储层改造的要求，推荐不同配产条件下油管管径大小。

3. 不同油管尺寸摩阻计算

(1)流入动态曲线计算。

常用气井流入动态曲线有指数式产能方程和二项式产能方程如下：

①指数式产能方程。

$$q_{g} = C \times (p_{r}^{2} - p_{wf}^{2})^{n} \tag{2-72}$$

式中 q_{g}——日产气量，$10^{4} m^{3}/d$；

p_{r}——平均地层压力，MPa；

p_{wf}——气井井底流压，MPa；

C——产气指数，$10^{4} m^{3}/d \ (MPa)^{-n}$，$C$ 值与气藏渗透率、厚度、天然气黏度、井底

干净程度有关；

n——渗流指数，取决于气体渗流方式（当流体为线性渗流时，$n=1$；当流体渗流速度很大或为多相渗流时，线性渗流规律破坏，$n<1$）。

②二项式产能方程。

$$\frac{p_r^2-p_{wf}^2}{q_g}=A+Bq_g \tag{2-73}$$

式中　A——层流系数；

B——紊流系数。

（2）流出动态曲线计算。

$$p_{wf}=\sqrt{p_{wh}^2 e^{2s}+\frac{1.324\times10^{-18}f(q_{sc}\overline{T}\overline{Z})^2(e^{2s}-1)}{D^5}} \tag{2-74}$$

$$\frac{1}{\sqrt{f}}=1.14-2\lg\left(\frac{\delta}{D}+\frac{21.25}{Re^{0.9}}\right)$$

$$s=\frac{28.97\gamma_g gH}{R\overline{T}\overline{Z}}=\frac{0.03418\gamma_g H}{\overline{T}\overline{Z}}$$

式中　p_{wh}——气井井口流压，MPa；

f——T、p下的摩阻系数；

$\overline{T}$——井筒或井段平均温度，K；

$\overline{Z}$——井筒或井段气体的平均偏差系数；

q_{sc}——标准状态下天然气体积流量，m^3/d；

D——油管内径，m；

δ——管壁绝对粗糙度，对于新油管，推荐$\delta=0.016mm$；

s——指数；

γ_g——天然气相对密度；

R——气体常数；

Re——雷诺数。

（3）不同油管尺寸携液临界流量计算。

$$q_{cr}=2.5\times10^4\frac{Ap\mu_{cr}}{ZT} \tag{2-75}$$

$$\mu_{cr}=3.1\left[\frac{\sigma g\ (\rho_1\rho_g)}{\rho_g^2}\right]^{0.25} \tag{2-76}$$

式中　μ_{cr}——气井携液临界速度，m/s；

ρ_1——液体的密度，kg/m^3；

ρ_g——气体的密度，kg/m^3；

σ——气水界面张力，N/m；

q_{cr}——气井携液临界流量，$10^4 m^3/d$；

A——油管面积，m^2；

p——压力，MPa；

T——温度，K；

Z——气体偏差系数。

（4）不同油管尺寸临界冲蚀流量计算。

①Beggs 冲蚀速度公式。

$$v_e = \frac{C}{\rho_g^{0.5}} \qquad (2-77)$$

式中　v_e——冲蚀速度，m/s；

ρ_g——气体密度，kg/m^3；

C——常数，（一般取 1.22，当防腐条件好时可取 1.5 左右）。

②防冲蚀产量公式。

$$Q_{max} = 5.164 \times 10^4 A \sqrt{\frac{p}{ZT\gamma_g}} \qquad (2-78)$$

式中　Q_{max}——防冲蚀极限产量，$10^4 m^3/d$；

γ_g——气体相对密度。

四、完井管柱设计

1. 完井管柱设计原则

要根据气藏特征和开发生产的要求，遵照安全第一、有利于发挥气井产能、延长气井寿命、经济可行的原则，采用现代完井工程的理论和方法，进行完井管柱设计。重点应考虑如下因素：

（1）油管尺寸必须满足配产、携液、防冲蚀和压力损失小的要求，原则上完井管柱应采用内径相同的油管和井下工具，以有利于作业和携液。

（2）对于需要进行储层增产作业的气藏，设计的完井管柱结构应满足增产作业规模、施工压力、施工排量等关键参数。

（3）对于高酸性气藏，要在腐蚀因素分析、腐蚀机理研究和腐蚀程度试验的基础上，优化选择经济有效的防腐措施。

（4）高酸性气井要设计应用安全生产装置（如井口安全控制装置、井下安全阀、封隔器等），防止因人为因素或自然灾害造成气井失控。

（5）高压、高产、高含酸性气体的气井采用封隔器完井时，封隔器以上油管应采用相应的气密封措施，要进行油套管和井下工具气密封性评价。

（6）高温、高压、高酸性超深井完井管柱，尤其是封隔器完井管柱应根据相关安全系数要求开展不同工况条件下的完井管柱力学分析，并制定相应的临界施工控制参数。

（7）高温、高压、高酸性超深井应注重管柱结构完整性和一致性，为实现安全开采创造条件。

2. 完井管柱力学分析及结构设计方法

1）封隔器完井管柱力学分析要点

（1）分析工况。

应对不同工况条件下完井管柱力学性能进行分析。根据实际的井眼轨迹数据对完井管柱下入、封隔器坐封、掏空、增产改造、排液测试、稳定生产等工况进行分析。

（2）分析方法。

应采用第四强度理论，即三轴应力校核方法对不同工况条件下的完井管柱力学性能进行分析。三轴向应力并不是一个真正的应力，是一个可将广义三维应力状态与单向破坏准则（屈服强度）相比较的理论数值。换言之，如果三轴向应力超过了屈服强度就将出现屈服破坏，三轴向安全系数是材质的屈服强度与三轴向应力之比。

（3）分析步骤。

首先分析油管柱在井下的构型状态，然后计算管柱变形、油管柱和封隔器的载荷，进而分析油管柱和封隔器的受力及其安全性。在设计过程中应尽量确保所设计的管柱在各工况下不发生屈曲变形。

2）封隔器完井管柱力学分析模型

（1）管柱屈曲临界载荷计算。

正弦屈曲临界载荷计算：

$$F_{ycr} = 2\sqrt{\frac{EIq\ \sin\alpha}{r}} \qquad (2-79)$$

目前，关于管柱螺旋屈曲的计算模型仍未有一致意见，根据文献［1—2］确定螺旋屈曲临界载荷计算如下：

$$F_{ych} = 4\sqrt{\frac{2EIq\ \sin\alpha}{r}} \qquad (2-80)$$

式中　F_{yer}——正弦屈曲临界载荷，kN；

　　　E——弹性模量，MPa；

　　　I——惯性矩，m^4；

　　　α——开斜角，（°）；

　　　r——管柱与井壁间的径向间距，m。

（2）三轴应力计算。

采用 von Mises 等效应力进行计算，考虑轴向、径向和周向应力。三轴应力计算公式如下：

$$\sigma_{VME} = \frac{1}{\sqrt{2}}\sqrt{(\sigma_z - \sigma_\theta)^2 + (\sigma_\theta - \sigma_r)^2 + (\sigma_r - \sigma_z)^2} \qquad (2-81)$$

式中　σ_z——轴向应力，MPa；

　　　σ_θ——周向应力，MPa；

　　　σ_r——径向应力，MPa。

①轴向应力。

计算公式如下：

$$\sigma_z = \frac{F_y}{\pi(r_o^2 - r_i^2)} \qquad (2-82)$$

任何一点的有效轴向力应包含自重、浮力、压力、井眼弯曲、下入冲击、摩擦、温度和管柱屈曲造成的轴向力。

其中井眼弯曲引起的轴向力计算如下：

$$F_{bending} = E \cdot \frac{\pi}{360} \cdot D \cdot \frac{\alpha}{L} \cdot A_s \qquad (2-83)$$

式中　A_s——管柱截面积，m^2。

其中下入冲击引起的轴向力计算如下：

$$F_{shock} = 1.5 \times V_{av} \times A_s \times (E \times \rho_s)^{0.5} \qquad (2-84)$$

式中　ρ_s——流体密度，kg/m^3。

②径向应力和周向应力。

采用 Lame′公式计算如下：

$$\sigma_r = \frac{r_i^2 - \dfrac{r_i^2 r_o^2}{r^2}}{r_o^2 - r_i^2} p_i - \frac{r_o^2 - \dfrac{r_i^2 r_o^2}{r^2}}{r_o^2 - r_i^2} p_o \qquad (2-85)$$

$$\sigma_\theta = \frac{r_i^2 + \dfrac{r_i^2 r_o^2}{r^2}}{r_o^2 - r_i^2} p_i - \frac{r_o^2 + \dfrac{r_i^2 r_o^2}{r^2}}{r_o^2 - r_i^2} p_o \qquad (2-86)$$

（3）轴向应力条件下的屈服强度。

在力学校核过程中，尤其应注意轴向应力条件下的强度校核，轴向应力条件下的屈服强度为：

$$Y_{pa} = \left[\sqrt{1 - 0.75 \left(\frac{S_a}{Y_p} \right)^2} - 0.5 \frac{S_a}{Y_p} \right] Y_p \qquad (2-87)$$

3）力学分析结果

通过上述力学分析方法应对单井在设计的不同工况条件下的各项力学性能进行计算，主要给出如下计算结果：管柱变总形长度（包括各项效应值），油管柱受力大小和方向，封隔器受力大小和方向，封隔器所受压差，油管强度安全系数最低位置及三轴、抗拉、抗压、抗外挤安全系数等。

4）封隔器完井管柱结构优化设计

根据力学分析计算结果，一是优化调整相应的封隔器完井管柱结构，主要确定以下几项内容：油管壁厚和钢级，油管组合，封隔器的压力等级和锚定力等级，是否采用油管伸缩节以及伸缩节的下入位置和状态等；二是确定不同工况下确保完井管柱力学安全的临界控制参数，主要确定以下几项内容：增产改造最高泵压及平衡压力，液氮最大掏空深度，生产过程套管压力控制范围等。

3. 应用实例及效果

（1）基本参数。

LGXX 井采用 ϕ339.7mm+ϕ244.5mm+ϕ177.8mm+ϕ127mm 井身结构，打开储层钻井液密度为 1.31g/cm^3，折算地层压力为 65MPa。根据邻井地温梯度推测地层温度为 114℃，地层流体为天然气，高含 H_2S，不产地层水。

（2）效果分析。

采用节的设计方法对该井进行了完井管柱设计，通过不同工况下完井管柱力学分析及伸缩器等井下工具的反复论证，最终设计射孔—完井—酸化—投产一体化完井管柱结构为：3$\frac{1}{2}$in G3-125 油管+井下安全阀（材质 718）+2$\frac{7}{8}$in BG2830-110 油管+永久式封隔器（材质 718，压差 70MPa，锚定力 117t）+2$\frac{7}{8}$in BG2830-110 油管+丢枪接头+筛管+减震器+射孔枪，并制定了相应的不同工况条件下确保完井管柱强度安全的施工控制参数和确保完井管柱丝扣气密封性能的技术措施如图 2-34 所示。

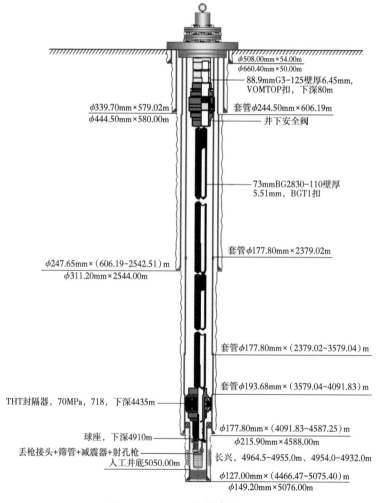

图 2-34　LGXX 井井身结构示意图

该井于 2010 年成功完成现场作业，测试获日产天然气 $76×10^4 m^3/d$，自投产以来，环空压力无异常现象，完井管柱丝扣密封性能良好，如图 2-35 所示。

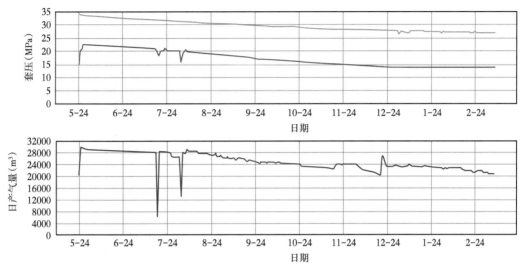

图 2-35　LGXX 井生产压力曲线

五、常用完井管柱及工具

1. 常用完井管柱

（1）高温高压高含硫大产量气井完井管柱。

对于高温、高压、高含硫大产量气井采用大直径的完井管柱，下井下安全阀、永久式封隔器，带 PBR 插入式密封，如图 2-36 所示。

（2）高温高压高含硫低产气井完井管柱。

对于含酸性腐蚀介质不高的气井，通常采用单封隔器完井管柱完井，环空充填保护液保护油管外壁和生产套管内壁，如图 2-37 所示。同时还可以采用毛细管连续加注缓蚀剂保护油管内壁，如图 2-38 所示。

2. 完井工具

通过对国内外完井工具的调研及使用情况来看，国外贝克休斯公司、威德福公司、哈里伯顿公司均有适用于高含硫气井的完井工具及配套设备。高酸性气井先导性试验采用的完井工具即为贝克休斯公司生产完井工具，主要有：永久式封隔器、磨铣延长管、滑套、座放短节、井下安全阀、油管伸缩器、堵塞器、球座接头等。以贝克休斯公司的工具为例对井下工具的性能指标做说明。

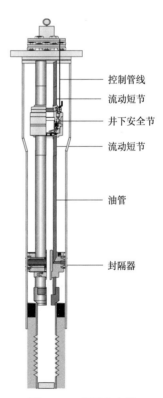

图 2-36　高压大产量
气井完井管柱

控制管线
流动短节
井下安全节
流动短节

油管

封隔器

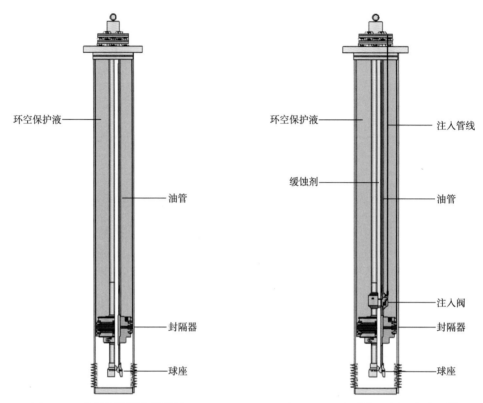

图 2-37　常规封隔器完井管柱　　　　图 2-38　毛细管加注缓蚀剂完井管柱

（1）井下安全阀。

鉴于无控制井喷的后果严重，尤其是在高压气井上，自动关井安全系统就非常重要，有时是法律上的要求。安全系统必须能自动防止事故。能量来源或任何环节出现的故障，都必须使关井系统处于安全状态。安全阀可以安装在油管柱内（井下安全阀）；安装在采气树总闸门以上或安装在翼阀的外端位置上（地面安全阀）。大多数安全阀由外部流体的压力控制，释放控制的压力就可以关闭阀门。

井下安全阀又配有上下两个流动短节，它被用来延缓完井管柱紊流位置的冲蚀破坏，如图 2-39 所示。

（2）永久式封隔器。

完井封隔器主要用于封隔生产套管与产层，是完井管柱中的重要工具，使套管在完井作业及开采期间不承受高压和免受酸性气体的腐蚀，如图 2-40 所示。常用压力级别主要有 70MPa、105MPa，常用材质主要有 718、9Cr1Mo 等抗腐蚀性材质。

目前常用的完井封隔器又包括锚定密封、磨铣延伸筒两个组成部分。锚定密封油管密封短节与封隔器的连接，在地面采用左旋的方法相连，在井下则直接下放管柱对接，其脱手方法是给管柱施加一个很小的拉伸负荷，向右旋转即可使其连接分瓣与封隔器脱开，如图 2-41 所示。

图 2-39　井下安全阀示意图　　　　　图 2-40　完井封隔器示意图

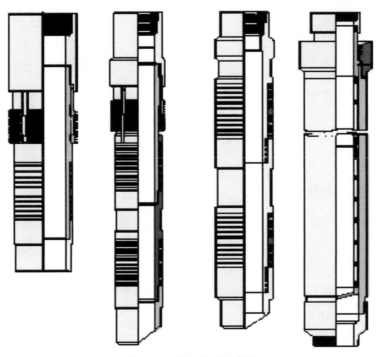

图 2-41　密封总成示意图

磨铣延伸筒主要是对于最终要磨铣掉的封隔器，该模块提供了足够的长度和内径，以容纳磨铣工具，如图 2-42 所示。

（3）滑套。

滑套主要是用来作为替喷、排液、酸化、压裂、压井等作业的循环通道。或座放短节内下入堵塞器后，不能取出时，打开它建立循环通道及采气通道。

（4）座放短节。

座放短节主要是用来座封封隔器，这主要是针对液压座封的封隔器，如图 2-43 所示。

图 2-42　磨铣延伸筒示意图

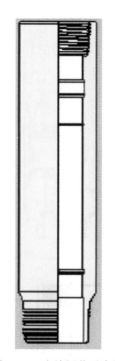
图 2-43　座放短节示意图

第三节　完井工作液

一、完井液基本要求

完井液一般有三大类型，即水基型、油基型和气液混合型。油基型和气液混合物型由于配制困难、成本高，一般在射孔时很少采用，使用最多的是水基型。完井液选择考虑的基本因素和必须具备的功能见表 2-22。

表 2-22　完井液选择考虑的基本因素和必须具备的功能

考虑的基本因素	滤液对地层水的敏感性
	气层中黏土含量和类型及其对外来流体的敏感性和敏感程度（水敏、酸敏、速敏）
	井下温度和压力状况

续表

必须具备的功能	与地层岩性相配伍与地层流体相容，保持井眼稳定
	密度可调，以便平衡地层压力
	在井下温度和压力条件下稳定
	滤失量少
	有一定携带固相颗粒能力

二、常用完井液体系

1. 改性钻井液

采用完钻钻井液，从性能上加以调整，控制固相和降低滤失量，其优点主要是应用方便，无须太多处理和成本较低，缺点主要是固相含量高，易造成固体颗粒对气层孔隙喉道的堵塞、液相一般盐度都很低，易造成气层中黏土膨胀和微粒运移及液相多少含有木质素磺酸盐类型化学剂，易发生乳化堵塞。

2. 无固相盐水液

无固相盐水液也称洁净的完井液，一般含 20% 左右的溶解盐类，由一种或多种盐类和水配制而成，有的还加入化学处理剂以增加黏度和降低失水量。盐水压井液的种类很多，比重范围也较大，为 1.06~2.3，能满足大多数地层条件的比重。不同盐水种类及其密度情况见表 2-23。

表 2-23　不同盐水类型的密度范围

盐水种类	最大密度（g/cm³）	盐水种类	常用密度范围（g/cm³）
氯化钾盐水	1.17	溴化钙盐水	1.39~1.70
氯化钠盐水	1.20	溴化钙/氯化钙盐水	1.33~1.80
溴化钠盐水	1.50	溴化锌/溴化钙/氯化钙盐水	1.80~2.30
氯化钙盐水	1.39		

3. 聚合物固相盐水液

聚合物盐水液是以聚合物代替黏土或坂土而产生适当黏度、切力及滤失量，同时该体系还规定各种不同类型的固体作为桥接剂，以防止无固相液体大量涌入气层，桥接剂应是可以酸溶、水溶或油溶的。聚合物固相盐水液的组成包括：

（1）桥堵剂。

桥堵剂要求必须是降解型的，颗粒尺寸必须完全适合于所用地层，能够封堵产层孔隙。一般桥堵剂有三种：酸溶性的（如碳酸钙、碳酸镁）、水溶性的（如盐粒）和油溶性的（如油溶树脂）。

（2）携带液。

携带液主要是水、盐水和油基液都可以，应根据地层所要求的比重，地层温度等来决定，一般采用盐水作为携带液的较多。

（3）增黏剂。

增黏剂主要是用水和盐水作携带液的，可用粉末状 HEC（羟乙基纤维素）聚合物提黏，也可以用 HEC 悬浮液来混合。

4. 低浓度酸液

用低浓度酸溶液作为压井液，是近年来用得较多的。主要是由于它除了起到压井作用外，还起到了轻微的酸溶解堵作用。为了抑制酸液对油套管的腐蚀，可加入防腐蚀剂。不同压井液气层渗透率恢复系数见表 2-24。

表 2-24　不同压井液气层渗透率恢复系数

压井液类型	渗透率恢复系数（%）	压井液类型	渗透率恢复系数（%）
油基液、乳化液	83	聚合物水溶液	90
盐水	63	10% HCl 溶液	110
空气天然气	92	14% HCl 溶液	115
黏土溶液	53	25% HCl 溶液	120

三、储层保护技术

1. 射孔过程中的储层损害主要因素与保护技术

1）射孔过程对储层造成损害的主要因素

（1）成孔过程对储层的损害。

①在最靠近孔眼约 2.54mm（0.1in）厚的严重破碎带处，产生大量裂缝有较高的渗透率。向外 2.54～5.08mm（0.1～0.2in）厚为破碎压实带，渗透率降低。再向外 5.08～10.16mm（0.2～0.4in）厚为压实带，此处渗透率大大降低。这个渗透率极低的压实带将极大地降低射孔井的产能，而目前的射孔工艺技术尚无法消除它的影响。

②若射孔弹的性能不良，也会形成栓堵。聚能射孔弹的紫铜罩约有 30% 的金属质量能转变为金属微粒射流，其余部分是碎片以较低的速度跟在射流后面而移动，且与套管、水泥环、岩石等碎屑一起堵塞已经射开的孔眼。这种栓堵非常牢固，酸化及生产流体的冲刷都难以将其清除。

（2）射孔参数不合理或储层打开程度不完善对储层的损害。

①若射孔参数选择不当，将引起射孔效率的严重降低。射孔参数越不合理（孔密过低、孔眼穿透浅、布孔相位角不当等），产生的附加压降就越大，油气井的产能也越低，上述情况称为打开性质不完善井。

②由于种种原因，储层有可能不宜完全射开，从而使得井底附近的流速更高，附加阻力更大，这种情况称为打开程度和打开性质双重不完善井。

（3）射孔压差不当对储层的损害。

①若采用正压差射孔（射孔液柱回压高于储层孔隙压力），在射开储层的瞬间，井筒中的射孔液就会进入射孔孔道，并经孔眼壁面侵入储层。与此同时，由于正压差射孔的"压持效应"将促使已被射开的孔眼被射孔液中的固相颗粒、破碎岩屑、子弹残渣所堵塞。有人认为钻井液正压差射孔时，在已经形成的孔眼中，大约有1/3的孔眼被完全堵死，呈永久性堵塞。正压差射孔还将促使更严重的压实损害带，特别是气层。

②负压差射孔（射孔液柱回压低于储层孔隙压力），在成孔瞬间由于储层流体向井筒中冲刷，对孔眼具有清洗作用。合理的射孔负压差值可确保孔眼完全清洁、畅通。但其负压差值的大小，必须科学合理地制定，否则同样不能充分发挥负压差射孔的优越性。

（4）射孔液对储层的损害。

①正压差射孔必然会造成射孔液对储层的损害。即使是负压差射孔，射孔作业后有时由于种种原因需要起下更换管柱，射孔液也就成为压井液了。

②射孔液对储层的损害包括固相颗粒侵入和液相侵入两个方面。侵入的结果将降低储层的绝对渗透率和油气相对渗透率。

③采用有固相的射孔液或将钻井液作为射孔液时，固相颗粒将进入射孔孔眼，从而将孔眼堵塞。较小的颗粒还会穿过孔眼壁面而进入储层引起孔隙喉道的堵塞。射孔液液相进入储层将产生多种机理的损害。

2）保护储层的主要射孔技术

（1）正压差射孔的保护储层技术。

应通过筛选实验，采用与储层相配伍的无固相射孔液，应控制正压差值不超过2MPa。

（2）负压差射孔的保护储层技术。

和正压差射孔一样，也应通过筛选实验，采用与储层相配伍的无固相射孔液。应科学合理地制定负压差值。首先应考虑确保孔眼完全清洁所必须满足的负压差值。若负压差值偏低，便不能保证孔眼完全清洁畅通，降低了孔眼的流动效率。但若负压差值过高，有可能引起地层出砂或套管被挤毁。

（3）保护储层的射孔液。

保护储层的射孔液主要有无固相清洁盐水、阳离子聚合物黏土稳定剂射孔液、无固相聚合物盐水射孔液、暂堵性聚合物射孔液、油基射孔液、酸基射孔液等。

（4）射孔参数优化设计。

要想获得理想的射孔效果，使气井的产能最高，除了需要合理选择射孔方法、射孔压差和射孔液以外，还需要进行射孔参数的优化设计。

2. 试气作业过程中的储层损害主要因素与保护技术

1）试气作业过程对储层造成损害的主要因素

试气作业过程对储层造成损害的主要因素包括射孔前工序、射孔测试、解堵、压裂、酸化、系统试井等过程会对气层造成伤害，各工序环节配合不当对气层的伤害主要有压井液性能不良对气层伤害，频繁起下管柱、重复压井、多次压井对气层伤害，各工序配合不紧凑，延长压井时间对气层伤害等等。

2）保护储层的试气作业技术

（1）优化射孔试气方案。

采用射孔优化软件进行射孔方案优化设计，并根据室内研究结果对射孔液配方进行优选可减轻射孔试气对储层的伤害。

（2）优化射孔压井液。

正压差射孔选用优质射孔压井液进行射孔和测试作业对于保护储层非常重要。优质射孔压井液的性能要求为：

①与气层岩石及流体配伍；

②密度易于调节和控制，以便平衡地层压力；

③在井下温度和压力条件下性能稳定；

④滤失量低，腐蚀性小；

⑤有一定携带固相颗粒的能力，洗井效果好。

（3）物理法解除储层伤害。

物理法解除伤害主要包括高能气体压裂技术、井下电脉冲处理气层技术和超声波处理气层技术。

（4）多功能管柱联作技术。

多功能管柱联作技术主要包括油管传输射孔和测试联作工艺技术、复合射孔工艺技术、射孔增产改造联作技术和射孔增产改造完井联作技术。

第四节　采气井口装置

完井井口装置是装在地面用以悬吊和安放各种井内管柱及控制和引导井内天然气流出或地面流体注入的井口设备。通常包括套管头、油管头和采气树三大主要部件，主要结构如图 2-44 所示。一般来说，气田上采气井口装置包括采气树和油管头部分。

一、油管头

油管头安装于采气树与套管头之间，其上法兰平面为计算油补距和井深数据的基准面，如图 2-45 所示。

1. 功能

（1）悬挂油管，支持井内油管的重量，油管悬挂器则用于悬挂井内油管。

（2）与油管悬挂器配合密封油管和套管的环形空间。

（3）为下接套管头、上接采气树提供过渡。

（4）通过油管头四通体上的两个侧口（接套管闸门），完成注平衡液、注缓蚀剂、洗井和监控井况等作业。

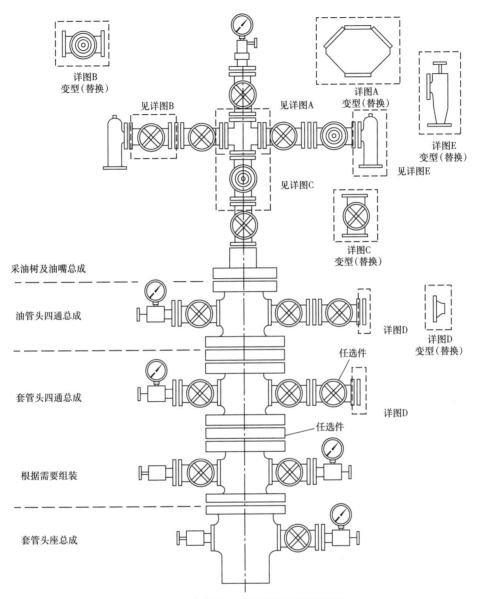

详图B
变型（替换）

见详图B

详图A
变型（替换）

见详图A

见详图C

详图C
变型（替换）

详图E
变型（替换）

见详图E

采油树及油嘴总成

油管头四通总成

详图D
变型（替换）

详图D

套管头四通总成

任选件

任选件

根据需要组装

套管头座总成

图 2-44　完井井口装置主要结构示意图

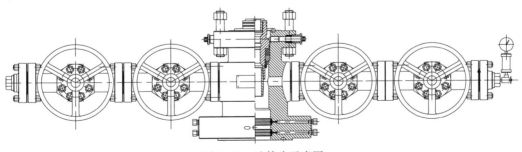

图 2-45　油管头示意图

2. 结构形式

主要分为锥面悬挂单法兰油管头及锥面悬挂双法兰油管头，如图 2-46 所示。KQS25/65 型防硫采气井口用 219.1mm（8⅝in）锥座式油管头，如图 2-47 所示。KQS35/65、KQS60/65 型防硫采气井口用 152.4mm（6in）锥座式油管头，如图 2-48 所示。KQS60/65 型防硫采气井口油管头如图 2-49 所示。

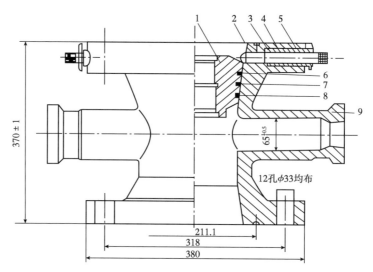

图 2-46　锥面悬挂双法兰油管头

1—油管悬挂器；2—顶丝；3—垫圈；4—顶丝密封；5—压帽；6—紫铜圈；
7—"O"形密封圈；8—紫钢圈；9—大四通

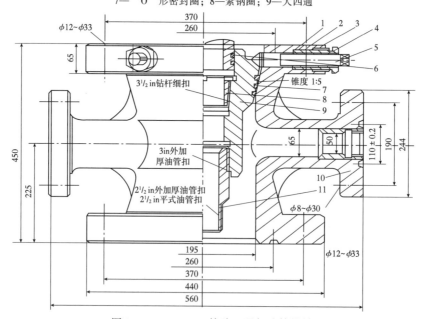

图 2-47　219.1mm 特殊四通与油管锥挂

1—密封圈下座；2—密封圈；3—密封圈上座；4—压帽；5—顶丝；6—"O"形环；
7—"O"形环；8—护丝；9—油管锥挂；11—油管短节

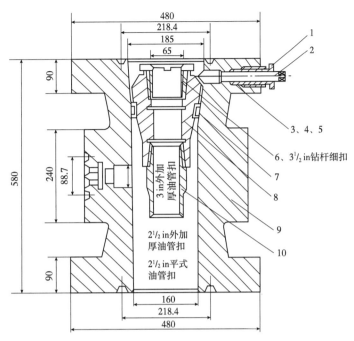

图 2-48　152.4mm 锥座式油管头

1—压帽；2—顶丝；3—密封圈下座；4—"V"形密封圈；5—密封圈上座；
6—护丝；7—"O"形密封圈；8—油管挂；9—大四通；10—油管短节

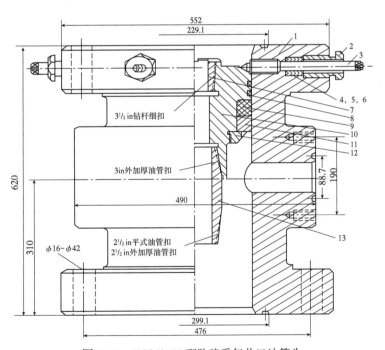

图 2-49　KQS60/65 型防硫采气井口油管头

1—大四通；2—压帽；3—顶丝；4—密封圈上座；5—密封圈；6—密封圈下座；7—护丝；
8—"O"形密封圈；9—密封环；10—油管挂；11—承托环；12—圆螺母；13—油管短节

二、采气树

1. 型号表示方法

KQS 最大工作压力/公称通径—工厂代号—设计次数。

2. 基本形式

采气树的结构形式是由用户根据气层储气量、开采气层数、气井的压力和使用的场合等因素确定的，制造单位可以根据用户的要求进行设计和生产制造。采气树按连接形式分为法兰式和卡箍式，常用法兰式。

3. 最大工作压力和公称通径

表 2-25　采气树最大工作压力和公称通径表

法兰式和卡箍式采气树最大工作压力（MPa）	最小垂直通径（mm）/公称通径［mm（in）］	油管规格	通径规直径		通径规直径（mm）
			公称通径 mm（in）	公称重量（kg/m）	
—	—	—	42.20（1.66）	3.57	32.72
14，21 和 35	46（1¹³⁄₁₆）	43.0	48.30（1.90）	4.32	38.52
14，21 和 35	52（2¹⁄₁₆）	52.0	48.30（1.90）	6.99	48.22
14，21 和 35	65（2⁹⁄₁₀）	65.0	60.30（2⅜）	9.67	59.62
14，21 和 35	80（3⅛）	80.0	73.0（2⅞）	13.84	72.82
—	—	—	101.6（4）	16.37	85.12
14，21 和 35	103（4¹⁄₁₆）	103.0	114.3（4）	18.97	97.32
70 和 105	43（1¹¹⁄₁₆）	43.0	48.30（1.90）	4.32	38.52
70 和 105	46（1¹¹⁄₁₆）	46.0	52.40（2.063）	4.48	42.12
70 和 105	52（2¹⁄₁₆）	52.0	60.30（2⅜）	6.99	48.22
70 和 105	65（2³⁄₁₆）	65.0	73.00（2⅞）	9.67	59.62
70 和 105	78（3¹⁄₁₆）	78.0	88.90（3½）	13.84	72.82
770	103（4¹⁄₁₆）	103.0	114.30（4½）	18.97	97.32

4. 组成和功能

采气树主要由阀门（包括闸阀和针形节流阀）、大小头、小四通或三通、采气树帽、油管头变径法兰、缓冲器、截止阀（考克）和压力表等组成，如图 2-50 所示。它安装在油管头的上面，其作用是控制和调节气井的流量和井口压力，并把气流诱导到井口的出油管，在必要时可以用它来关闭井口。

采气树的结构形式是由用户根据气层储量、开采气层数、气井的压力和使用的场合等因素确定的，制造单位可以根据用户的要求进行设计和生产制造。采气树的连接形式有法兰式、卡箍式和螺纹式，目前主要为法兰式连接。采气树主要部件说明见表 2-26。

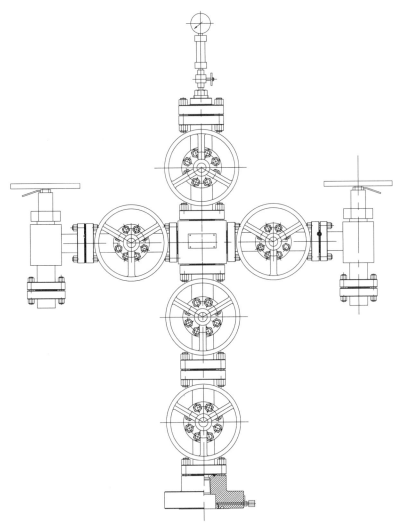

图 2-50 采气树的组成示意图

表 2-26 采气树主要部件说明

主要部件	说　　明
总闸阀	安装在采气树变径法兰和小四通之间的闸门，通常有两只闸阀，在现场，一般将紧靠油管头的第一个闸阀，称为总闸阀，也就是 1 号主阀，也是备用的主阀，上面是 4 号主阀。1 号闸阀以上是可控制部分，以下是不可控制部分。总闸阀是控制气流进入采气树的主要通道。因此，在正常生产情况下，它都是开着的，只有在需要长期关井或其他特殊情况下才关闭总闸阀。总闸阀关闭后，总闸阀以外就没有气流了
生产闸阀	位于总闸阀的上方，油管小四通的两侧（双翼采气树）。自喷井的生产闸阀总是开着的
清蜡闸阀	装在采气树最上端的一个闸阀，它的上面可连接清蜡装置、防喷管等。清蜡时把它打开，清完蜡后，把刮片起到防喷管中，然后关闭清蜡闸阀

续表

主要部件	说　　明
节流阀	是控制自喷井产量的部件，有可调式和固定式节流阀两种。它们均有控制流体流量的限流孔或节流孔，节流阀是绝不允许作为截止阀使用。可调式针形节流阀有一个从外面控制节流面积的孔和相应的指示机构，可以观察节流阀调节流量的开度指示。可调式节流阀和固定式节流阀的流向是旁进直出，不允许反向使用

三、井口闸阀

1. 型号表示法

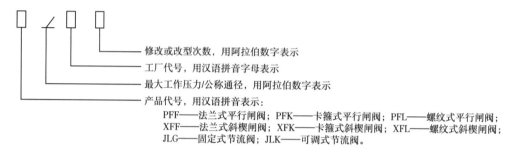

—— 修改或改型次数，用阿拉伯数字表示

—— 工厂代号，用汉语拼音字母表示

—— 最大工作压力/公称通径，用阿拉伯数字表示

—— 产品代号，用汉语拼音表示：
PFF——法兰式平行闸阀；PFK——卡箍式平行闸阀；PFL——螺纹式平行闸阀；
XFF——法兰式斜楔闸阀；XFK——卡箍式斜楔闸阀；XFL——螺纹式斜楔闸阀；
JLG——固定式节流阀；JLK——可调式节流阀。

2. 分类

（1）根据阀杆的构造分类。

① 明杆闸阀。

阀杆螺母在阀杆或支架上，开闭闸板时，用旋转阀杆螺母来实现阀杆的升降。这种结构开闭程度明显，对阀杆的润滑有利，故被广泛选用。图 2-51 为带平衡尾杆的明杆闸阀，图 2-52 为不带平衡尾杆的明杆闸阀。

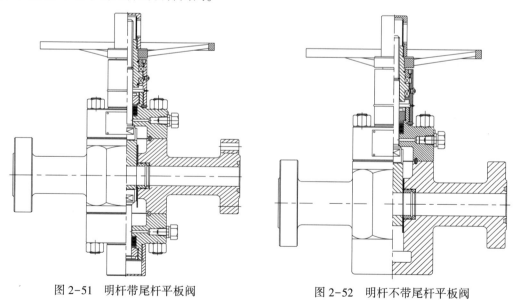

图 2-51　明杆带尾杆平板阀　　　　图 2-52　明杆不带尾杆平板阀

②暗杆闸阀。

阀杆螺母在阀体内与介质直接接触，开闭闸板用旋转阀杆来实现。这种结构的优点是闸阀的总高度保持不变，少泄漏点，因此安装空间小，适用于大口径或者对安装空间有限制的闸阀。这种结构的最大缺点就是阀杆的螺纹不仅无法润滑，而且长年直接受介质的侵蚀，容易损坏。图 2-53 为暗杆不带开关指示器的闸阀，图 2-54 为暗杆带开关指示器的闸阀。阀杆结构性能比较见表 2-27。

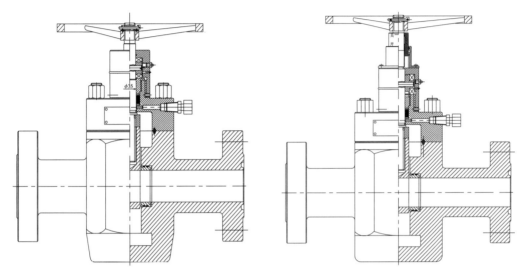

图 2-53　暗杆不带开关指示器平板阀　　　　图 2-54　暗杆带开关指示器平板阀

表 2-27　阀杆结构性能比较表

结构特点	开关力矩	能否指示闸板位置	对阀结构尺寸的影响	阀杆受力情况
明杆结构	大	能	介于暗杆与平息杆之间	大，阀杆受压并传至阀杆螺母上
暗杆结构	小	不能（需加指示机构）	小	比明杆小，但阀杆螺母与阀杆的摩擦力大，因此力矩比明杆阀要大

（2）根据闸板构造分类。

①楔式闸阀。

随着钻井技术的发展、深井钻井技术的掌握以及高压油气井的开发，使得井口压力猛然增加，有时常可达 70~100MPa。在这种条件下，楔式闸阀由于其结构性能的限制已不能很好地满足工作要求，为适应高压工作条件，目前多使用压力自紧式的平行闸板式闸阀（平板阀）。

②平行闸板式闸阀。

它的密封面与垂直中心线平行，是两个密封面互相平行的闸阀。平板阀也有单闸板阀和双闸板阀之分，图 2-55 为单闸板式浮动闸板、浮动阀座的平板阀。图 2-56 为扩张式双闸板平板阀。

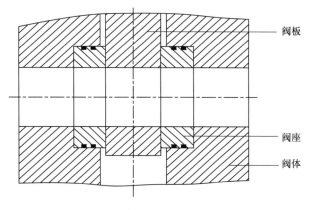

图 2-55　单闸板浮动闸板和阀座

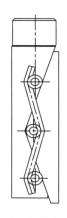

图 2-56　扩张式双闸板

3. 技术规范

（1）21MPa 闸阀技术规范。

21MPa 闸阀技术规范见表 2-28。

表 2-28　21MPa 闸阀技术规范

类型	规格代号	尺寸或口径（mm）				连接形式
斜楔型	A	52.4	65.1	79.4	103.2	卡箍连接
	B	—	244.1	241	—	
	C	—	422.3	435	—	
平板型	A	52.4	65.1	79.4	103.2	
	B	216	244.1	241	292	
	C	371.5	422.3	435	511.2	

（2）35MPa 闸阀技术规范。

35MPa 闸阀技术规范见表 2-29。

表 2-29　35MPa 闸阀技术规范

类型	规格代号	尺寸或口径（mm）				连接形式
斜楔型	A	52.4	65.1	79.4	103.2	法兰连接
	B	—	244.1	267	—	
	C	—	422.3	473.1	—	
平板型	A	52.4	65.1	79.4	103.2	
	B	216	244.1	267	311	
	C	371.5	422.3	473.1	549.3	

（3）70MPa、105MPa 闸阀技术规范。

70MPa 和 105MPa 闸阀技术规范见表 2-30。

表2-30　70MPa、105MPa闸阀技术规范

类型	规格代号	尺寸或口径（mm）				连接形式
70MPa 平板型	A	52.4	65.1	77.8	103.2	法兰连接
	B	200	232	270	316	
	C	520.7	565.2	619.1	669.9	
105MPa 平板型	A	52.4	65.1	77.8	103.2	
	B	232	254	287	360	
	C	482.6	533.4	598.5	736.6	

四、常用采气井口装置

气田上常用的采气井口装置有 KQS25/65、KQS35/65、KQS60/65、KQS70/65。目前国内生产的采气树的压力已经达到 105MPa。国外采气井口装置压力系列已高达 140MPa、185MPa、210MPa。从结构形式上，除了使用国内常规的"十"字形采气井口装置外，近年来，使用的引进采气井口装置也较多，如美国钻采、喀麦隆、FMC 等公司 Y 形和整体式采气井口装置等。

1. "十"字形井口

"十"字形井口详细结构示意图如图 2-57 所示。

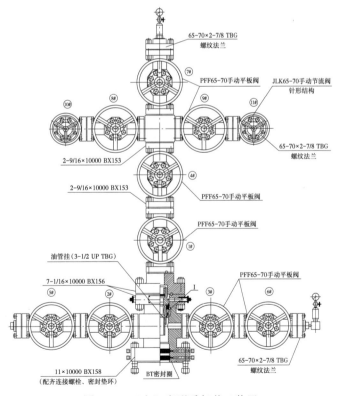

图 2-57　"十"字形采气井口装置

2. "Y" 形井口

"Y" 形井口详细结构如图 2-58 所示。

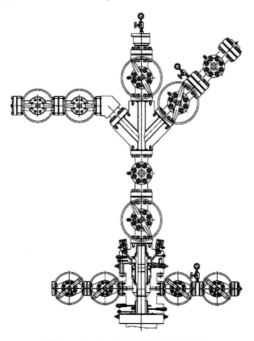

图 2-58 "Y" 形采气井口装置

3. "整体式" 井口

"整体式" 井口详细结构图如图 2-59 所示。

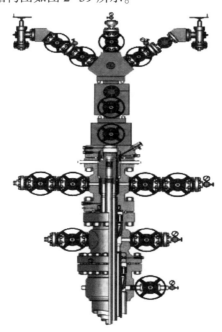

图 2-59 "Y" 形整体式井口采气装置

五、地面安全阀

1. 地面安全阀工作原理

安装在采气树上的两个地面安全阀，安装在垂向流道上的是第二个总阀门，另一个为翼阀。如图2-60所示，该地面安全阀是具有活塞式执行机构的逆向动作的闸门阀。由于阀杆面积上所受压力较低，阀体内的压力推动闸门上升关闭阀门。控制压力作用在活塞上，推动阀门下降开启阀门。如果阀体无压力，一般用弹簧关闭阀门。阀体压力和活塞—阀杆面积比决定所需要的控制压力。

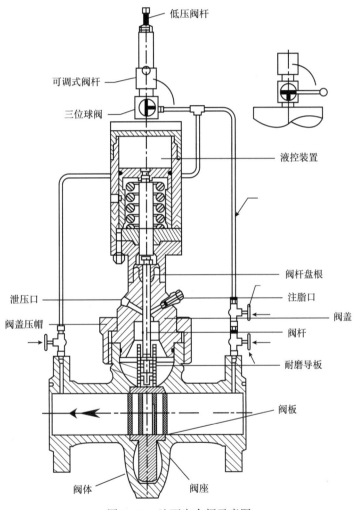

图2-60　地面安全阀示意图

地面安全阀都有一个从执行机构缸体上面的螺纹套伸出的阀杆，其原因如下：

(1)阀杆位置是观察闸板位置的一个指示器；

(2)位置指示器的开关可能提供遥控反馈信号；

（3）可以连接一个人工机械操作的或液压操作的压力缸，以便在控制压力源在安全阀下游的场合，或者系统出现故障，无法提供控制压力时打开关闭安全阀；

（4）当通过阀进行钢丝绳起下作业时，或者当控制系统检修而不能提供控制压力时，可接上一个锁定阀帽或热敏锁定阀帽，使阀门保持开启状态。

地面安全阀的选择：阀的大小要根据安装处的流量来决定。如果安装在采气树的垂向流道上，其大小应与下面的总阀门相同。额定压力、额定温度和其他额定参数必须与下面的总阀门相同。执行机构应考虑控制系统可提供的压力。阀体压力执行机构的比率与控制压力的关系式如下：

$$p_{cl} = \frac{2(p_{vb})}{F_{ac}} \tag{2-88}$$

式中　p_{cl}——控制压力，MPa；

　　　p_{vb}——阀体压力，MPa；

　　　F_{ac}——执行机构比率。

2. 地面安全阀控制系统

如图 2-61 所示，手动增压泵（R）在力的作用下，将液压油进行增压，增压泵压力输出的大小与手力大小成比例。泵输出压力经过各液控阀形成回路到地面、井下安全阀，逻辑控制回路再控制系统中的各种类型液控阀工作，从而对系统液压回路进行控制，有效地对地面、井下安全阀门开启、关闭实行控制。液压回路安全阀（D1）控制系统压力保持在一定范围内工作，ESD 控制面板、井口关断、易熔塞熔化发出关井指令后，逻辑控制回路

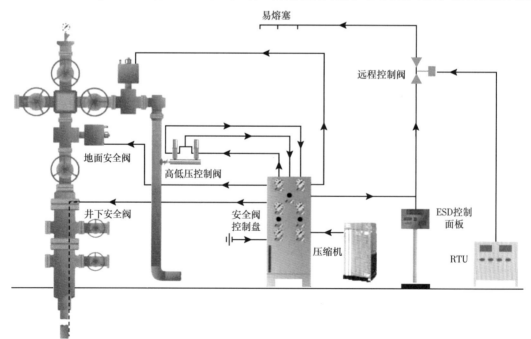

图 2-61　地面安全阀控制系统示意图

压力泄压，接口阀（G1）动作，迅速把系统液压控制回路压力降为 0（井下回路接口阀泄压时间可通过单向节流阀调节），即关闭地面、井下安全阀门。地面安全阀工作参数见表 2-31。

表 2-31　地面安全阀工作参数表

主要技术指标	参数
井下额定输出压力（MPa）	70
地面额定输出压力（MPa）	28
控制井数量	单井
易熔塞熔化温度（℃）	127
使用环境	腐蚀性环境
环境温度（℃）	−20~80
动力源	手动增压泵
逻辑控制压力（psi）	80~105
控制方式	液控
连接管线	1/4in，3/8in，316 不锈钢
工作介质	优质低黏度耐磨液压油（−30~160℃）

第三章　测试工艺技术

地层测试工作是继地震勘探、岩屑录井、取心和电测之后唯一能直接测得地层流体特性和地层参数的方法，是评价储层、评价产能最直接的方法，能够取得地层流体样品和实测井底压力—时间关系曲线。根据获得的测试数据和其他资料进行分析计算，对于评价储层及流体性质具有重要的意义。

随着高产、易开采油气资源的逐渐枯竭和油气需求的不断增加，石油钻探越来越多地向深部地层发展，高温高压高含硫气井也越来越多。国内现已进行了多口高温高压高含硫气井的测试工作，但初期成功率很低，其原因除了测试工具、装备不能很好满足要求外，测试工艺也很不完善。随着近几年高温高压高含硫测试的大量实践及总结，地层测试技术、地面控制技术、测试安全保障技术等几方面均有长足进展，形成了川渝地区特色高温高压高含硫气藏试油工艺技术。

第一节　高温高压高含硫气井工艺技术要求

川渝地区高温高压高含硫气井井深通常超过 6000m，地层压力在 70~120MPa，个别井实测地层压力甚至超过 120MPa，以龙探 1 井为例，龙王庙组实测地层压力 129.024MPa，井口最高关井压力 108.920MPa，是目前国内井口关井压力最高井。较高的地层压力使得岩石骨架往往出现欠压实作用，开井测试期间岩石更容易压碎而出砂。此外，井深的增加也伴随着温度的增加，以川渝地区龙王庙组、观雾山组地层为例，地层温度通常在 140~160℃，其硫化氢含量通常超过 75mg/m³，由此给试油工作带来了诸多难题。

一、高温高压高含硫气藏地层测试工艺难点

1. 小套管尺寸限制，工具可靠性较浅井低

井深所带来的问题是井身结构复杂，套管层序多。油层套管通常为 5in 甚至 4½in 的非常规小套管，其内径一般在 106mm 以内，常规尺寸的测试工具外径过大无法进入小套管内进行测试。另外，由于井深，工具工作深度增加，液体压力传递过程中不可预知因素也随之增加，机械可靠性也较浅井低，对于气井测试是极大的挑战。

2. 各种措施将接近工具强度极限，管柱受力情况复杂

地层压力高，将提高相应的改造、挤注等措施压力，作业过程中往往将接近或达到工具工作压力、抗内压、抗挤毁强度极限。

在测试工程中，井内温度、压力变化范围大，使得井下管柱及封隔器承受很大的交变应力，这种交变应力使管柱受力变得更为复杂和突出。

3. 施工期间井控风险及井下复杂风险高

地层压力高带来的另一个问题是施工后期压井难度增加，对压井液密度选择提出了很高的要求。同时，高密度压井液也使测试管柱的工作环境变得十分恶劣。此外，由于深井测试每一次下、起管柱时间较常规井长，作业过程中卡钻、溢流、井漏等风险也随之增加。

4. 高压流体对地面流程冲蚀严重

在川渝地区已钻探的深井中，测试井口流动压力均在 70~90MPa 之间，高压高速流体携带着地层岩屑及其他固相颗粒进入地面流程，将使节流降压、精细分离及精确计量难度增加，高压区域作业人员安全风险增加。

放喷测试过程中，产层中含饱和水蒸气的天然气流到井口后，由于温度的降低，水蒸气由饱和状态变为过饱和状态，在节流的情况下容易发生冰堵，堵塞流程设备，造成施工作业中断。

5. 橡胶密封件在高温下老化失效

地层温度高将引起管材强度及橡胶件密封性能下降，增加了井下工具失效风险，还可能降低井下和地面电子仪器、仪表的灵敏度。

6. 高温影响井筒工作液性能

高温也可能导致完井液老化、沉淀、堵塞等问题。加之在高温条件下硫化氢、二氧化碳酸性气体也能促使完井液稠化，削弱甚至使其丧失液体的压力传递能力。

7. 硫化氢、二氧化碳腐蚀作用强

硫化氢、二氧化碳等酸性气体会导致氢脆、应力开裂、电化学等腐蚀等作用。硫化氢应力腐蚀开裂是硫化氢破坏的主要形式，电化学腐蚀是二氧化碳破坏的主要形式。由于深井压力高，即使酸性气体含量较少，相应硫化氢、二氧化碳分压也会超过最低腐蚀极限，导致管材和设备工具减薄、穿孔、甚至造成破裂。

二、高温高压含硫气藏试油要求

1. 地层测试工艺要求

（1）井筒完整性要求：高温高压高含硫气井其井口关井压力可能超过表层套管清水最高承压，试油过程中一旦封隔器及管柱串漏都可能会造成表层套管损坏，将破坏井筒屏障，带来严重的井控问题。

（2）工具要求：井下管柱及工具组合需要满足大产量测试的需要。在管柱强度需要达到各项措施强度的条件下，要保证足够的强度余量，有进行井下复杂和特殊作业的能力。此外，还要求工具和管柱在酸性条件下不易发生腐蚀断裂和刺漏。

（3）工作液要求：在保证完井液各项基础性能的前提下，还需要保证高温稳定性能。

（4）资料录取要求：在含硫气田高温高压高含硫测试中，必须制订一套完整的测试工艺技术操作规程，才能在确保安全的前提下快速优质地完成测试任务，取全取准资料。

2. 地面流程工艺要求

（1）节流降压能力要求：流程可满足多种工序施工需要，设备具有防砂、防冲蚀能力，能够有效控制井口高压流体并实现节流降压，进行大产量（不小于 $100 \times 10^4 m^3$）测试。

（2）测试分离计量能力要求：能够进行流体的精细分离和精确计量。

（3）自动控制要求：要求流程安全控制技术先进，操作人员风险小，流程由紧急关断（ESD）和紧急泄压（MSRV）及数据自动采集系统等组成。

（4）防冻保温要求：满足防冻、保温以及耐高温（不小于85℃）性能要求。

（5）安全监测要求：高温高压高含硫气井安全控制监测要求主要是井筒及流程安全控制的要求。井筒安全控制难点包括两方面，一是能够有效控制油套压差，确保井下安全。二是在出现复杂情况时，管柱必须能够快速可靠地进行紧急关井。地面流程安全控制难点主要表现在，一方面是当流程出现超压时，能够自动泄压，确保安全；另一方面是当流程发生泄漏时，能够及时报警以确保人员安全。

第二节　地层测试技术

地层测试也叫钻杆测试（Drill Stem Testing，DST）。地层测试是目前世界上及时准确评价油气层的先进技术，在钻井过程中或完井后通过对油气层进行开关井测试，可以获得在动态条件下地层的各种参数和流体性质，从而对产层做出定性或定量的评价，为油气田区块开发方案的制订提供依据。

地层测试种类很多，分类方法也不相同：按井眼的类型分为裸眼井测试和套管井测试；按封隔器坐封方式分为支撑式测试、悬挂式测试和膨胀式测试；按封隔器封隔的方式分为单封隔器的测试和双封隔器的跨隔测试等。

在国内，习惯性地按地层测试井的类型将地层测试分为钻井过程中进行的中途测试和套管完井之后进行的完井测试。中途测试通常使用钻杆下带测试工具，阀门组作为简易井口，通过提放工具开关井，进行一定深度的掏空测试。中途测试的主要特点是测试速度快，发现油气藏及时，能够加快新区勘探速度，避免漏掉油气层等；完井测试通常采用密封性更好的油管下带测试工具，井口采气（油）树，通过压力控制操作井下工具，实现不同的工艺。完井测试的主要特点是录取资料多，评价油气层准确，能够为油藏描述提供定量的动态数据以及指导油层改造选层和效果评价，提高措施有效率和勘探成功率等。对于高温高压高含硫气井，因其工况恶劣，测试期间不可控因素较多，选择完井测试工艺。

一、地层测试工艺

早期完井测试技术主要以引流测试为主，一般只有开井测试及关井求压两个主要工况，不能满足高温高压高含硫气藏的测试要求。因此，在基本的测试管柱上增加射孔工具，将油管传输射孔工具与测试工具有效地组合成一套管柱，一次入井可完成射孔和测试两项作业，成为联作工艺技术的雏形。在此基础上，用承压能力。密封性能更好地油管代替钻杆，所构成的测试管柱具备了酸化、挤注等措施作业的能力。一趟管柱能够完成射孔、酸化以及测试三项作业，即射孔—酸化—测试联作工艺。此联作工艺实现了由单趟管柱单一工序向单趟管柱复杂工序的转变；由先测试，再压井，最后完井的过程向测试后回插直接完井转变；由简单节流降压向安全快速返排转变。目前四川气田成熟的技术主要有小井眼射孔—酸化—测试联作工艺、滑套（或暂堵球）分层酸化—测试工艺、酸化—测试—封堵工艺。

1. 小井眼射孔—酸化—测试联作工艺

在射孔—酸化—测试管柱基础上，配合 $3\frac{1}{8}$ in APR 工具在 5in 和 $4\frac{1}{2}$ in 的油层套管中坐封后进行射孔、酸化、测试等作业。小井眼射孔—酸化—测试联作管柱结构如图 3-1 所示。

1）工艺流程

APR 测试工具下入至尾管内，下入时 OMNI 阀处于循环位，LPR-N 阀球阀关闭。下钻至预定位置后进行电测校深，根据校深结果调整管柱使射孔枪对准目的层。然后上提管柱，正转加压坐封 RTTS 封隔器，坐封完成后换装井口，做酸化施工前准备。酸化施工时先通过 OMNI 阀循环孔控制排量不超过 500L/min，控制油压低于射孔枪启爆压力低值 7MPa 以上的进行低替酸液。低替完成后环空加、泄压力操作关闭OMNI阀循环孔。确认关闭后环空加压验封合格后，保持环空压力不低于 20MPa，压降不超过 3MPa，打开 LPR-N 阀，进行射孔、高挤酸液施工。酸化完成后，根据情况调整环空压力，保持 LPR-N 阀开启。进行排液、测试

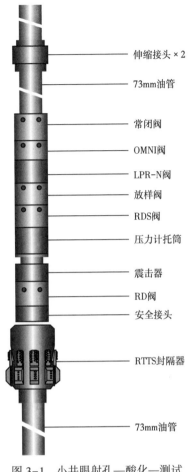

伸缩接头×2
73mm油管
常闭阀
OMNI阀
LPR-N阀
放样阀
RDS阀
压力计托筒
震击器
RD阀
安全接头
RTTS封隔器
73mm油管

图 3-1 小井眼射孔—酸化—测试联作管柱结构

等作业，测试结束后，环空加压操作 RDS 阀、RD 取样器进行取样及关井，并通过 RDS 阀循环孔循环均匀上部压井液，根据实际情况决定是否打开 RD 阀进行堵漏作业。最后上提解封封隔器，循环、起钻，结束测试。

2）管柱特点

（1）本管柱是射孔—酸化—测试系列基本管柱。根据井身结构和套管尺寸灵活选择坐封位置及合适的封隔器尺寸，封隔器可以坐封于上部套管对下部套管或裸眼进行测试，也可以坐封于尾管段中进行小井眼测试。管柱中 OMNI 阀为替液阀和第一循环阀，RDS 阀为备用循环阀，RD 阀作为后期压井堵漏使用。采用双筛管设计，即在封隔器以下管柱中设置了双筛管。一根筛管连接在起爆器上，另一根筛管在封隔器以下一根油管下面。当测试遇到高产气流后，往往在封隔器以下油管和套管环空之间会形成一段高压气柱。在进行直推法压井时，一部分压井钻井液从上筛管出来，有利于把封隔器以下的管柱外的环空天然气推回地层；另一部分压井钻井液从下筛管出来，将整个油管内充满钻井液，降低循环压井和起钻过程中的不安全因素。

（2）使用全通径的测试工具，可以防止酸化时酸液在工具处节流，减小冲蚀作用，降低摩阻。也可以防止放喷测试时地层出砂和后期压井过程中堵漏材料导致管柱堵塞。同时也为连油气举及绳索作业提供了条件。

（3）考虑到部分深井受固井质量及回接筒的影响，套管清水条件下最高控制套压为65MPa，若管柱中同时使用 RD 及 RDS 循环阀，则操作压力窗口狭窄，破裂盘设置困难。若后期不涉及地层流体 PVT 分析，则可去掉 RD 取样器及 RDS 阀，使用 RD 阀作为备用循环阀。或者使用 OMNI 阀带球阀，去掉 RDS 阀，将 RD 取样器放置于 OMNI 阀与 LPR-N 阀之间进行取样。

（4）以该管柱为基础，通过增减或更换特定工具，可以形成众多射孔—酸化—测试衍生管柱及工艺。

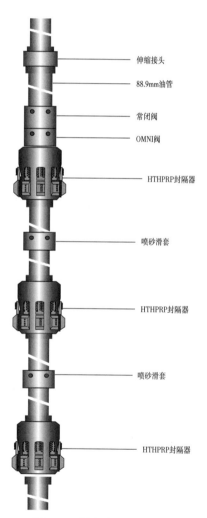

图 3-2　滑套分层酸化—测试联作管柱结构

（图中标注，从上到下：伸缩接头、88.9mm油管、常闭阀、OMNI阀、HTHPRP封隔器、喷砂滑套、HTHPRP封隔器、喷砂滑套、HTHPRP封隔器）

2. 滑套分层酸化—测试工艺

APR 测试工具下带分层酸化封隔器或使用 RTTS 封隔器配合可丢枪式射孔枪，可实现分层酸化测试作业。滑套分层酸化—测试联作管柱结构如图 3-2 所示。

1）工艺流程

管柱下至预定井深后，油管内以低于 $0.4m^3/min$ 的排量正替改造液体，并控制压力不超过 4MPa，可以防止封隔器提前坐封。当改造液体替至井底后，加大排量至 $0.8 \sim 1.5m^3/min$，利用节流启动器的作用，同时启动两个 HTHPRP 封隔器，确认封隔器坐封以后，可以继续以大排量进行最下层段的改造作业，期间封隔器工作压差控制在 $45 \sim 55MPa$ 之间即可。最下层段改造即将结束前，管柱内投入节流启动器专用球，待球入座后，憋压 25MPa 憋掉节流启动器阀，确保生产管柱大通径。待施工层结束后，投低密度球转层，候球入座后，油管打压差 $12 \sim 15MPa$，打开喷砂滑套，对上施工层进行施工。在下层施工停泵前，注意油套压匹配，使油压高于套压 20MPa 以上，保证封隔器的正常工作。当改造作业结束后，在放喷测试的过程中，随着油压逐渐减小，油套压差减小后，封隔器自动解封并收回水力锚，并且投入的低密度球随井底流体一并被带至地面。

2）管柱特点

（1）封隔器坐封方式为液压坐封，可以在大斜度井中使用。

（2）分层效果好，一次措施可以针对多个目的层位。

（3）虽然 HTHP-RP 系列封隔器为泄压解封，但由于进行储层改造后容易出现井下管柱被返排砂粒填埋的情况，且封隔器个数较多，经常存在解封困难，造成井下复杂。

3. 酸化—测试—封堵工艺

1）管柱结构

油管挂+油管+伸缩接头+油管+油管+APR 测试工具+丢手装置+封堵工具+可取式封隔器+油管+球座（液压坐封）组成酸化—测试—封堵联作工艺的管柱结构，其如图3-3所示。

2）工艺流程

酸化—测试—封堵管柱目前主要分为两大类型，一是液压坐封的永久式完井封隔器配合循环滑套或永久式完井封隔器配合 RDS 循环阀使用，前期进行正常的投球、替液坐封、酸化、测试和关井等作业，作业完成后通过关闭循环滑套或击破 RDS 破裂盘关闭其球阀的方式实现井下封堵，再通过丢手锚定密封或安全接头起出上部管柱；二是机械双向卡瓦自锁封隔器配合旋转开关阀及密封脱节器使用，前期施工过程与 APR 测试管柱作业相同，作业完成后通过上提管柱，关闭旋转开关阀实现井下封堵，同时旋转管柱从密封脱节器处丢手起出上部管柱。

3）管柱特点

（1）酸化—测试封堵管柱最大的特点就是在作业完成后，可实现井下环空及正眼的同时封堵，避免大规模井漏的发生。

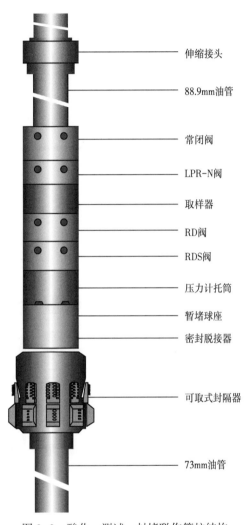

伸缩接头

88.9mm油管

常闭阀

LPR-N阀

取样器

RD阀

RDS阀

压力计托筒

暂堵球座

密封脱接器

可取式封隔器

73mm油管

图 3-3　酸化—测试—封堵联作管柱结构

（2）管柱中加入了 APR 工具，既可下入井下电子压力计实现井下资料的录取，又能实现多次开关井或低替酸液等功能。

（3）对易漏地层具有很强的针对性，丢手同时封堵地层，绕开了堵漏环节，避免了产层的二次伤害，安全高效，经济效益好。

4. 测试—封堵—生产一体化工艺技术

试油完井一体化系列工艺技术是射孔—酸化—测试联作系列技术的一种延伸，它将试油的工序和完井的工序通过一趟管柱结合在一起，管柱在实现射孔—酸化—测试的基础上又加上了封堵—完井的功能。测试—封堵—生产一体化工艺技术可利用测试管柱直接实现完井生产，或在测试结束时实现对产层的封堵，为二次完井提供安全的井筒环境和管柱回插通道，有效地解决测试后堵漏压井困难且压井成本高的问题，节约了压井堵漏时间，避免储层伤害，缩短单层试油完井作业周期，提高了油气勘探效率。

1) 管柱结构

测试—封堵一体化管柱，实现了测试—封堵的目标，但该管柱不能实现后期完井开采。因为 RDS 阀是一种操作不可逆的井下关断阀，一旦关闭就无法再次打开，只能用于永久封堵地层。如果要重新沟通就必须把井下工具磨掉并打捞上来，增加了作业难度。因此，为了实现测试—封堵—生产完井一体化，将 RDS 阀替换成可重复开关的脱节式封堵阀，测试—封堵—生产完井一体化的管柱结构如图 3-4 所示。

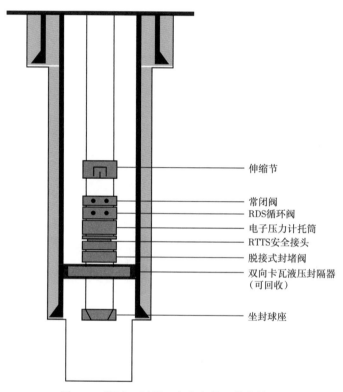

图 3-4　测试—封堵—生产完井一体化管柱

2) 工艺流程

下测试—封堵—生产完井一体化管柱，如管柱带有射孔枪，则需进行电测校深，调整射孔枪对准产层。上提管柱，正转管柱，使封隔器右旋 1/4 圈，下放管柱，撑开封隔器下卡瓦，继续施加坐封重量在封隔器上，挤压胶筒；施加一定的管柱重量到封隔器上后，上提管柱，拉紧封隔器使得上卡瓦撑开胶筒完全膨胀，完成封隔器坐封。环空加压进行验封，若验封不合格，则重复坐封过程。拆封隔器，换装采气井口，对采气井口副密封试压合格。连接采气井口至地面测试流程管线，试压合格。若带射孔枪管柱，则进行加压射孔。酸化施工或放喷排液，开关井测试。通过 RDS 循环阀或常闭阀进行循环压井，敞井观察。拆采气井口，换装封井器，试压合格。循环井内压井液，全井试压，确定一个基准压力；接方钻杆上提管柱，保持左旋扭矩上提管柱，密封脱节器处左旋(反转)1/4 圈即可实现上部管柱的丢手，同时旋转开关阀球阀关闭，隔断下部地层；在丢手后以该基准值为参照，再进行一次全井试压，确认球阀是否关闭可靠。如果未能完全关闭，则重新插入密封脱节器重复丢手，如果依然未能关闭，可直接进行堵漏压井。起出密封脱节器以上管柱。如需回插生产，则更换密封脱节器密封件后，重新回插入旋转开关阀内，通过棘爪推动旋转开关阀，开启球阀，沟通下部地层。

3）管柱特点

（1）通过脱节式封堵阀在丢手时拉动球阀封堵地层，无须借助压差，封堵严密。

（2）封隔器为70MPa双向卡瓦液压可回收式封隔器，既能满足测试期间射孔—酸化管柱压差要求，又能长时间作为封堵工具的悬挂器。

（3）管柱可带枪进行联作，也可以在射开产层的情况下进行。

（4）管柱脱节式封堵发处脱手，建议同时下入RTTS安全接头，作为丢手的备用手段。

（5）管柱在实现封堵后，可以通过RDS阀和常闭阀建立循环，优先选用RDS阀，在套管操作压力不够的情况下，再考虑使用常闭阀来循环。

（6）RDS阀推荐使用大通径的，最好和其他APR工具内径保持一致。

（7）该管柱适用于5in和7in套管，工作压力70MPa，也可双封跨封隔。

（8）建议管柱带伸缩节，除了补偿管柱收缩，另一个重要目的是在后期脱手时方便钻台操作。

二、高温高压高含硫气井测试管柱安全分析

高温高压气井在测试和生产过程中，因应力、温度、压力、腐蚀等因素，各油田均发生过事故。而完井测试作为生产的第一步，是最危险的施工作业阶段。因为在该阶段高温高压流体初步从地层流出，人们对其性质还不是很了解，同时井下工具承载能力也是初步得到考验，很多问题都会在测试期间或生产初期暴露出来。

高温高压高含硫气井测试时，为了整个测试过程实现安全、可控的目的，必须对井下测试管柱进行受力安全分析。从管柱下入井中开始，管柱的受力与变形情况就无法观测，因而只能通过井口压力、温度、流量等数据进行推算。一旦推算不准确，极有可能发生管柱强度破坏、管柱变形过量、测试工具失效等意外事故，造成比较大的经济损失。

因此，有必要建立一整套针对高温高压高含硫气井测试管柱受力与变形的分析方法，在给定测试操作参数和产物性能时，在不同测试阶段测试管柱的变形和受力，从而确定整个测试过程中管柱安全性的薄弱环节，为测试管柱设计和测试工艺优化提供科学依据。

1. 测试管柱受力分析

测试管柱是油气井测试中井下油管柱及各种井下工具、阀件的总称，位于套管内工作，承受着拉、压、弯曲及气（液）流的静压或冲击载荷，一般由尾管、井下电子压力计托筒、筛管、封隔器、测试器、循环阀、伸缩接头、钻铤、油管或钻柱等组成。

与地面管汇不同的是，从管柱下入井中开始，管柱的受力与变形情况就不可能受到实时观测，因而只能通过井口压力、温度、流量等数据进行间接计算，一旦计算不准确，极有可能发生管柱强度破坏、管柱变形过大以及测试工具失效等意外事故，造成严重的经济

损失，甚至人员伤亡。本节在井筒压力温度分布的基础上，特别考虑大产量气井放喷时引起的温度升高、局部节流和沿层阻力，对测试管柱的力学问题进行分析，建立了力学计算模型，校核测试管柱的安全性。

对于确定的测试管柱，影响受力与变形的外界因素主要有重力、浮力、管柱内外流体压力、流体流动黏滞力、温度、顶部钩载、底部封隔器处约束方式、操作顺序等。这些因素的共同作用，使得管柱的力学分析与变形计算变得复杂。在高温高压高含硫气井测试作业中体现为管柱的活塞效应、温度效应，井眼约束导致的油管螺旋屈曲效应等。

（1）活塞效应：因油管内外压力作用在管柱直径变化处、密封件和管端面上引起；

（2）温度效应：因管柱的温度变化引起；

（3）螺旋弯曲效应：因压力作用在密封管端面和管柱内壁面上引起；

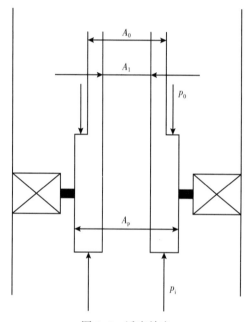

图 3-5　活塞效应

A_0—油管内径截面积；A_1—油管外径截面积；

A_p—封隔器密封腔的截面积；p_0—封隔器上部

环空压力；p_i—封隔器上部油管压力

（4）鼓胀效应：因压力作用在管柱的内外壁面上引起。

前三种效应均由压力变化引起，故可统称为压力效应。在受力分析过程中，重点放在引起管柱受力和长度变化的压力变化和温度变化上，而不是压力、温度的初始绝对值。计算时，总是从封隔器初始坐封条件开始，继而考虑施工中条件的变化。

2. 测试管柱基本计算模型

1）活塞效应

活塞效应是指在油管截面及测试阀等地方，由于管内流体压力的影响会引起轴向力突变，尤其是在大产量气井测试过程中，油管内外压力变化较大，因此活塞效应非常明显（图3-5）。对于大产量气井，其主要影响是通过局部节流引起的，作用力方向向上。

假设封隔器密封良好，且油、套环空液面在井口，设封隔器深度为 h，则封隔器上部压力为：

$$p_u = \rho g h \qquad (3-1)$$

式中　ρ——压井液密度，g/cm^3；

　　　p_u——封隔器上部压力，MPa；

　　　h——封隔器深度，m；

　　　g——重力加速度，m/s^2。

封隔器下部压力为：

$$p_d = p_z + p_h - p_y - p_j \qquad (3-2)$$

$$p_h = \rho g h$$

式中　p_z——井口压力，MPa；

　　　p_h——液柱压力，MPa；

　　　p_j——节流压差，MPa；

　　　p_y——沿程损失，MPa。

在一些文献中，p_y 被定义为摩阻效应，注入气体沿管壁流动时，由于液体的黏滞性在管柱内的摩擦力将造成液体的流动阻力，即液体的摩阻效应，该效应将引起管柱的轴向载荷和轴向变形。油管内液体流速为：

$$v = \frac{Q}{S} \tag{3-3}$$

$$S = \frac{1}{4}\pi d_i^2$$

式中　Q——单位时间内流体流量，m^3/d；

　　　S——油管横截面积，mm^2；

　　　d_i——油管内径，mm。

根据流体力学知识可得沿程损失为：

$$p_y = \frac{\lambda h v^2}{2000 d_i g} \tag{3-4}$$

$$Re = \frac{\rho v d_i}{\eta g}$$

式中　Re——雷诺系数；

　　　λ——管路沿程阻力系数，由 Re 的值确定。

　　　η——液体运动黏度。

当 $Re<2320$ 时，流体流态为层流，根据经验公式得：$\lambda = \frac{64}{Re}$；当 $Re>2320$ 时，流体流态为紊流，根据经验公式得：$\lambda = \frac{0.3164}{\sqrt{Re}}$。

为了适合现场测试的需要，本节按工况类型为模块，对管柱进行分析与计算。封隔器上下产生的压差为：

$$\Delta p = p_d - p_u \tag{3-5}$$

所以该效应产生的活塞力为：

$$F_v(z) = \frac{\pi}{4}(D_i^2 - d_i^2)\Delta p(z) \times 10^{-3} \tag{3-6}$$

式中　D_i——套管内径，mm。

由活塞力 F_v 产生的轴向应力为：

$$\sigma_v(z) = \frac{F_v(z)}{\Delta A} = \frac{4 \times F_v(z)}{\pi(d_0^2 - d_i^2)} \times 10^3 \tag{3-7}$$

式中　d_0——油管外径，mm；

距井口深度为 z 米处，管柱由于活塞效应产生的变形量为：

$$\Delta L_{\rm v}(z) = \int_{z_0}^{z} \frac{\sigma_{\rm v}(z)}{E} {\rm d}z = \frac{4 \times 10^3}{\pi \times E \times (d_0^2 - d_{\rm i}^2)} \int_{z_0}^{z} F_{\rm v}(z) {\rm d}z \tag{3-8}$$

式中　E——弹性模量，MPa。

2）温度效应分析

测试管柱下入井底之后，井底温度和井口温度存在着一定的温差，该温差变化将会引起管柱长度的变化，在测试管柱内产生一个轴向载荷。当往井内注入流体或者采出流体时，受流体的影响也会引起温差效应，因此有必要考虑流体对温差的影响。特别是大产量气井，温度影响尤为重要。

设管内流体质量流量为 q_m（单位为 kg/s），距井口为 z（单位为 m）处的温度为 T（z）（单位为 K），地表温度为 T_0（单位为 K），地温梯度为 $T_{\rm grad}$（单位为 K/m）。

如果管内流体质量流量为 $q_m = 0$ 则：$T(z) = T_{\rm grad} \cdot z + T_0$，单位为 K；如果管内流体质量流量 $q_m \neq 0$，则：

$$A = \frac{q_m \cdot C \cdot (\lambda_{\rm b} + r_{\rm i} B)}{2\pi r_{\rm i} B \lambda_{\rm b}} \tag{3-9}$$

$$T(z) = T_{\rm grad}(z + A) + (T_{\rm r} - T_{\rm grad} \cdot z - T_{\rm grad} \cdot A - T_0) {\rm e}^{(z-H_{\rm r})/A} \tag{3-10}$$

式中　C——油管内流体比热，J/(kg/K)；

　　　$\lambda_{\rm b}$——地层传热系数，W/(m·K)；

　　　$r_{\rm i}$——油管内径，mm；

　　　B——从油管内壁到套管外壁的传热系数，W/(m·K)；

　　　$T_{\rm r}$——油（气）藏温度，K；

　　　$H_{\rm r}$——油（气）藏深度，K。

因此可以得出由温度效应引起的管柱轴向载荷为：

$$F_{\rm T}(z) = \alpha \cdot E \cdot \Delta A [T_0 - T(z)] = \frac{\pi}{4}\alpha E(d_0^2 - d_{\rm i}^2)[T_0 - T(z)] \tag{3-11}$$

式中　α——管柱的热膨胀系数，一般取 1.21×10^{-5} m/(m·℃)；

　　　E——弹性模量，一般取 2.06×10^5 MPa；

　　　ΔA——油管横截面积差，mm²；

　　　d_0，$d_{\rm i}$——油管外径，内径，mm²。

根据轴向载荷 $F_{\rm T}$（z）可以算出轴向应力的值为：

$$\sigma_{\rm T}(z) = \frac{F_{\rm T}(z)}{\Delta A} = \alpha \cdot E [T_0 - T(z)] \tag{3-12}$$

如果管柱可以自由伸长，则由温度效应产生的变形可以按下式计算。轴向应变为：

$$\varepsilon_{\rm T}(z) = \frac{{\rm d}\Delta L_{\rm T}}{{\rm d}z} = \alpha [T(z) - T_0] \tag{3-13}$$

轴向变形为：

$$\Delta L_{\text{T}}(z) = \Delta L_{\text{T}}(z_0) + \alpha \int_{z_0}^{z} \left[T(z) - T_0 \right] \mathrm{d}z$$

$$(3-14)$$

3）螺旋屈曲效应分析

油管在井内有稳定、正弦屈曲、螺旋屈曲三种状态。不同状态的油管受力是不同的。由于正弦屈曲状态的油管和套管的接触压力比螺旋屈曲状态的接触压力要小得多，并且目前还没有一个比较合适的计算方法，所以暂时将正弦屈曲状态的受力分析用稳定状态代替。自由悬挂的油管柱的螺旋屈曲状态如图 3-6 所示。发生螺旋屈曲后，根据稳定性分析计入附加阻力和扭矩，引入管柱拉力—扭矩微分方程。

$$u = \int_{0}^{l} \left[\frac{F_{\text{t}}}{EA} + \gamma (T - T_{\text{sur}}) + \varepsilon_{\text{h}} \right] \mathrm{d}l \quad (3-15)$$

$$\varepsilon_{\text{h}} = \begin{cases} \sqrt{1 + \dfrac{r_{\text{b}}^2 F_{\text{t}}}{2EI}} - 1 & (L_{\text{hs}} \leqslant 1 \leqslant L_{\text{he}}) \\ 0 & \text{其他} \end{cases}$$

$$L = \pi \frac{(D^4 - d^4)}{64}$$

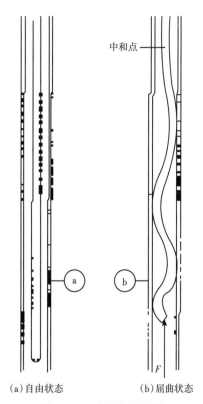

中和点

（a）自由状态　　（b）屈曲状态

图 3-6　自由悬挂的油管
柱螺旋弯曲

式中　u——测深 l 处的变形位移量，m；

　　　γ——油管的线膨胀系数；

　　　A——油管截面积，m^2；

　　　T——油管温度，℃；

　　　T_{sur}——下油管时地面空气温度，℃；

　　　ε_{h}——螺旋屈曲引起的轴向应变量，MPa；

　　　E——管材弹性模量，MPa；

　　　I——油管截面的惯性矩；

　　　D——油管外径，m；

　　　d——油管内径，m；

　　　r_{b}——油管与套管之间的间隙，m；

　　　F_{t}——轴向载荷，kN。

4）鼓胀效应分析

井筒内外压力作用不仅可以引起活塞效应，还会引起测试管柱的横向鼓胀效应。若油管内压力大于外压力，油管的直径将有所增大，为正鼓胀效应，如图 3-7 所示；反之，油管的外压力大于内压力，油管的直径有所减小，为反鼓胀效应，如图 3-8 所示。

油管内压 $p_{\text{i}}(z)$ 和油管外压 $p_0(z)$ 引起的轴向载荷大小为：

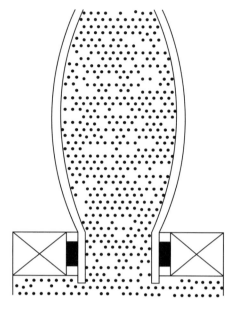 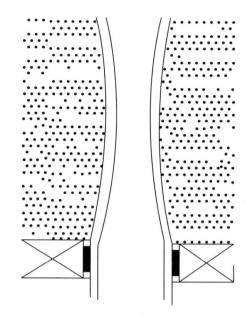

图 3-7　正鼓胀效应使管柱缩短　　　　　　图 3-8　反鼓胀效应使管柱伸长

$$F_{\mathrm{p}}(z) = 2\mu \left[p_0(z) A_0 - p_{\mathrm{i}}(z) A_{\mathrm{i}} \right] = \frac{\pi\mu}{2} \left[p_0(z) d_0^2 - p_{\mathrm{i}}(z) d_{\mathrm{i}}^2 \right] \times 10^{-3} \qquad (3\text{-}16)$$

式中　μ——泊松比，一般取 0.26；

d_0——油管外径，mm；

d_{i}——油管内径，mm。

根据弹性力学的厚壁圆筒理论可知，在内压和外压的作用下，管柱上的任意一点 (r, z) 处环向应力 $\sigma_\theta(r, z)$ 和径向应力 $\sigma_r(r, z)$ 可以由拉美公式得出：

$$\sigma_\theta(r,\ z) = \frac{p_{\mathrm{i}}(z) r_{\mathrm{i}}^2 - p_0(z) r_0^2}{r_0^2 - r_{\mathrm{i}}^2} + \frac{r_0^2 r_{\mathrm{i}}^2}{(r_0^2 - r_{\mathrm{i}}^2) r^2} \left[p_{\mathrm{i}}(z) - p_0(z) \right] \qquad (3\text{-}17)$$

$$\sigma_r(r,\ z) = \frac{p_{\mathrm{i}}(z) r_{\mathrm{i}}^2 - p_0(z) r_0^2}{r_0^2 - r_{\mathrm{i}}^2} - \frac{r_0^2 r_{\mathrm{i}}^2}{(r_0^2 - r_{\mathrm{i}}^2) r^2} \left[p_{\mathrm{i}}(z) - p_0(z) \right] \qquad (3\text{-}18)$$

则鼓胀效应引起的管柱轴向应力为：

$$\sigma_{\mathrm{p}}(r,z) = \mu \left[\sigma_r(r,z) + \sigma_\theta(r,z) \right] = 2\mu \frac{p_{\mathrm{i}}(z) r_{\mathrm{i}}^2 - p_0(z) r_0^2}{r_0^2 - r_{\mathrm{i}}^2} \qquad (3\text{-}19)$$

式中　r_{i}——油管内半径；

r_0——油管外半径；

r——管柱与井壁之间的有效间隙；

R_{i}——套管内半径；

p_{i}——外压力，MPa；

p_0——内压力，MPa。

如图 3-9 所示，由于管柱下端的密封管可以在封隔器密封腔内上下自由移动，由此封隔器对管柱没有作用力，井内条件发生变化时引起的各种效应表现为管柱的总长度变化。上述四种基本效应，既可以单独地、也可以综合地发生在一个管柱上面，管柱的总长度变化即为各单独效应所引起的长度变化的总和，若管柱缩短量过大，有可能使封隔器的封隔作用失效（图 3-10）。

5）管柱强度校核

若单独考虑管柱强度，全部使用厚壁油管，将造成全井管柱轴向静载荷过重，剩余拉力余量不足，导致后期解封或其他遇阻解卡等复杂施工拉力窗口狭窄，施工困难；若为了保证剩余拉力余量充足，使用薄壁油管，则会造成井口段油管抗拉强度不足，在酸化、放喷等形变较大的工况中，井口段油管可能因形变产生的附加载荷断裂或屈曲破坏，造成安全风险，因此有必要对所选管柱组合进行强度校核。

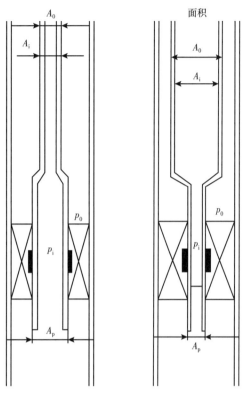

图 3-9 允许管柱自由移动的封隔器

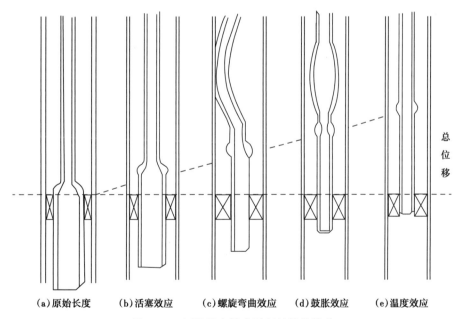

(a)原始长度　(b)活塞效应　(c)螺旋弯曲效应　(d)鼓胀效应　(e)温度效应

图 3-10 四种基本效应引起的管柱移动

高温高压高含硫气藏采气工程技术

在内压、外压、轴向力等载荷作用下，井下管柱处于三向复杂应力状态下工作：内压、外压产生径向应力和环向应力，轴向力产生轴向应力。在此情况下，应用第四强度理论，即三轴应力来校核井下管柱强度安全性。不同工况下管柱的受力情况如表3-1所示。

表3-1 不同工况下管柱受力情况

工况	温度	环空压力	油管内压力	轴向力
下钻	地层温度	无	无	重力+温度效应力
替浆	温度下降	基准压力	基准压力	温度效应力
坐封	恢复至地层温度	基准压力	基准压力+坐封压力	鼓胀效应力+活塞效应力
酸化	温度下降	平衡压力	酸化泵压	温度效应力+鼓胀效应力+活塞效应力
生产	地层流动温度	无	流动压力	鼓胀效应力+活塞效应力

（1）von Mises 三轴向应力或等值应力校核。

三轴向应力（等值应力）并不是一个真正的应力，如图3-11所示。它是一个可将广义三维应力状态与单向破坏准则（屈服强度）相比较的理论数值。换言之，如果三轴向应力超过了屈服强度就将出现屈服破坏。三轴向安全系数是材质的屈服强度与三轴向应力之比：

$$\sigma_{VME} = \frac{1}{\sqrt{2}}\sqrt{(\sigma_z - \sigma_\theta)^2 + (\sigma_\theta - \sigma_r)^2 + (\sigma_z - \sigma_r)^2} \leq Y_p \qquad (3-20)$$

式中　σ_{VME}——三轴向应力，MPa；

　　　σ_z——轴向应力，MPa；

　　　σ_θ——切向应力，MPa；

　　　σ_r——径向应力，MPa；

　　　Y_p——最小屈服强度，MPa。

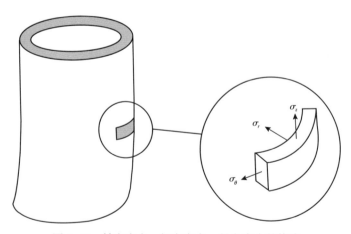

图3-11　轴向应力、切向应力、径向应力的构成

考虑完井管柱实际边界表示方法，变形后为：

$$\sigma_{VME} = \sqrt{(f_1 f_2)^2 + f_3^2} \qquad (3-21)$$

$$f_1 = \left(\frac{r_i}{r}\right)\frac{\sqrt{3}}{2} \ (p_0 - p_i) \qquad (3-22)$$

$$f_2 = \frac{1}{2}\frac{\left(\dfrac{D}{t}\right)^2}{\dfrac{D}{t} - 1} \qquad (3-23)$$

$$f_3 = \sigma_z - \frac{r_i^2 p_i - r_0^2 p_0}{r_0^2 - r_i^2} \qquad (3-24)$$

式中　r_i——内壁半径，m；

r_0——外壁半径，m；

r——计算应力点的半径，m；

D——管柱公称外径，m；

t——管柱壁厚，m；

p_i——管柱的内压力，MPa；

p_0——管柱的外压力，MPa。

假设 σ_z 及 σ_θ 都远大于 σ_r，并设三轴向应力等于屈服强度，可得到三轴应力椭圆方程：

$$Y_p = \ (\sigma_z^2 - \sigma_z\sigma_\theta + \sigma_\theta^2)^{\frac{1}{2}} \qquad (3-25)$$

（2）管柱三轴强度计算。

①三轴抗挤强度公式：

$$p_{ca} = p_{co}\left[\sqrt{1 - \frac{3}{4}\left(\frac{\sigma_z + p_i}{y_p}\right)^2} - \frac{1}{2}\left(\frac{\sigma_z + p_i}{y_p}\right)\right] \qquad (3-26)$$

②三轴抗内压强度公式：

$$p_{ba} = p_{bo}\left[\frac{r_i^2}{\sqrt{3r_0^4 + r_i^4}}\left(\frac{\sigma_z + p_0}{y_p}\right) + \sqrt{1 - \frac{3r_0^4}{3r_0^4 + r_i^4}\left(\frac{\sigma_z + p_0}{y_p}\right)^2}\right] \qquad (3-27)$$

③三轴抗拉强度公式：

$$T_a = \pi \ (p_i r_i^2 - p_0 r_0^2) + \sqrt{T_0^2 + 3\pi^2 \ (p_i^2 - p_0^2)} \qquad (3-28)$$

式中　p_{ca}，p_{ba}，T_a——三轴抗挤、抗内压及抗拉强度，MPa；

p_{co}，p_{bo}，T_0——API抗挤、抗内压及抗拉强度，MPa。

（3）三轴向准则应用。

①外挤力与拉力复合作用。

随 S_a（张力）的增加，管材对外挤压力的抗御力减弱，位于三轴向准则第四象限。可采用 API5C3 公告中的双轴向准则，考虑拉力对挤毁应力的作用：

$$Y_{pa} = \left[\sqrt{1 - 0.75\left(\frac{S_a}{Y_p}\right)} - 0.5\frac{S_a}{Y_p}\right]Y_p \qquad (3-29)$$

式中 S_a——考虑浮力、重力的轴向应力，psi。

②工具性能信封曲线介绍。

工具性能信封曲线是指通过曲线图解的方式表征封隔器在合理的拉力、压力和上、下压差下的操作限值。该信封曲线综合利用计算机模型模拟、有限元分析、数值模拟、实验室试验、油田现场试验等技术和参数，准确描述了封隔器的安全操作区域，命名为封隔器性能信封曲线。信封曲线的安全操作区域由封隔器承受的载荷和压差共同决定。三轴向、单轴向以及双轴向应力上限如图 3-12 所示。

a. 内压力和压缩力复合作用：对应于三轴向准则第二象限，在这一区域三轴向应力分析是最重要的，只依靠单轴向应力准则无法预测很多可能的损坏。当管柱处于高内压负荷以及中等压缩力时，管柱将在低于 API 内压力时就产生破坏，破坏形式为永久式螺旋弯曲，是由塑性变形造成的。通常是在试气、开井、试采时温度升高的过程中发生。

b. 内压力和拉力复合作用：对应于三轴向准则第一象限，在这一区域，在设计中仅依靠单一应力准则会得到较实际所需的保守结果。对于高内压力和中等拉力的复合作用，内压屈服破坏只有在超过了 API 计算内压力时才会发生。但当张力达到单轴向应力时，内压破坏会在低于 API 计算内压力时发生。

c. 外挤力和压缩力复合作用：对应于三轴向准则第三象限，管柱将承受高压缩力和中等强度的外挤力，此时由于受螺旋弯曲的作用而会产生永久性螺旋变形破坏。在开井、试采、试气过程中，套压控制不当时会出现此种情况。

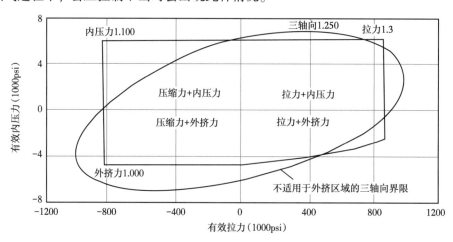

图 3-12 三轴向、单轴向以及双轴向应力上限

三、地层测试施工设计

1. 试油管柱设计

在满足试油地质资料录取要求和保证作业安全的前提下，应尽量简化试油管柱并优先选用新油管。

根据井眼尺寸和流体性质，考虑测试及储层改造需要，选择油管规格和材质；原钻机测试条件下，一般求液性、产能的测试作业，可采用钻杆作试油管柱；产能试井应采用油管作试油管柱；高含硫井应采用抗硫油管作试油管柱。高压油气井试油封隔器以上部分应采用气密封连接方式。

井下工具、封隔器、试油管柱所使用的调整短节，其强度应不低于与之相连油管本体强度。

2. 井下工具设计

(1)井下工具应满足井下压力和流体性质的要求，井下工具组合应能满足试油地质资料录取要求。

(2)管柱应具备井下关断功能，可以备用井下关井阀和循环阀，循环阀的位置应尽量靠近封隔器，测试阀和循环阀优先选用压控式工具。

(3)采用带有锚定装置的套管封隔器，试油后转采可使用完井封隔器。须使用与套管尺寸及钢级相匹配的封隔器；对于首次在高钢级套管内坐封的封隔器，应评价其卡瓦的咬合力，确保能咬入且不打滑；封隔器外径与套管内径间隙宜在6~12mm。坐封位置应尽量靠近试油层顶部，避开套管接箍2m以上，距喇叭口不小于10m，坐封段套管无破损、套管内壁清洁。封隔器及井下工具实际使用时按其工作压力的80%考虑安全余量。

(4)井下工具应按照预计最高地层温度选择相应温度级别的密封件。

(5)压力计压力、温度量程宜为预计最大地层压力、地层温度的1.25倍以上；非射孔测试联作管柱，应尽可能将压力计(其中至少一只外压力计)配置在试油层中部，若无法配置在试油层中部，两只压力计的间隔距离应不小于50m。

(6)对于压控工具须结合套管承压强度，要设置合理的多级操作压力。

表 3-2　工具操作压力

操作压力	对应工具	相关描述
一级操作压力	RD 阀	管柱中操作压力最高级别，低于套管最高承压 7MPa 以上
二级操作压力	RDS 阀、RD 取样器操作压力	低于 RD 阀操作压力 7MPa
三级操作压力	酸化平衡压力	低于 RDS、RD 取样器操作压力 7MPa 以上
四级操作压力	封隔器验封压力	低于油管传输射孔压力 7MPa 以上
五级操作压力	OMNI 阀、LPR-N 阀	多次开关、操作压力最低

3. 试油井口设计

高压气井中途测试和完井测试的油气井宜使用钻台采油树；超高压气井中途测试、完井测试井口装置应使用采油树，特殊工况下，经过安全评估后可使用钻台采油树作为试油井口；侦查性测试经过安全评估后可使用控制头。

根据预测地层压力、施工井口压力和流体性质，依据 GB/T 22513—2013《石油天然气工业　钻井和采油设备　井口装置和采油树》的规定选用相应的采油树，油管挂应采用金属密封，每道密封都能单独试压。

进行防喷器与采油树互换作业时，若试油管柱不具备内防喷功能，应采用油管堵塞阀等暂堵工具来保证换装作业处于受控状态。

70MPa 采油树（或地面流程高压管线）宜配备液动安全阀，105MPa 及以上的井口控制装置应配备液动安全阀，且具备远程控制功能，井口装置的压力表、传感器应采用气密封连接方式。

4. 井筒工作液设计

井筒工作液是井内工具操作压力的传递介质，井筒工作液性能的优劣直接关系到测试作业的成败。在高温高压高含硫气井中，井筒内高温会导致井筒工作液老化、沉降稳定性变差，而地层的含硫流体会使井筒工作液稠化变性，这些都将导致井下工具操作失效甚至卡钻。因此，对测试施工井筒工作液有如下要求：

（1）高温高压油气井试油工作液优先选用无固相液体体系。

（2）试油工作液应根据地层温度、地层岩性、预计地层流体性质等进行评价和调整，要求具有良好的稳定性（热稳定性、沉降稳定性）、润滑性、流变性以及防塌抑制性，一般要求在地层温度下静置稳定时间不少于 15 天。

（3）不同体系的试油工作液与压井液之间进行转换时，应使用隔离液。

（4）压井液的配制量应不少于井筒容积的 1.5 倍；井场还应储备足量压井液加重材料，对预测漏失层及酸化压裂层应储备一定量的堵漏材料。

（5）工作液不能与其他入井流体相互影响，形成沉淀或发生性质的变化；工作液性能不应受地层流体的影响，应调整工作液 pH 值并适当添加除硫剂。

（6）工作液密度设计应结合油管及套管承压能力、工具操作压力、测试压差等，并符合以下要求：（井口最高操作压力+套管内液柱压力−套管外液柱压力）≤套管最小剩余抗内压强度/套管抗内压安全系数；（套管外液柱压力−套管内液柱压力）≤套管最小剩余抗外挤强度/套管抗外挤安全系数；（套管内液柱压力−油管内压力）≤油管抗外挤强度/油管抗外挤安全系数。

5. 资料录取设计

油气井测试是油气藏勘探评价的主要手段，在勘探评价、油气藏描述和编制油气井开发方案等工作中，起着举足轻重的作用。测试过程中取得的地层压力、温度资料，是油气田开发过程中一项极为重要的资料，是研究油层动态、选择和检查地面采油工艺流程的重要手段。

1）合理测试工作制度选取原则

（1）测试压差制定。

碎屑岩地层测试压差不大于 20MPa，根据地层出砂具体确定；其他岩性地层测试压差不大于 25MPa。测试压差设计值与环空操作压力之和应小于封隔器承压指标。

（2）测试总时间设计。

测试总时间是从封隔器坐封合格至解封的时间，若测试时环空为密度大于 $1.8g/cm^3$ 的钻井液，为防止钻井液沉淀埋卡封隔器，套管井测试总时间宜控制在 48h 以内。碎屑岩地层裸眼测试总时间应控制在 12h 以内。其他岩性地层裸眼测试总时间应控制在 24h 以内。

（3）开关井工作制度制订。

高温高压及高含硫井优先选用一开一关工作制度，一开井求地层流体性质、产量，一关井求地层压力恢复。根据测试特殊要求和实际井况，也可选择下列方式之一：二开一关求流体性质、产量、地层压力；二开二关求流体性质、产量、地层压力及压力恢复。

2）井下电子压力计使用原则

（1）根据地层温度选择适当的电池。对于高温高压高含硫气井，地层温度不超过 140℃ 时，可选择耐温可达 165℃ 的电池；若地层温度超过 130℃，则推荐使用耐温可达 180℃ 的电池。

（2）确定合理的井下电子压力计编程方案。根据不同施工方式、不同施工阶段对资料的要求程度不同和施工周期所消耗的电池电量不同，采取分段设计采样速率，这样就能保证数据可用的同时确保数据的完整。

四、主要 APR 测试工具

目前，国内外地层测试工具按其操作方式主要分为三种：提放式工具，如 MFE、HST 测试工具；压控式测试工具，如 APR 测试工具；膨胀式测试工具。

提放式测试工具主要由换位机构、延时机构、取样机构 3 部分组成，通过上提下放测试管柱来控制开关测试阀。由于提放式工具换位行程较短，MFE 自由行程 25.4mm，HST 配伸缩接头自由行程也仅有 914mm，开井时自由下落不明显，"自由点"很难判断，特别是在深井或超深井中更难掌握，容易造成开井判断失误，导致测试失败。此外，由于高压油气井地层压力大，上提管柱开、关井时，地层压力在封隔器处产生一个上顶力易使封隔器上移，上提吨位难以掌握，操作时封隔器容易失封。因此，提放式测试工具主要用于陆地低压、低气油比的直井或井斜角不太大的斜井，不适用于高温高压深井地层测试。

膨胀式工具主要由液压开关、取样器、膨胀泵、滤网接头、上封隔器、组合带孔接头、下封隔器、阻力弹簧器组成。膨胀式工具胶筒坐封长度长，膨胀率大，主要适用于沙、泥岩极不规则的裸眼井，进行跨隔测试，亦不适用于高温高压深井地层测试。

目前国内外应用最多最成熟的压控式工具是 Halliburton（哈里伯顿）公司生产的 APR（annulus pressure response）系列工具。APR 系列工具均依靠环空加压、泄压操作来实现井下工具循环孔及阀门的不同开关组合。相比于提放式工具及膨胀式工具，APR 工具具有以下优点：

（1）操作井下工具时无须提放、旋转管柱，操作压力低、操作简单方便。同时还可以将简易井口或旋转控制头换成采气树，提高地面设备及人员的安全性。

（2）APR 工具为全通径工具，减少截流断面，降低摩阻，能够进行大产量测试、大排量挤注改造作业以及连续油管、各种绳索作业。

（3）APR系列工具功能丰富，通过环空压力操作能够实现沟通切断油套及地层、取样、录取资料等功能，可以根据不同工况需要进行不同工具组合，一趟管柱实现替液、射孔、酸化、气举、测试、井口（井下）关井、压井等不同工艺，有效利用施工时间，避免多次起下钻带来的井控风险和储层伤害。

（4）地层流体仅在工具心轴内部流动，有效保护工具机械结构，采用抗硫密封件，增强了工具的抗腐蚀能力。

因此，APR系列工具是应用于国内外高温高压高含硫气藏的地层测试的主流测试工具，本节将详细介绍常用APR测试工具的结构、原理及操作方法。

APR系列工具发展至今已形成了很多种类的工具。不同种类的APR工具通过沟通与切断油、套及地层的不同组合完成诸如替液、射孔、酸化、气举、测试、关井等多个工序，最终实现高温高压高含硫气藏测试油的目的。为方便对APR工具进行系统介绍，表3-3将常用的APR工具按照功能分类，并在下文中详细介绍：

表3-3　APR全通径工具分类

种类	功能	工具名称
循环阀	多次沟通、切断油套	OMNI阀
	一次性沟通油套（破裂盘式）	RD循环阀
关断阀	一次性切断地层与油管通道	RDS安全循环阀
	多次沟通、切断地层与油管通道	LPR-N阀
封隔器	隔断油套环空，建立测试通道	RTTS封隔器
功能性附件	提供自由行程，补偿管柱轴向形变产生的附加应力，改善管柱轴向受力恶劣	伸缩接头
	测试结束后，保存地层流体，随起出管柱带出地面	RD取样器
	记录井下施工期间压力温度数据，为试井解释提供基础参数	电子压力计

1. 全通径多次循环开关阀——OMNI阀

OMNI阀是APR系列测试工具中功能最多也是现场应用最广泛的测试阀，具有多次开关的能力。通过环空加泄压力的操作，可以实现沟通油套、切断地层；切断油套、连通地层以及同时切断油套、地层三个不同的工作状态。在OMNI阀的不同工作状态下，可以实现不同的测试工艺，大大降低了勘探成本。

1）结构

OMNI阀主要由氮气室、油室动力机构、循环机构、球阀机构四大部分组成。

氮气室主要由上接头、充氮阀体、氮腔心轴、氮腔外筒、活塞、氮气塞、充氮塞等零件组成。氮气室中充入高纯度氮气用以平衡静液柱和环空压力并储存能量，充氮压力取决于静液柱压力和井下温度。

油室动力机构主要由过油短节、动力阀总成、卡套、换位套、动力阀筒、换位心轴、钢球、油室心轴、油室外筒、平衡活塞等零件构成。油室动力机构中充满专用液压油用以传递压力。动力阀总成两边各有一对单向阀，阀芯在推力或压力作用下可推动弹簧使单向阀打开。

循环机构主要由循环心轴、循环密封及循环外筒组成。循环密封位置的变化决定着循环孔的开闭。

球阀机构主要由球阀总成、连接爪、球阀外筒构成，通过连接爪与心轴实现联动，由心轴的位移控制球阀的开关。

2) 工作原理

OMNI 阀是靠环空加压、泄压实现动作的。OMNI 阀的结构与功能如图 3-13 所示，由结构可知，当环空加压时，活塞推动专用液压油向上运动，液压油推动动力阀总成向上运动。当运动到上死点时，液压油通过了动力阀进而推动氮气室中的平衡活塞，这时压力就储存于氮气室中；当泄压时，由于储存于氮气室中的压力高于环空中的压力，氮气压力推动氮气室中的平衡活塞向右运动，进而推动液压油向右运动，液压油推动动力阀总成向右运动，当运动到下死点时，液压油通过了动力阀总成，从而使氮气室压力与环空压力平衡。不同型号的 OMNI 阀所拥有的测试位、循环位数量不同，但盲位都有 4 个 (2 个盲 1 位，2 个盲 2 位)。OMNI 阀不同位置可实现的不同测试工艺如表 3-4 所示：

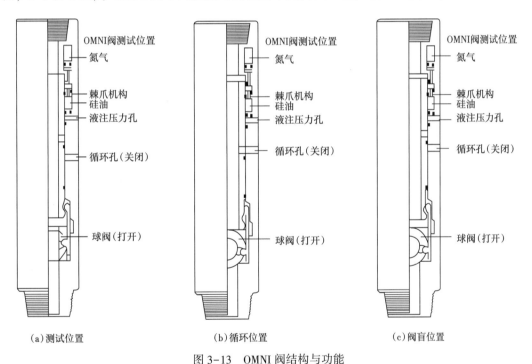

（a）测试位置　　　　　　　（b）循环位置　　　　　　　（c）阀盲位置

图 3-13　OMNI 阀结构与功能

表 3-4　OMNI 阀的位置与试油工艺关系

OMNI 阀的位置	可以实现的测试工艺
测试位	挤注、改造、放喷测试
盲位 1	入井过程中油管试压
盲位 2	临时性井下关井
循环位	循环、压井、气举

3）技术参数

OMNI 阀的技术参数见表3-5。

表3-5　OMNI 阀的技术参数

外径（mm）	79	99	127
通径（mm）	24.5	45	57
工作压力（MPa）	50	70	70
过流面积（mm²）	1122	1526	1719
使用环境	全175℉以上防硫，符合 NACE MR0175—2002 标准		

2. 破裂盘式循环阀——RD 循环阀

RD（rapture disk）循环阀是一种用于套管井内靠环空压力操作的全通径循环阀。它主要用在油气井测试结束时封隔气层和将气层流体循环、排出管柱。RD 循环阀是一种常用于压井的循环阀。RD 循环阀只能操作一次，打破破裂盘沟通油套之后无法关闭。

1）结构

RD 阀主要由破裂盘外筒、剪切心轴、循环外筒、循环心轴构成。破裂盘装在破裂盘外筒上，破裂盘下方是一个由破裂盘"O"环心轴上"O"环共同密封形成的密闭空气腔室。循环外筒上有4个循环孔，孔径较大，便于进行压井、堵漏循环作业。

2）工作原理

环空加压达到预先设定的破裂盘破裂值，打破破裂盘。此时环空压力远高于空气腔内压力，所形成的压差推动心轴剪断销钉的同时向下运动，露出上部循环孔，达到沟通油套建立循环的目的。

3）技术参数

RD 循环阀的技术参数见表3-6。

表3-6　RD 循环阀的技术参数

外径（mm）	79	99	99	127
通径（mm）	24.5	38	45	57
工作压力（MPa）	50	105	70	70
空气室耐压强度（MPa）	120	160	140	150
过流面积（mm²）	1122	1661	1661	2642
使用环境	全175℉以上防硫，符合 NACE MR0175—2002 标准			

3. 破裂盘式安全循环阀——RDS 安全循环阀

RDS（rapture disk safety valve）安全循环阀带球阀，在沟通油套的同时可以关闭下部球阀，切断油管与地层间的通道，实现井下关断的目的。RDS 阀只能操作一次，不能多次开关。因此，RDS 阀多作为压井循环阀或井下紧急关断阀，起到提供井控屏障、确保测试作业安全的目的。

1）结构

RDS 阀与 RD 阀在结构上基本相同，仅在剪切心轴下增加了动力臂及球阀总成。

2）工作原理

通过环空加压达到预先设定的破裂盘破裂值。打破破裂盘，芯轴剪断销钉的同时向下运动，露出上部循环孔的同时带动下方动力臂运动关闭球阀，达到沟通油套的同时切断地层的目的。作为安全阀，可以在测试期间的任一时刻操作该工具，以封堵测试管柱和封隔地层，若测试管柱中安全阀以上有漏失时，对环空施加高压，一旦环空压力超过破裂压力，安全阀就起作用，切断地层流体通路，与封隔器一起提供第一道井控屏障。

3）技术参数

RDS 安全循环阀的技术参数见表 3-7。

表 3-7 RDS 安全循环阀的技术参数

外径（mm）	79	99	99	127
通径（mm）	24.5	38	45	57
工作压力（MPa）	50	105	70	70
空气室耐压强度（MPa）	120	160	140	150
过流面积（mm²）	1122	1661	1661	2642
使用环境	全 175℉以上防硫，符合 NACE MR0175—2002 标准			

4. LPR-N 测试阀

LPR-N 阀是全通径压控式测试工具井下开关井测试的主阀，与 RDS 安全循环阀不同的是依靠环空压力变化操作，LPR-N 阀可以实现井下多次开关井，可以消除井筒储集效应的影响。因此，搭配 LPR-N 阀的管柱可以实现系统试井、等时试井、修正等时试井等试井作业。通过多年的运用，在地层测试工作中占据着重要的地位，在陆地、海洋的深井、高温井、高压井中发挥着至关重要的作用，在地层测试现场服务中，得到广泛的认可和熟练使用。

1）结构

LPR-N 阀的结构如图 3-14 所示。LPR-N 测试阀是整个管柱的主阀，主要由球阀部分、动力部分和计量部分组成。球阀部分主要由上球阀座、偏心球、下球阀座、控制臂、夹板、球阀外筒组成。动力部分由动力短节、动力心轴、动力外筒、氮气腔、充氮阀体、浮动活塞等组成。计量部分主要由伸缩心轴、计量短节、计量阀、计量外筒、硅油腔、平衡活塞组成。

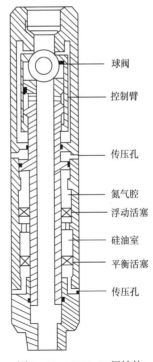

球阀
控制臂
传压孔
氮气腔
浮动活塞
硅油室
平衡活塞
传压孔

图 3-14 LPR-N 阀结构

2）工作原理

工具下井过程中，在补偿活塞作用下，球阀始终处于关闭位置。封隔器坐封后，环空加压，压力作用在动力心轴上，压缩氮气，动力心轴下移带动操作臂使球阀转动打开，实现开井。释放环空压力，在氮气作用下，动力心轴上移带动动力臂使球阀转动关闭，实现关井。

一旦计量套上下油室形成不小于 2.8MPa 的压差，LPR-N 阀即可动作。因此，现场操作 LPR-N 阀开启时，环空需要进行快速加压操作，现场 LPR-N 阀的操作压力一般为 16~20MPa。LPR-N 阀开启后，环空须要维持 16~20MPa 压力，并需要随时监控、补充环空压力，环空压降不得超过 3MPa，避免 LPR-N 阀意外关闭。

3）技术参数

LPR-N 测试阀的技术参数见表 3-8。

表 3-8　LPR-N 测试阀的技术参数

外径（mm）	79	99	127
通径（mm）	24.5	45	57
工作压力（MPa）	50	70	70
操作压力（MPa）	16~20	16~20	16~20
使用环境	全 175℉ 以上防硫，符合 NACE MR0175—2002 标准		

5. RTTS 封隔器

RTTS 封隔器是 APR 系列工具中重要的工具，其作用是分隔油套，建立生产通道，保护上部套管，便于进行挤注、改造等措施。

1）结构

RTTS 封隔器由 J 形槽换位机构、机械卡瓦、胶筒和水力锚组成。RTTS 封隔器的结构如图 3-15 所示。胶筒密封部分由上通径规环、2 个胶筒、隔环、下通径规环组成。机械卡瓦部分由机械卡瓦本体、上心轴、卡瓦上动销、6 个机械卡瓦片、带帽螺钉、开口环箍组成。J 形槽换位机构由 4 个摩擦块、16 片摩擦块弹簧、4 个固定环、摩擦套筒和下心轴组成。

2）工作原理

（1）下钻工况：封隔器下井时，摩擦垫块始终与套管内壁紧贴，凸耳是在换位槽短槽的下端，胶筒处于自由状态。

（2）坐封工况：当封隔器下到预定井深时，先上提管柱，使凸耳到短槽的上部位置，右旋管柱，在保持扭矩的同时，下放管柱加压缩负荷。由于右旋管柱使凸耳从短槽到长槽内，加压时心轴向下移动，卡瓦锥体下行把卡瓦张开，卡瓦上的合金块的棱角嵌入套管壁，而后胶筒受压膨胀，直到两个胶筒都紧贴在套管壁上形成密封。

（3）酸化工况：封隔器胶筒以下压力大于封隔器胶筒以上静液柱压力时，下部压力将通过容积管传到水力锚，使水力锚卡瓦片张开，卡瓦上的合金卡瓦牙方向朝上，从而使封隔器牢固地坐封在套管内壁上。

（4）解封工况：上提管柱至原悬重后逐级加压，先打开循环阀，使胶筒上、下压力平衡，水力锚卡瓦自动收回，再继续上提，胶筒卸掉压力而恢复原来的自由状态，此时凸耳从长槽沿斜面自动回到短槽内，锥体上行，卡瓦随之收回，便可将封隔器起出井筒。

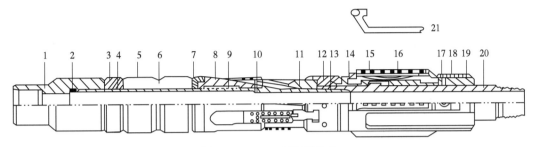

图 3-15　RTTS 封隔器结构

1—连接头；2、4、14—"O"形圈；3—上环；5—胶筒；6—隔环；7—下环；8—卡瓦锥体；
9—上心轴；10—卡瓦销；11—卡瓦；12—螺钉；13—卡瓦环；15—摩擦块；16—板簧；17—螺栓；
18—护圈；19—套；20—下心轴；21—"J"形槽

6. 圆轴伸缩接头

通过机械方式进行伸缩，自由行程 1.524m。工具入井时处于伸长状态，根据测试工艺要求，通过调整其下入位置和坐封吨位来控制压缩量，达到补偿酸化时管柱因热效应产生的收缩量，防止液压旁通意外拉开，同时改善管柱轴向受力恶劣情况。

1）结构

伸缩接头主要由心轴、花键外筒、密封短节、扭力心轴、剪切套组成。

2）工作原理

圆轴伸缩接头运用在陆上地层测试时，当管柱收缩时，将伸缩接头拉长。相反，当管柱伸长时，将伸缩接头压缩。以此来减轻或消除管柱因形变产生的附加应力，改善管柱受力情况。圆轴伸缩接头运用在海上作业平台测试时，当浮式钻井船向上运动时，钻杆将伸缩接头拉长，于是管柱的内容积增加。同时，在伸缩接头内的一个压差活塞将等量的流体排入管柱内，结果是净的内容积没有变化。相反，浮式钻井船向下运动则排出流体。这是体积平衡型伸缩接头，其压力平衡的特征是最大限度地缩小激动压力。

3）技术参数

圆轴伸缩接头的技术参数见表 3-9。

表 3-9　圆轴伸缩接头的技术参数

外径（mm）	99	127
通径（mm）	45	57
工作压力（MPa）	70	70
自由行程（m）	1.524	1.524
使用环境	全 175℉以上防硫，符合 NACE MR0175—2002 标准	

7. 取样器

RD 取样器用于地层钻杆测试工艺，是一种全开型、全通径的井筒取样器。作为 APR 测试技术的一种配套工具，是在 APR-M2 工具基础上发展起来的专用取样设备，以替代 M2 工具的取样功能。它与 RD 安全循环阀配合使用，这样就具备了原先 M2 工具的取样、循环、安全等功能。与 M2 工具比较，它具有打开压力准确、取样真实、科学可靠的优点。

1）结构

RD 取样器主要部件由取样心轴、取样外筒、破裂盘、样品腔几部分组成。

2）工作原理

这种全流动型取样器是由环空打压操作的破裂盘控制，取样器的取样心轴上有一个内装式的差动面积，当环空压力增加到一个预定值，取样器的破裂盘受挤压破裂，环空压力作用在取样心轴的差动面积上。心轴的一端是没有压力的空气腔，另一端是附加了压力的环空静液柱压力。在这种情况下，取样心轴就朝着压力低的空气腔向上运动，并圈闭样品。当取样器心轴到达行程的顶部时，它就被锁定在一组锁定挡块中而不能上下运动。取样器样品腔圈闭的样品为1200mL。转样时样品腔里的活塞可以用压力泵推动转样用不着压汞仪转样。

3）技术参数

取样器的技术参数见表3-10。

表3-10 取样器的技术参数

外径（mm）	99	127
通径（mm）	45	57
工作压力（MPa）	70	70
样品容积（mL）	1200	1200
使用环境	全175℉以上防硫，符合 NACE MR0175—2002 标准	

第三节　地面测试控制技术

地面测试控制技术是利用地面流程的降压、节流及管路设备，将井筒内流出的地层流体有控制地释放，并进行油、气、水分离计量的技术。典型的地面流程包括：主测试流程，辅助测试流程，油、套管合采流程，套管放喷流程，正、反循环压井流程，数据采集与处理系统，安全应急系统等。

地面流程设备的压力等级主要分为 14MPa、35MPa、70MPa、105MPa、140MPa，其中压力等级不大于 35MPa 为低压流程设备，不小于 70MPa 为高压流程设备。高温高压高含硫气井地面流程设备压力等级通常都在 105MPa 以上。

高温高压高含硫油气井地面测试不同于普通井的测试特点，它们面临着更多、更大的测试风险。所以在进行超高压油气井地面测试设计时不仅要考虑设备承压能力满足超高压测试的要求，更要从工艺上对测试流程进行改进和完善，最大限度减少或消除工艺安全带来的测试风险。

一、地面测试控制工艺

川渝地区高温高压高含硫气井较多，占全气田的一半以上，随着勘探开发的进一步加快，含硫高温高压深井测试问题，已经成为制约气田勘探开发的一大难题。长期以来，深井测试地面流程在工艺技术方面比较薄弱，不能满足"三高"井节流降压产量测试、安全监测、精确数据采集、有效压力控制的需要。通过在实践中不断总结，逐步形成了以高压油气井地面测试技术、含硫气井地面实时处理技术、地面高压旋流除砂技术等特色高温高压高含硫地面测试控制技术。

1. 高压油气井地面测试技术

1) 流程组成

根据超高压油气井地面测试特点，满足工艺、安全要求的典型超高压油气井地面测试工艺流程，主要包括放喷排液流程、测试计量流程两部分。典型超高压油气井地面测试的工艺流程如图3-16所示。

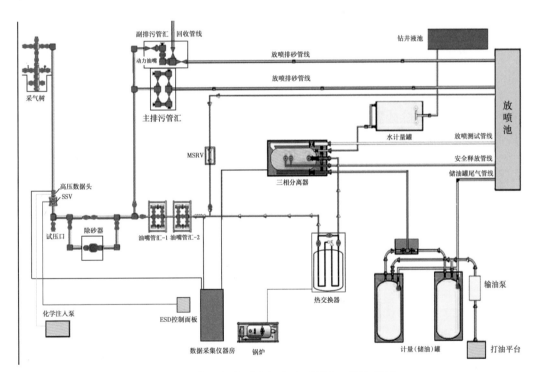

图3-16　典型超高压油气井地面测试工艺流程图

(1)放喷排液系统：采油(气)树→除砂设备(除砂器等)→排污管汇→放喷池。放喷排液的工艺流程如图3-17所示。放喷排液流程主要用于油气井测试计量前放喷排液及液体回收。流程保证含砂流体经过的设备尽可能少，并配备了除砂器和动力油嘴等，能够最大程度保护其他测试设备不受冲蚀。此外，两条排液管线分别独立安装和使用，且均配备有固定油嘴和可调油嘴，可相互倒换使用。放喷排液系统的主要设备有地面安全阀（SSV）及 ESD 控制系统、旋流除砂器、主/副排污管汇、远程控制动力油嘴等。

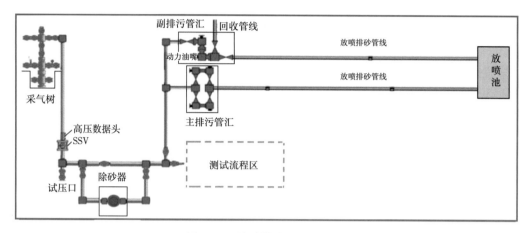

图 3-17　放喷排液工艺流程图

（2）测试计量系统：采油（气）树→除砂设备（除砂器等）→油嘴管汇→热交换器→三相分离器→（气路出口→燃烧池）/（水路出口→常压水计量罐）/（油路出口→计量区各种储油罐）。测试计量系统的工艺流程如图 3-18 所示。测试计量流程主要用于油气井的测试计量。流程配备了完善的在线除砂设备、精确计量设备、主动安全设备以及防冻保温设备，大大提高了测试精度及作业安全性。测试计量系统的主要设备有地面安全阀（SSV）及 ESD 控制系统、旋流除砂器、双油嘴管汇、MSRV 多点感应压力释放阀、热交换器、三相分离器、丹尼尔流量计、计量罐、化学注入泵、电伴热带、远程点火装置。

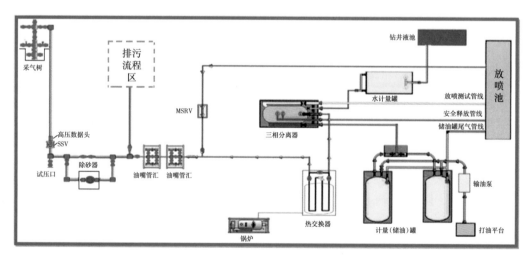

图 3-18　测试计量工艺流程图

（3）安全控制系统：地面安全阀（SSV）+ ESD 控制柜、MSRV 多点感应压力释放阀、高/低压导向阀、各设备自带的安全阀泄压阀。

（4）防冻保温系统：锅炉+间接式热交换、化学注入泵+乙二醇、自控温型电伴热带。

（5）数据采集系统：由上游数据头、下游数据头、压力表、温度表、温度传感器、压力传感器、压差传感器、数据自动采集系统等组成。

（6）精确分离、计量系统：由三相分离器、丹尼尔流量计、fisher压力控制系统、fisher液位控制系统、巴顿记录仪、各种液体计量罐等组成。

2）工艺特点

超高压油气井地面测试除具备常规地面测试流程的测试功能（放喷排液、计量、测试、数据采集、取样、返排液回收等）和安全功能（紧急关井、紧急泄压等）外，还有如下特点：

（1）超高压流体的有效控制。

①流程高压部分（从井口至油嘴管汇/放喷排液管汇）的连接管线、弯头、三通全部采用整体锻造加工，地面安全阀、手动平板阀、固定油嘴、节流阀和动力油嘴等压力等级可根据具体井况选择150MPa或140MPa，能够满足超高压油气井地面测试压力要求。②流程配置两套油嘴管汇，并采用串联方式连接，增加一级节流；另外，配置两套放喷排液管汇，管汇上配备耐冲蚀的楔形节流阀和动力油嘴，能够实现超高压流体的有效节流降压。③利用相对独立地放喷排液流程和测试流程进行不同的作业，能够有效减少超高压区域的范围，最大限度控制超高压带来的风险。

（2）选配除砂、耐冲蚀设备，具备连续除砂和排液能力。

①可在流程前端靠近井口的地方安装除砂设备（旋流除砂器等），保证及时去除井筒返出流体内的固相颗粒，有效降低固相颗粒对下游设备的冲蚀；②也可选装耐冲蚀性的动力油嘴代替普通针阀用于节流降压，从而更好地满足放喷排液及冲砂作业期间的节流控压要求；③安装镶嵌硬质合金油嘴的固定节流阀，提高了耐冲蚀能力。

（3）油、气、水的精细分离和精确计量。

①通过油嘴管汇等节流降压设备的作用，井口的超高压流体能够逐级降低到满足精细分离所要求的压力，从而实现精细分离。②专门设计了计量区，并配备各种标准规格的液体计量罐，通过安装在罐体上的标准刻度就可以直接读取液量，改变了通过丈量残酸池长、宽、高尺寸来计算液量的计量方式，实现了返排液体的精确计量。③配置自动化程度高的三相分离器，通过气路和液路上的fisher阀自动控制压力和液位，进而实现油、气、水的精细分离和精确控压操作。④高精度的压力、温度传感器保障了产量计量的准确性。

（4）超高压区域远程控制技术，减少操作人员的安全风险。

①在流程高压区安装地面安全阀系统（SSV），紧急情况下能够直接从高压端截断流体流动通道，从而保证测试安全。②在油嘴管汇和热交换器之间的中压区安装MSRV多点感应压力释放阀，当该区域超压时，MSRV多点感应压力释放阀自动打开通往燃烧池的管线泄压，从而保护下游设备的安全。③油嘴管汇采用远程控制系统控制阀门的开关，降低了操作人员长期暴露在高压区域的风险。

（5）测试流程满足多种工序施工要求。

①替液/压井期间的液体回收：放喷排液管汇有两个出口，一个到放喷池，另一个到压井液回收罐。因此，不论是作业前的替液作业，还是后续的压井作业，测试流程都能满足回收压井液的要求。②放喷排液/冲砂作业：除砂-放喷排液流程，由除砂器和放喷排液

管汇等组成，不用经过测试流程上的油嘴管汇及其下游关键设备。井筒返出的携砂流体先经过除砂器除掉大部分砂粒后再进入放喷排液流程，通过放喷排液管汇有控制地进行放喷排液。减少了含砂流体流经地面设备的数量，最大限度减少了含砂流体对设备的冲蚀损害。③测试求产：通过油嘴管汇-三相分离器等测试流程进行降压、分离和计量。④特殊需求：流程采用模块化设计，除砂设备、放喷排液流程和测试流程可独立使用和拆除。当流程上的某些设备出现问题时，可在不关井的情况下一边继续放喷排液或测试计量，一边关闭故障设备所在模块进行检修或更换。

（6）防冻、保温性能优良。

①采用"蒸汽锅炉+热交换器"的组合进行加热保温，蒸汽最高温度可达200℃，通过热交换提高经过油嘴管汇节流降压后的流体温度；②采用"蒸汽锅炉+高温橡胶软管"的方式对中压端（油嘴管汇至热交换器）管线进行加热保温，减少油嘴管汇下游管线的结冰程度；③采用"电伴热带+毛毡+塑料薄膜"的方式进行保温，最高温度可以达到60℃，主要用于对井口高压管线、油路、水路管线等需要进行长时间保温的地方；④在采油（气）树出口端、油嘴管汇入口端、数据头等处，通过化学剂注入泵注入甲醇/乙二醇，降低地面测试设备由于地层流体产生水合物而堵塞的概率。

2. 含硫井井筒返出液地面实时处理技术

1）流程组成

地层水和残酸中 H_2S 的处理流程如图3-19所示。当井筒返出液流体依次通过转向管汇、节流管汇进入热交换器，再进入两个加速混合器。加速混合器形式上类似于三通，将

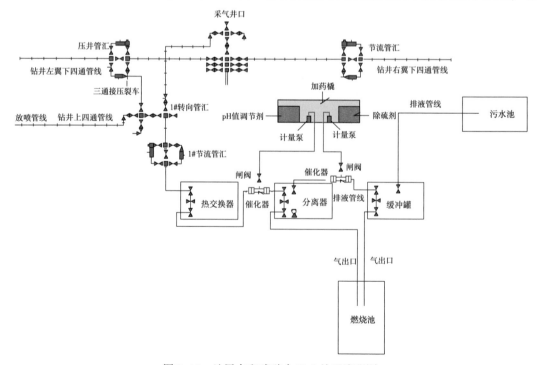

图3-19 地层水和残酸中 H_2S 处理流程图

连续加药装置中 pH 调节剂管道和消泡剂管道接入加速混合器，通过连续加药装置分别加入 pH 调节剂和中和消泡剂中和残酸和消泡。经分离器一级分离后，流体再进入另一个加速混合器，然后通过连续加药装置加入除硫剂去除硫化氢，处理后的流体经缓冲罐继续化学反应和气液进一步分离。整个过程均在全封闭的流程内进行，最终在排污口处排出，实现安全排放。

2）工艺特点

该技术可以解决处理返排液中硫化氢主要采用人工直接在罐上加处理剂、效率低、人员安全风险大、加入比例不均匀、易浪费药剂等问题。同时也可消除酸化后排出液中气泡，中和排出液中的残酸，达到试油期间井筒出液无害化的目的。利用该技术，可以进一步提高井场安全性，避免井场大气中硫化氢超标，实现排出液的无害化，最终实现试油期间环境保护的目的。

3. 地面高压旋流除砂技术

1）流程组成

高压旋流除砂技术的主要设备是旋流除砂器，将旋流除砂器和井口超高压管线（可选 105MPa 或 140MPa）并联连接，并在主流程与旋流除砂器之间的进出口两端都分别单独连接两个与主流程压力等级一致的防砂闸门进行压力隔断。当需要进除砂器进行除砂作业时，只需要关闭主流程上的隔断阀门，打开和除砂器连接的进出口阀门即可；反之，关闭和除砂器连接的进出口阀门，打开主流程上的隔断阀门即可。除砂器服务结束，关闭主流程和除砂器连接的阀门后隔断主流程和除砂器之间的压力就可以直接拆除除砂器，能够减少除砂器在现场的等待时间，提高设备使用效率。除砂器在线排砂的工艺流程如图 3-20 所示。

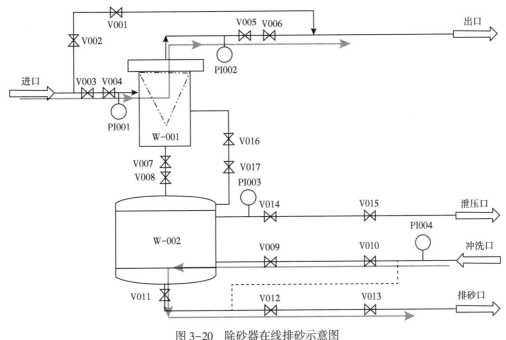

图 3-20　除砂器在线排砂示意图

2)工艺特点

(1)该流程可选 105MPa 和 140MPa 压力等级设备，流程耐压等级高，能够适应高温高压高含硫气藏测试工艺的需求。

(2)能够实现连续返排除砂作业，提高了流程除砂能力，避免了频繁关闭流程进行清砂作业导致的井筒砂桥、砂堵风险。

(3)除砂器清砂操作简便、快捷，减小了劳动强度，提高了作业效率。

4. 高压高含硫气井地面流程安全监测技术

1)系统组成

高压地面测试作业涉及的设备多、流程范围广、操作人员多，为了确保安全施工，采用多种安全监控技术，可使指挥人员在室内监控各个危险区域的情况和巡查流程，发现险情及时指挥人员进行紧急处理，把危险因数降到最低。数据采集、视频监控系统的连接示意图如图 3-21 所示。

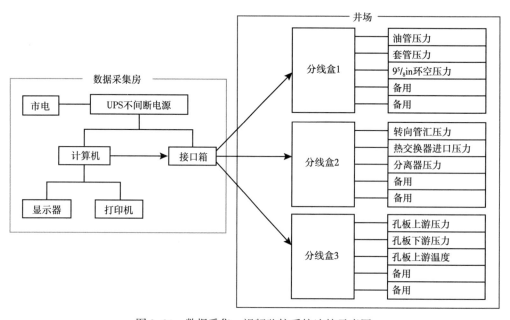

图 3-21　数据采集、视频监控系统连接示意图

2)工艺特点

(1)视频监控技术。

视频监控技术通过在测试流程区域安装摄像头，将视频信号传到计算机系统，在显示器上同步显示。摄像头角度和图像远近可调，可全面、全程、实时监视测试过程的地面动态，便于指挥人员在数据采集房（值班室）内观察，同时可进行录像，在出现问题时可作为后期分析的原始资料。视频监控技术的引入便于作业人员及时发现人员和设备的异常情况并尽早处理，减轻了操作人员的劳动强度和暴露在危险区域的时间，并有助于数采人员对整个测试动态的把握，大大提升了测试安全系数。

（2）气体探测技术。

气体探测技术主要用于检测作业区域环境中的可燃气体和 H_2S 浓度，以便保护作业人员的人身安全和及时发现测试流程中的异常情况。通过在各关键区域安装可燃气体探头、H_2S 探头，配合主机箱、电缆等组成的气体探测系统可实时监控环境中的可燃气体及 H_2S 浓度。当大气中的可燃气体和 H_2S 达到危险浓度时，系统配套的声光报警器发出高分贝的报警声和明亮的红色闪光，提醒作业人员注意。

（3）数据自动采集技术。

数据自动采集系统可实时监控地面测试流程中的压力、温度、流量数据，操作人员可通过数据采集系统实时显示的曲线及时发现流程中的异常。

通过在地面测试流程中安装高精度的压力、温度、流量传感器，并通过抗干扰电缆连接至数据采集接口箱，最后连接至计算机，通过计算机数据采集软件，可实现对传感器的设置和数据的收集、整理、保存，并在计算机显示器上显示出实时曲线。

二、地面测试施工设计

根据预计地层压力、流体性质、油气产量选用相应压力级别和处理能力的地面流程，含硫油气井地面流程的材质应符合 SY/T 0599—2018《天然气地面设施抗硫化物应力开裂和应力腐蚀开裂金属材料技术规范》的要求。

预计单翼气产量不小于 $80×10^4m^3/d$，井口至油嘴管汇优先选用规格为内径 76mm 的专用管线，分离器气出口管线的内径推荐使用单翼气产量不大于 $80×10^4m^3/d$，内径不小于 62mm；单翼气产量大于 $80×10^4m^3/d$，内径不小于 76 mm。

超高压井的地面测试流程应配备双油嘴管汇、紧急关闭系统（ESD）、紧急泄压阀（MSRV）及数据自动采集系统；地层出砂或加砂压裂井应配备相应压力级别及处理能力的除砂器；含硫油气井应配备硫化氢在线检测设备和环境实时监测设备。

含硫油气井宜使用地面除硫化氢装置，降低地层产出液体、残酸等中的硫化氢含量。

采油树油管头四通的一翼应接一条压井管线，试油作业前做好压井准备。

节流降压采用地面油嘴管汇，加热方式采用蒸汽换热。

油嘴管汇前应有一条专用排污流程，用于求产前放喷排液。

超高压井、含硫井、预测井口流体温度不小于 70℃ 的井，采油树至地面油嘴管汇之间的管线应采用整体式法兰连接。

排污流程放喷管线和分离器气出口管线应平直接出，特殊情况需转弯时，应采用锻钢弯头，前后用基墩固定，出口应安装燃烧筒。

排污流程放喷管线和分离器气出口管线应每隔 10～12m，用不小于 1.0m×1.0m×1.0m 的基墩和不小于 M27 的地脚螺栓固定，悬空跨度 6m 以上的部位，中间应加衬管固定；出口处采用双墩双卡固定，出口距最后一个基墩不超过 1m；固定卡板的宽度不小于 100mm、厚度不小于 10mm。

排污流程放喷管线出口和分离器气管线出口距井口不小于 75m，含硫气井放喷管线出口距井口不小于 100m，使用前试压 10MPa，稳压 15min，以不渗漏为合格。

三、主要地面测试装备

目前国内外在高温高压高含硫气藏测试中使用的地面流程装备主要有两种压力等级：105MPa 和 140MPa。其中 105MPa 压力等级地面流程装备已经能够满足大多数测试施工的需要。随着勘探开发的深化，已经出现地面关井压力超过 100MPa 的超高压井，如川渝地区龙探 1 井地面关井压力最高达 108MPa，则必须使用 140MPa 压力等级的地面流程设备。

1. 远控型油嘴管汇

1）结构

远控型油嘴管汇主体由手动闸阀、液动闸阀、液动节流阀、固定式节流阀、三通、汇流管（与节流阀连接处镶嵌硬质合金）、带仪表法兰的五通构成。远控油嘴管汇的示意图如图 3-22 所示。管汇整体橇装，带 4 个标准吊点和叉车插孔。液动闸阀和可调节流阀选择液缸双作用执行器，使用远程液压控制系统进行操作。

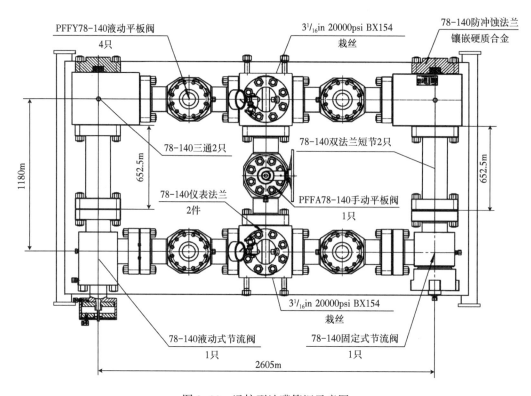

图 3-22　远控型油嘴管汇示意图

2）工作原理

液压油通过气动液泵进行增压，气动液泵的动力为低压空气。气动液泵输出压力的大小受驱动气压力大小控制，可以进行无级调节。通过控制液压油到闸板阀和安全阀的通断实现对每个阀门的开关，紧急关断按钮和易熔塞可确保紧急情况下停泵，关闭安全阀，保证生产安全。

3）技术参数

远控型油嘴管汇的技术参数见表 3-11。

表 3-11　远控型油嘴管汇的技术参数

工作压力（MPa）	105	140
工作温度（℃）	-46~121	
防硫等级	EE 级	
使用环境	酸性、碱性、含硫、含砂流体介质环境	

2. 高压旋流除砂器

除砂器安装在地面流程的前端，在测试作业过程中，可以有效地去除高压高速油气流中携带的来自钻井液中的固相物质、地层出砂、岩屑、射孔残渣、压裂支撑剂等固相颗粒物质，起到保护作业人员、减轻流程管汇冲蚀，避免仪表、传感、管汇堵塞的作用。

1）结构

高压旋流除砂器由旋流除砂筒、集砂罐、管路、阀门、除砂器框架和仪表管路等几部分组成，如图 3-23 所示：

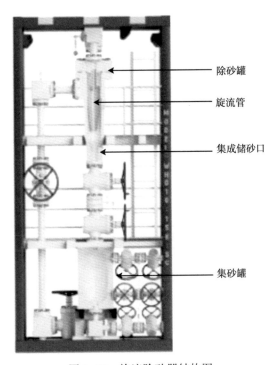

图 3-23　旋流除砂器结构图

2）工作原理

旋流除砂器是利用离心沉降和密度差的原理进行除砂，由于入口安装在旋流筒的偏心位置，当流体切向进入旋流筒后，沿筒体的圆周切线方向形成强烈的螺旋运动，流体旋转着向下推移，并随着旋流筒圆锥截面的逐渐缩小，其角速度逐渐加快。由于砂和水密度不同，在离心力、向心力、浮力和流体曳力的共同作用下，密度低的水在达到锥体一定部位后，转而沿筒体轴心向上旋转，最后经顶部出口排出。密度大的砂粒则沿锥体壁面落入设备下部的集砂罐中被捕获，从而达到除砂的目的。除砂器工作时分为除砂作业和排砂作业两个作业程序。

（1）除砂作业：当井流中含有砂粒需要进行除砂作业时，打开旋流除砂器入口阀门，使井流由超高压除砂罐切向开孔的进口衬套切向进入旋流筒内，产生强烈的螺线涡运动，在离心力作用下实现分离。小粒径砂粒和密度小的油、气从旋流器溢流口经由除砂罐出口流向下游设备，大粒径砂粒和少量的油、水从旋流筒底流口经由除砂罐沉砂口、连接阀门，落入下方的集砂罐内。

（2）排砂作业：集砂罐内砂堆累积到一定高度时关闭除砂罐和集砂罐之间的连接阀门，将集砂罐内压力降至安全水平后，转入自动排砂作业。在集砂罐的下端和底部分别设有冲砂管路和排砂管路，冲砂管路的冲洗水将集砂罐底部的砂堆冲散，提高砂堆含水量使其流化，并提供初始流动能量，使砂粒从底部排砂口流出；同时，排砂口下方设有排砂管路，能够将流砂冲至下游管线，保证排砂口通道流畅；罐内的砂堆在重力作用下，不断填补下方空隙，直至完全排出。

3）技术参数

高压旋流除砂器的技术参数见表3-12。

表3-12　高压旋流除砂器的技术参数

工作压力（MPa）	105	140
工作温度（℃）	$-19 \sim 120$	
除砂方式	旋流式	
防硫等级	EE级	
最大处理气量（m^3/d）	100×10^4	
最大处理液量（m^3/d）	680	
使用环境	酸性、碱性、含硫、含砂流体介质环境	

3. 蒸汽热交换器

考虑大产量测试的需要，地面流程中加入热交换器，对通过节流管汇减压后的流体，避免因为骤然释放压力、流体温度降低导致的冰堵等情况，保证实现安全快速返排连续测试的需要。

1）结构

间热交换器是高温蒸汽和井筒流体进行热量交换的场所，其本身并不直接产生蒸汽，需要的蒸汽是由单独的锅炉提供，相对其他的热量交换设备而言更加安全。热交换器的结构如图3-24所示。热交换器主要包括盘管和壳体两部分，盘管是井筒流体的流经通道，壳体和盘管之间的密闭空间是高温蒸汽的存储空间。

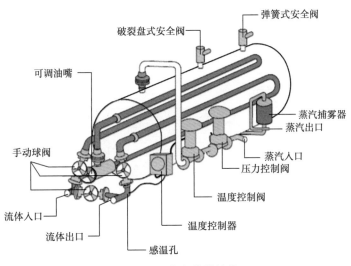

图 3-24 热交换器结构

2）工作原理

锅炉提供的高温水蒸气通过热交换器的蒸汽入口进入盘管和壳体形成的密闭空间并包裹在盘管的周围，把热能通过盘管间接传递给井筒流体，并实现热量交换。冷凝水通过底部的蒸汽出口返出，经过加热后的井筒流体再进入三相分离器进行分离、计量处理。通过可调油嘴可以调节进出热交换器的流体流动速度，从而提高热交换效率。通过蒸汽温度控制阀和压力调节阀可以调节进入热交换器的蒸汽量大小，最大限度提高蒸汽的使用效率。

3）技术参数

蒸汽热交换器的技术参数见表 3-13。

表 3-13 蒸汽热交换器的技术参数

工作压力（MPa）	35
热交换量（kcal/h）	110×10^4
热媒介质	蒸汽
工作介质	含 H_2S 天然气、石油、盐水、酸碱液等
使用环境	酸性、碱性、含硫、含砂流体介质环境

4. 三相分离器

三相分离器接在流程下游，与热交换器同为三级降压设备，主要作用是分离地层流体中的气相、液相、固相，并进行精确计量。

1）结构

测试用油气水三相分离器主要由以下几部分组成：分离器容器及内部元件、流体进口管路、气路控制和计量系统、油路控制和计量系统、水路控制和计量系统、安全系统、控制系统及气源供给系统、进出口旁通管汇。分离器内部元件主要包括折射板、整流板、消泡器、捕雾器、防涡器、堰板等。三相分离器的内部结构如图 3-25 所示：

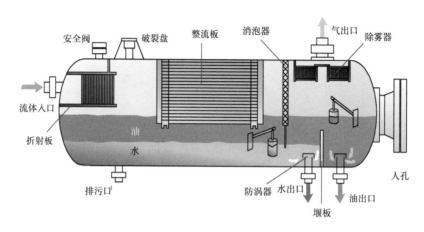

图 3-25　三相分离器内部结构

2）工作原理

地层流体进入三相分离器后，首先碰到折射板，使流体的冲击量突然改变，流体被粉碎，使液体与气体得到初步分离。气体从液体中逸出并上升，液体下沉至容器下部，但仍有一部分未被分离出的液滴被气体夹带着向前进入整流板内，在整流板内其动能再次降低而得到进一步分离。由于通过整流板之后，气体的流速可提高近 40%，气体中夹带的液滴以高速与板壁相撞，使其聚结效率大大提高，于是聚结的液滴便在重力作用下降到收集液体的容器底部。液体收集部分为液体中所携带的气体从油中逸出提供了必要的滞留时间。

夹带大量液滴的气体通过整流板进一步分离后，夹带有小部分液滴的气体在排出容器之前，还要经过消泡器和除雾器，消泡器可使夹带在气体中的液滴重新聚结落下，从而使气体净化；气体出口处的除雾器同样也起到了使夹带在气体中更微小不易分离出的液滴与其发生碰撞而聚结沉降下来的作用，因此，气体通过这两个部件后，便可得到更进一步的净化，使其成为干气而从出气口排出。排气管线上设有一个气控阀来控制气体排放量，以维持容器内所需的压力。

分离器内的积液部分使液体在容器内有足够的停留时间，一般油与水的相对密度为 0.75∶1，油水之间分离所需停留时间为 1～2min。在重力作用下，由于油水密度差，自由水沉到容器底部，油浮到上面，以便使油和乳状液在其顶部形成一个较纯净的"油垫"层。

浮子式油水界面调控器保持水面稳定。随着"油垫"增高，当油液面高于堰板时，溢过堰板流入油室，油室内的油面由浮子式液面调控器控制，该调控器可通过操纵排油阀控制原油排放量，以保持油面的稳定。

分离出的游离水，从容器底部油挡板上游的出水口，通过油水界面调控器操纵的排水阀排出，以保持油水界面的稳定。

3）技术参数

三相分离器的技术参数见表3-14。

表3-14　三相分离器的技术参数

工作压力（MPa）	9.9
工作温度（℃）	-20~100
最大气处理量（m³/d）	150×10⁴
最大液处理量（m³/d）	2000
允许含砂量	≤5%
工作介质	含 H_2S 天然气、石油、盐水、酸碱液等
使用环境	酸性、碱性、含硫、含砂流体介质环境

5. 丹尼尔流量计

流量计是三相分离器的计量设备，该装置具有以下特点：（1）正常测试期间，可带压快速更换或检查孔板，而不需要关井。（2）更换孔板方便、操作简单，只需要一个人几分钟内就可以完成孔板更换。（3）可以根据需要随时带压更换不同孔径的孔板来满足测试需求。（4）可同步显示某一瞬时的气产量或某一时间段内的平均气产量。（5）测试精度高，数据稳定。

1）结构

如图3-26所示，丹尼尔流量计主要由以下几部分组成：丹尼尔装置本体、节流孔板、数据采集系统。丹尼尔装置本体又由上腔室、下腔室、滑阀等组成，主要用于承载节流孔板和为带压更换孔板提供条件；节流孔板由孔板、孔板支架、孔板密封圈组成，是丹尼尔流量计的关键部件；数据采集器能够采集孔板上下游临近孔板处的压差、静压及管线内天然气的温度，并传回数据采集房，经过系统处理后就能实时显示压力、温度、压差、气产量等参数。

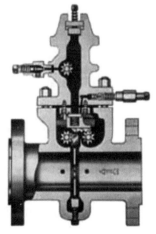

图3-26　丹尼尔流量计

2）工作原理

流量计通常安装在三相分离器气路出口管线上，当安装好节流孔板后，气体经过节流孔板时会在其上下游之间产生压差，数据采集系统采集到其附近的压力、温度、压差数据后，经过一系列系数修正就能够精确计算出天然气产量并实时显示出来。

6. 地面紧急关断（泄压）系统

地面紧急关断系统可以在井下或地面设备出现问题时，通过远程控制迅速关井，保证人员、设备安全。

1）结构

地面紧急关断系统由地面安全阀（SSV）及 ESD 控制柜、多点感应压力释放阀（MSRV）以及高（低）压导向阀组成（图 3-27）。

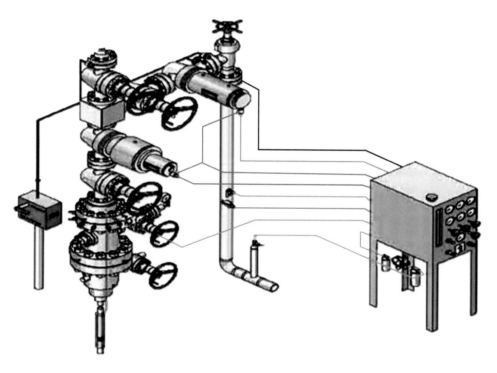

图 3-27　地面紧急关断系统

2）工作原理

（1）地面安全阀。

地面安全阀即远程控制液动闸板阀，闸板阀的开关由安装在其上部的执行机构控制。执行机构上部为液压油腔，中间为活塞且与下部闸板相连，活塞下部为一个大弹簧。通过对液压油腔施加一定液压来推动活塞克服弹簧的阻力下行，打开闸板阀；泄掉液压，弹簧失去阻力后，则在弹力作用下推动活塞上移，实现闸板阀关闭功能。当遇到紧急情况时，泄掉控制管线内的液控压力（一般为 7~21MPa）就可以关闭闸板阀，从而实现地面关井。

（2）ESD 控制柜。

ESD 控制柜即远距离控制地面安全阀的控制装置，在紧急情况下通过 ESD 控制柜快速泄掉控制管线内的液压油压力就可实现关闭地面安全阀（图 3-28）。给地面安全阀增加液压油压力由气驱动液泵实现，泄压则通过一条感应气路来控制，如果这条气路中没有压力，控制柜就会卸掉驱动器中的压力。感应气管线的压力通过高/低压传感器自动泄压。通常情况下，地面安全阀和 ESD 控制柜必须配套使用才能实现地面紧急关机的功能。

图 3-28　ESD 控制柜

（3）MSRV（多点感应压力释放阀）。

如图 3-29 所示，MSRV 阀由主管线和泄压管线组成，可以安装在井口至三相分离器之间的任一高压/中压区，还可与紧急关断系统相连，实现紧急关井。当监测点压力超过设定的安全额定值时（即选择的破裂盘破裂值），系统实现自动紧急泄压，从而保护地面

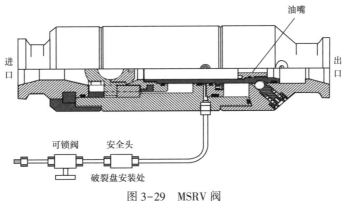

图 3-29　MSRV 阀

设备及人员的安全，实现安全施工。

（4）高/低压导向阀。

如图 3-30 所示，高/低压导向阀根据压力设置不同可以安装在地面测试流程上的不同地方和实现不同的功能。在油嘴管汇之前设置"低压导向阀"，当油嘴管汇前管线上的压力突然降低，低于设置的压力，"低压导向阀"将感应的信号传到 ESD 控制柜上并迅速关闭液动阀，从而保持油压始终高于某个预定值。或者在热交换器、分离器之前设置"高压导向阀"，当压力突然增高，超过设定值，"高压导向阀"将感应的信号传到 ESD 控制柜上并迅速关闭液动阀，切断上游传过来的高压，防止设备超压。通过这样一套紧急关闭系统的设置，可以大大提高地面测试紧急避险的自动化程度，确保人员及设备的安全。

图 3-30　高/低压导向阀

做高压导向阀时感应气管线接在 LOW IN 端，HIGH IN 端作为感应气管线的泄压出口，做低压导向阀对换两个端口的连接位置即可，即感应气管线接在 HIGH IN 端，LOW IN 端又作为感应气管线的泄压出口。

7. 实时除硫装置

高酸性气井测试期间，井筒返出液中普遍含有 H_2S 及改造作业后返排的残酸。化学剂注入系统可以在测试期间加入除硫剂去除硫化氢，同时利用该技术还可在地面测试流程的不同节点分别加入消泡剂消泡，加入 pH 调节剂中和残酸，使得处理后的井筒出液在排污口处排出，有效消除泡沫、中和残酸，避免井筒返出液中 H_2S 溢出，保证井场安全。

1）结构

实时除硫系统如图 3-31 所示，整个系统由加速混合器、连续加药橇、远程数据采集和控制系统组成。连续加药橇确保处理剂能实时添加至流程中；配套混合装置保证加入的药剂能和井筒返出液充分混合，提高反应效率；采用监测和自动控制技术，实现根据液体中硫化氢含量、pH 值等数据调整加药量，确保硫化氢无法溢出，保证井场安全。

2）工作原理

（1）连续加药橇。

含硫化氢酸化反残酸及地层水集装箱式连续加药装置为封闭式橇装结构，由药剂储存罐、自吸上料泵、计量泵、卸料泵、自动控制系统、液位计、管汇流程、橇座、集装箱房等组成（图 3-32）。

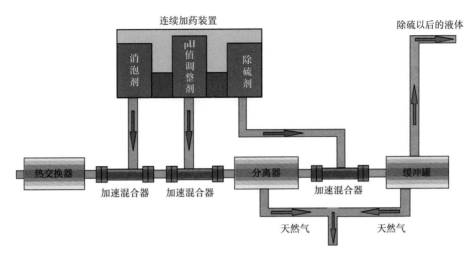

图 3-31　实时除硫系统

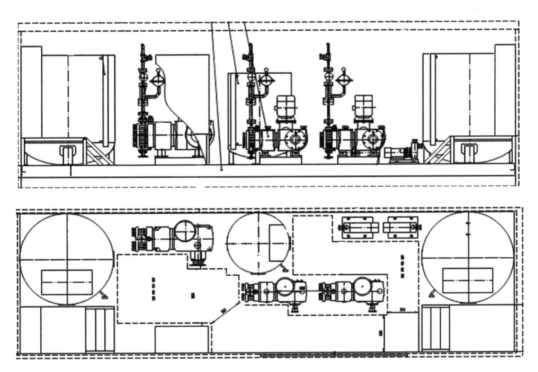

图 3-32　处理装置结构图

连续加药装置用于加注 pH 值调节剂、除硫剂和消泡剂，各泵之间相互独立，为此，需要分别配套除硫剂注入泵，pH 值中和剂注入泵和消泡剂注入泵。加药橇工作压力为 10MPa。工作温度一般为 $0 \sim 60^{\circ}C$。液体处理量为 $1000m^3/d$。硫化氢处理最高含量为 $1000g/m^3$。为了保证现场安装拆卸方便，形式为封闭式橇装结构，由药剂储存罐、隔膜计量加药泵、卸料泵、上料泵等系统组成。

（2）远程数据采集和控制系统。

远程数据采集和控制系统硬件部分包括 PLC 控制箱、H_2S 传感器、pH 值传感器、电磁阀、冲程调节器等，软件部分主要是配套软件。该系统可直接在排污口监测残酸浓度和大气中 H_2S 含量，利用反馈数据自动控制处理剂注入量，如图 3-33 所示。

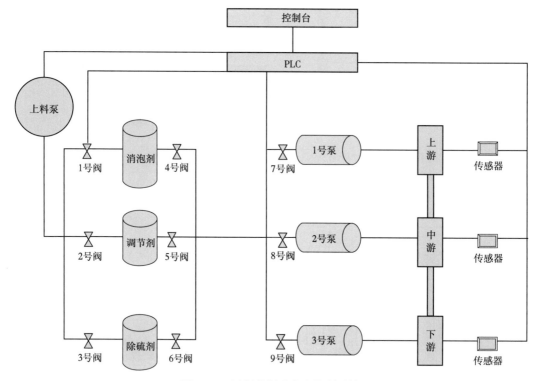

图 3-33　远程数据采集和控制系统

该系统硬件从功能上主要分为两大模块：实时数据监测和自动控制。监测系统要求能够实时检测到储液罐液位高度、残酸浓度、H_2S 含量以及各泵排量、压力等，将各个监测点的数据汇总到控制平台计算机上显示出来。自动控制系统要求可以通过软件系统的人机界面和电控按钮发出控制指令，根据检测系统的检测数据，由 PLC 自动控制程序完成分析、整理和判断，并调控整个系统的运作。该系统是由 HMI 防爆触摸一体机、PLC 控制器、继电器组、电源等构成的控制系统，是对消泡剂、中和剂、除硫剂的计量泵和电磁阀、上料泵、卸料泵进行控制的专用设备。该系统输入电源 380V，防护等级 IP66，防爆等级 Ⅱ 类，电机控制输出 5 组，电磁阀控制输出 3 组，数字量输入 3 对，模拟量输入 11 组。

该系统配套软件界面如图 3-34 所示，中间部分为工艺流程示意图，这一部分不可操作，只作为观察消泡剂电磁阀、中和剂电磁阀、除硫剂电磁阀、消泡剂计量泵、中和剂计量泵、除硫剂计量泵、上料泵、卸料泵的运行状态并指示在流程图中，红色为停止，绿色为启动。消泡剂罐、中和剂罐和除硫剂罐中液位高低指示实际液位值。隔膜状态指示灯指示消泡剂、中和剂和除硫剂计量泵的隔膜状态，绿色为正常，红色为膜破。主画面下方为数值显示区，pH 值一是中和剂入口 pH 值，pH 值二是中和剂出口值，并指示消泡剂、中和剂和除硫剂的容量、液位和流量。主画面右方可以操作上料泵和卸料泵的启停，注意：上料泵和卸料泵有连锁功能，不能同时启动。六个硫化氢传感器的测量数据显示在右方，并且自动计算出的最大值也一并显示。该软件还可对报警值、PID参数等进行设置。

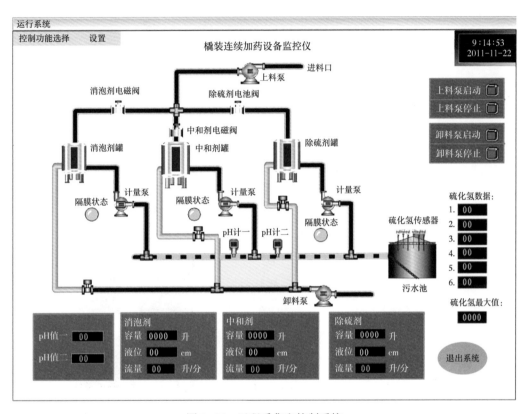

图3-34　远程采集和控制系统

（3）加速混合器。

为了提高处理效果，在连续加药橇和地面放喷流程之间采用了加速混合器。加速混合器是处理水与液体药剂瞬间混合的设备，具有高效混合、节约用药、设备小等特点。在不需外动力情况下，水流通过反应器产生对分流、交叉混合和反向旋流三个作用，混合效益达90%~95%。该装置的基本结构如图3-25所示。

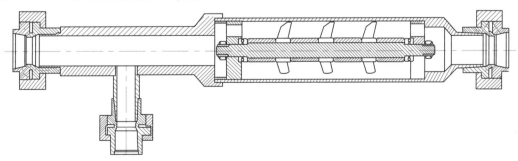

图3-35　加速混合器结构

流体在管线中流动冲击叶轮，可以增加流体层流运动的速度梯度或形成湍流，层流时产生"分割—位置移动—重新汇合"运动，湍流时流体除上述三种情况外，还会在断面方向产生剧烈的涡流，有很强的剪切力作用于流体，使流体进一步分割混合，最终形成所需要的各种介质均匀分布的混合液。

8. 数据采集系统

数据采集系统以丹尼尔孔板流量计为天然气产量计算模板，沿用了油气井测试作业过程中数字化、无线化、智能化的设计模式，实现了现场测试数据有线和无线双重传输功能，由硬件系统和软件系统两大部分构成。

1）硬件系统

硬件系统采用无线传感器网络实现测试数据无线可靠通信，完成了采集点到中心主机的无线互联，可通讯距离至少为 500m。硬件系统的结构框图如图 3-36 所示，在系统中包括四个部分：无线传感器节点又称为数据采集器；中心节点又称为中继器；接收器；现场中心。

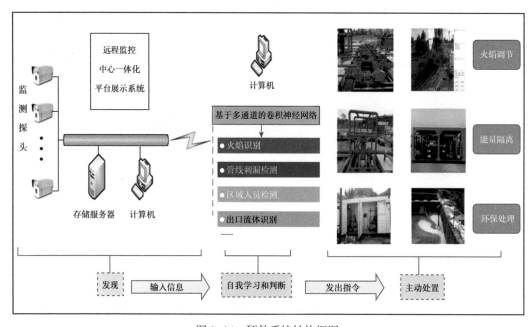

图 3-36　硬件系统结构框图

数据采集器采集传感器的数据，然后通过无线射频方式将数据传送到中继器；中继器负责接收采集器发来的数据并无线转发给接收器；接收器接收到中继器发来的数据，通过 RJ45 或 232/485 接入局域网，最后数据传回现场中心，通过 PC 机对数据进行分析和处理。

2）软件系统

软件系统具有模块化、结构化、图形化等特点，如图 3-37 所示，按模块划分，软件系统分为设备信息管理子系统、设备运行分析子系统、专家子系统、数据维护子系统、用户管理子系统、设备维护管理子系统、远程升级子系统七个子系统。

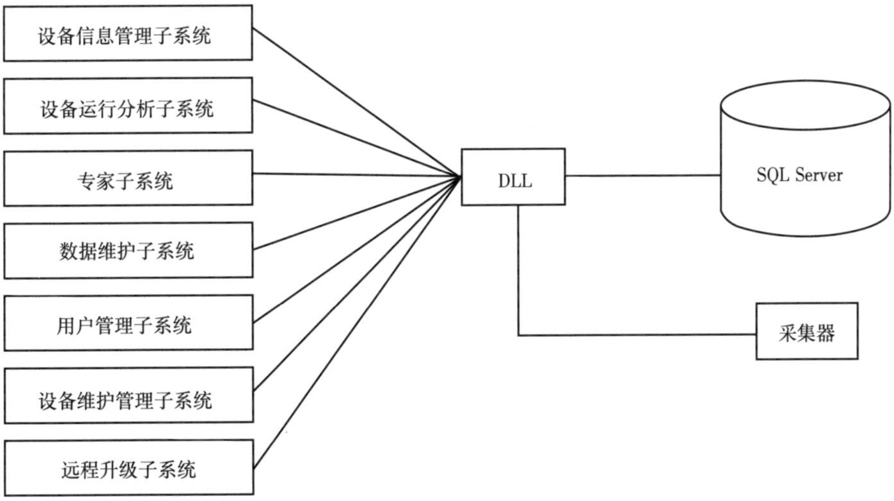

图 3-37 软件子系统结构示意图

(1) 设备信息管理子系统。

设备信息管理子系统包括设备信息管理和地理信息查询两个功能模块,用于记录并管理现场已安装的所有设备和传感器的安装信息、地理位置信息及其他的相关信息。通过该系统可方便快捷地进行现场设备和传感器的安装信息的增加/修改/删除等操作,并同时可以通过设备的地理信息查询功能在地图上直观地呈现出现场设备的安装地理位置。

(2) 设备运行分析子系统。

设备运行分析子系统包括状态分析统计和故障分析统计两个功能模块。其中的状态分析统计能够实现通过指定设备和传感器、时间段、参数类型等条件对状态参数进行查询,能够生成状态参数的时间变动曲线;其中的故障分析统计模块能够对各种故障的特征进行统计分析,比如各种故障出现的比例等,可采用柱状图、饼状图等多种显示方式。

(3) 专家子系统。

专家子系统对数据进行复杂的智能数据挖掘、提取、整合操作,同时采用与技术专家人员互动的形式,将海量数据中所包含的所有有用信息/知识/经验/故障特征最大程度地挖掘出来,为各个部门的产品生产、维护、技术支持提供最有价值的决策信息。此子系统为设备故障快速索引可能发生的故障原因,根据系统长期运行情况和工程师长期积累的经验,将故障数据信息录入数据库系统。当井场设备发生故障的时候,将关键的数据提供给此系统数据接收模块,系统根据当前可能的故障数据从已有的数据记录索引,找出最匹配的故障信息记录,而为售后服务工程师提供参考诊断信息。此外工作人员可以随时修正或增加故障信息段、故障发生条件、故障特征等。

(4) 数据维护子系统。

数据维护子系统能够通过人工和自动两种方式将运行数据库中的数据进行压缩后备份

到备份数据库系统中去，能够根据需要将备份数据库中的数据解压缩后恢复到运行数据库中去，能够根据设定对备份数据库中超出保存期限的数据进行清理。

（5）用户管理子系统。

用户管理子系统包括用户授权管理和用户日志管理两个功能模块。其中的用户授权管理是为各部门不同的系统操作人员分配不同操作权限，防止各部门越权操作数据。系统缺省会定义系统管理员的权限，具有包括操作员管理权限的最小化权限。系统管理员可以再创建其他操作员并授权，但不能给自己增加其他的权限。这样可以将系统管理员、系统维护人员和业务人员的职责分开。其中的用户日志管理能够对所有工作人员使用本系统的过程进行日志记录，并提供日志查询功能。

（6）设备维护管理子系统以及远程管理子系统。

设备维护管理子系统以及远程管理子系统包括报警配置、远程编程、维护调度三个功能模块。其中的报警配置能够指定设备出现故障后通过声音、显示、短消息等方式进行报警，对于短消息报警可以将出现故障的设备和接收短消息的号码联系起来；其中的远程编程实现工作人员通过网络对异地的井场的 PLC 进行远程编程和控制；其中的设备维护调度实现维护人员的调度管理功能，包括公司所有技术人员的相关信息的记录和管理功能、人力调度决策功能和人力调度过程的信息化管理功能等。

（7）远程升级子系统。

远程升级子系统采用模块化设计，系统中的大部分功能模块采用动态链接技术，可实现系统部分模块的远程升级功能。当整个系统的功能需要完善和扩充时，使用该功能可对井场工控机程序进行远程程序升级，免去了技术人员到现场进行系统升级的麻烦（图 3-38）。

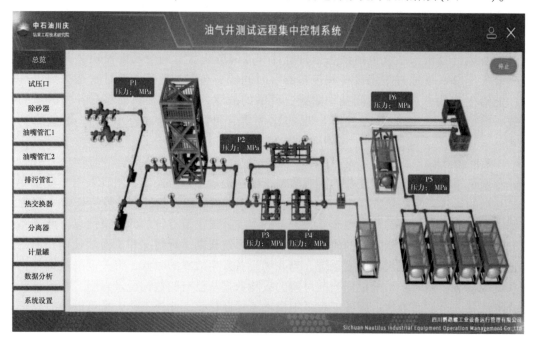

图 3-38　数据采集软件 UI 界面

第四节 试油控制技术

高温高压高含硫气井测试作业风险高，施工过程中的任何步骤出现意外都将导致严重后果。因此，必须要根据高温高压高含硫气井的特点，制订详细的试油过程井完整性控制要求及风险控制措施，确保试油测试施工安全、顺利进行。

一、试油过程中井的完整性控制

1. 替液过程中的油套压力控制要求

替液前应通过油层套管安全强度分析，确定安全地替入液密度，替液过程中应控制好井口压力。替液期间的井口压力控制范围应综合考虑井口额定工作压力、油管强度、封隔器及井下工具承压能力、封隔器下部油层套管强度及管柱力学校核结果。

2. 储层改造期间的油套压力控制要求

1）油压控制要求

储层改造期间的井口油压既要满足储层改造的需求，同时应确保油套管安全。施工泵压上限值应综合考虑井口、管柱校核结果和封隔器下部套管强度。

2）A 环空压力控制要求

以确保改造过程中管柱、封隔器和封隔器上部油层套管安全为基本原则，通过管柱力学分析确定 A 环空压力控制范围。

3）B、C、D 环空压力控制要求

以目前国际上应用最广泛的 API RP90-2 和 ISO 16530-2 中环空压力许可值计算方法为基础，结合高压井实际，应充分考虑 B、C、D 各环空压力控制范围的所有关键影响因素，计算储层改造期间 B、C、D 各环空压力许可值，计算方法见附录 G。

3. 排液期间的油套压力控制

1）油压控制要求

排液期间随着井筒内液体减少，地层流体进入井筒，在此期间应控制好油压，避免油压过低导致的管柱或套管被挤毁。油压控制范围应综合考虑井口额定工作压力、油管强度、封隔器及井下工具承压能力、封隔器下部油层套管强度及管柱力学校核结果。

2）A 环空压力控制要求

以确保排液期间油管柱、封隔器和封隔器上部油层套管安全为基本原则，通过管柱力学分析确定 A 环空压力控制范围。

3）B、C、D 环空压力控制要求

排液过程中 B、C、D 环空压力的控制范围和要求与改造过程相同。

4. 掏空作业过程中的油套压力控制要求

试油过程中常采用降低井筒内液柱压力来诱喷，掏空是常用的诱喷方式。在计算掏空深度时应注意：油管内外流体类型及密度、封隔器承压能力、油管抗外挤强度、封隔器下部套管抗外挤强度（射孔段套管剩余强度）、地层坍塌压力、套管外复杂岩性地层、其他可能造成地层伤害的因素，如地层水锁、水锥等。

高温高压及高含硫井掏空作业宜采用连续油管注液氮或氮气的方式，连续油管可采用定时定深的方法，逐步降低油管内液柱高度。与掏空作业相关的井屏障部件是试油管柱和封隔器下部油层套管，因此掏空作业期间应控制好油压，避免油压过低导致的油管柱或套管被挤毁。油压控制范围应综合考虑井口额定工作压力、油管强度、封隔器及井下工具承压能力、封隔器下部油层套管强度及管柱力学校核结果。

5. 测试求产期间的油套压力控制要求

通过管柱力学校核，确定测试期间不同油压下的 A 环空压力，并绘制油压和 A 环空压力控制图。关井工况是测试期间的极端工况，应通过及时补压、泄压使油套压差处于安全可控范围，确保试油管柱安全。测试过程中 B、C、D 环空压力的控制范围和要求与改造过程相同。

6. 试油过程中的完整性控制措施

气层产能试井作业，可在排完液垫后延长放喷时间，待地层污物排净、井口流动压力稳定后再按试井设计进行开关井。若采取井下关井，则关井后应适度保持管柱内的压力直至关井结束。开关井结束后，用压井液压井，循环观察无后效，方可转入下步作业。

7. 试油过程中异常情况处理

（1）测试过程中环空压力异常危及到井筒安全时，立即终止测试，采取相应措施。

（2）测试过程中检测到的硫化氢含量超过管柱或地面设备的适用范围时，立即终止测试。

（3）测试过程中检测到井场环境硫化氢含量超过 $20mg/m^3$，危害人员安全时，中止测试，待采取相应安全措施后再开井测试。

（4）地层出砂严重又无可靠的地面除砂设备，应中止地面测试，待安装好除砂设备后再开井测试。

（5）发现地面油气泄漏，视泄漏位置及时关闭油嘴管汇、地面安全阀或采油树生产阀门，对泄漏设备进行整改。

（6）发现采油树渗漏，应及时整改，合格后再进行测试；如果泄漏严重又不能有效处理，终止测试。

（7）发生井口油气失控，按井控管理规定处理。

（8）测试封隔器管柱入井、坐封过程中射孔枪意外起爆，应立即抢装内防喷工具并控制节流循环压井，井内平稳后起出测试管柱。

8. 试油过程中环空泄压、补压作业要求

在试油过程中，应密切监控各环空压力，一旦超出规定的环空压力安全范围，应及时进行泄压、补压。特别是求产初期，由于井筒温度的快速升高，井筒温度效应易导致环空带压。

若环空压力泄放后能在较短时间内升高并超出安全范围，应及时上报管理部门并采取应急措施，同时开展环空带压分析或诊断测试，一旦确定为井屏障部件出现问题导致的持续环空带压，应开展持续环空带压原因分析，评估泄漏途径和压力源，并评估潜在风险，在此基础上确定下步井完整性管理方案。

对环空进行泄压前，应评估泄压导致环空带压问题恶化的风险，应尽可能减少泄压的频率和泄放的流体量，并控制好泄放速度。同时，在环空泄压后应评估是否用流体将环空补满。

对各环空的每次泄压、补压进行记录，便于后期的井完整性分析和评估。至少应对以下几个方面进行记录并保存：泄压、补压开始和结束时间；泄压、补压期间各环空压力的变化情况；从环空中泄放或补充的流体类型、流体量和流体性质；泄压、补压过程对其他环空和油管的压力影响情况；怀疑存在持续环空带压时，应对泄放流体组分、性质进行实验分析。

二、试油工序风险控制措施

如表 3-15 所示，将不同工序作为 HSE 评价单元，对每个评价单元进行井控工艺、井筒风险识别以及地面设备风险识别，并有针对性的确定安全应对措施。

表 3-15　不同试油工序的风险控制措施

工序	质量控制重、难点	控制措施
下管柱	管柱遇阻，封隔器胶筒刮伤	(1)进行套管通刮，在可能坐封井段及射孔井段通刮 3 遍； (2)大排量洗井，确保井筒清洁，要求井筒工作液固相含量不超过 0.02%； (3)严格控制下放速度，严禁猛提猛放，控制遇阻吨位不超过 30kN； (4)下钻过程中保护好井口，防止落物入井造成卡钻； (5)检查入井油管接箍是否变形，发现异常及时更换
	防止遇阻，中途坐封，损坏胶筒等问题	(1)下测试管柱前应进行通井、刮管，以保证套管的清洁、畅通，必要时还须对喇叭口进行磨铣； (2)调整测试工作液性能，做好高温老化试验，满足测试施工要求； (3)下测试管柱过程中，严禁转动井内测试管柱； (4)严格控制好下测试管柱速度，平稳操作，不得猛提猛放猛刹车； (5)下测试管柱过程中，注意指重表变化，下钻遇阻不得超过 30kN，发现遇阻，立即上提至原悬重，再用较慢的速度下放，严禁遇阻时硬压通过造成中途坐封，损坏封隔器胶筒； (6)在井口作业时保管好井口工具，并随时注意盖好井口，严防落物入井
连接地面流程	管汇设备密封性要求以及流程设备压力等级要求	(1)根据预测地层压力及纯气柱最高关井压力选择相应压力等级的流程管汇及设备； (2)根据场地条件合理设计流程走向； (3)对流程试压时需要逐级加压，每个压力台阶稳压 5min 观察有无外漏情况

续表

工序	质量控制重、难点	控制措施
替液	防止误操作其他压控工具	(1)根据套管清水最高承压，合理设置压力操作窗口，每个压力操作值之间应距离7MPa以上的安全压力值； (2)尤其对于进行轻浆顶替重浆的工艺，起泵时控制泵压不超过10MPa，待出口见返后逐步提高排量； (3)替液前检查好地面泵注设备，保证替液过程连续进行，保持排量恒定，泵压波动不超过5MPa，防止OMNI阀换位
替液	关闭替液阀	(1)投球式替液阀关闭时，先加压2~3MPa，判断球是否到座； (2)OMNI阀在入井前须根据井温、工作液密度等条件充入合适的氮气压力，入井后准确记录每一次套压变化(包括超过5MPa的套管压力波动)，判断OMNI阀的准确位置，确定合适的操作次数
坐封、验封	防止封隔器胶筒无法完全密封	(1)根据实测或临井同层位实测井温，掌握施工井地层实际温度，根据井温选取适当硬度的胶筒，一般高温高压高含硫气井选择90~95duro、耐温204℃的封隔器胶筒； (2)严格按照封隔器推荐坐封步骤进行坐封，液压封隔器执行逐级加压坐封，机械式封隔器坐封旋转时，须保持扭矩2min以上，确保扭矩完全传递至换位槽，进行顺利换位； (3)验封时，必须敞开油管，避免验封失败提前引爆下部射孔枪
射孔	防止振动导致封隔器失封及管柱破坏	(1)结合管柱力学及射孔振动分析计算，确定封下尾管长度； (2)推荐采取延时射孔工艺，减小射孔对管柱及封隔器的冲击载荷； (3)推荐采取射孔丢枪工艺，降低射孔后尾管变形及枪卡的风险
酸化	防止压差、压力高损坏工具	(1)根据泵压、酸液密度和封隔器额定压差控制平衡压力； (2)根据封隔器允许压差计算无排量情况下井底允许的最高压力，并以此限制酸化无排量情况下的最高泵压； (3)酸化期间及时补充套管平衡压力，降低封隔器压差； (4)在套管出口安装套管保护器，超过设定压力值可紧急泄压； (5)对于超高泵压酸压(设计泵压超过100MPa)、加重酸酸压(酸液密度>1.1g/cm³)推荐使用压力等级为105MPa的高温高压封隔器
酸化	防止管柱窜漏、油套压不能有效隔离情况	(1)封隔器以上管柱及变扣接头全部为气密封扣； (2)下管柱时每道连接扣按要求扭矩上紧，注意清洗和检查每道连接扣； (3)如作业过程中出现窜漏时，应注意控制油层套管压力，保证套管和测试管柱的安全； (4)酸化期间严格控制平衡压力波动不超过3MPa，以防意外打开OMNI阀
酸化	防止管柱收缩使封隔器失封	酸化期间温度大幅度降低，将引起管柱形变，在封隔器处产生附加拉应力，存在提拉封隔器失封的风险。 (1)进行管柱力学计算，定量分析，评估安全性； (2)加入带有自由行程的工具，补偿这种形变，改善管柱受力情况

续表

工序	质量控制重、难点	控制措施
放喷、排液、测试	防止管柱伸长，压坏封隔器	地层高温流体导致管柱温度升高，温度效应引起管柱伸长，造成封隔器压重增加，管柱弯曲度加大，导致封隔器损坏，油管螺旋屈曲永久变形。 (1)对测试期间管柱力学进行分析，计算管柱临界自锁压力，合理优化管柱结构； (2)加入伸缩接头改善管柱受力情况
	防止地面流程设备冲蚀	放喷、测试期间，固相颗粒随高压流体返出地面，会对地面测试设备造成严重冲蚀或者堵塞。控制措施： (1)在地面测试流程上游、靠近井口的地方增加除砂设备，及时除掉井筒返出流体中的固相颗粒； (2)提高设备耐冲蚀能力，优化设计地面测试流程，尽量缩短高压流体经过关键地面测试设备的时间； (3)尽量使用镶嵌了硬质合金的固定油嘴进行放喷排液、冲砂作业等。使用更耐冲蚀的动力油嘴代替普通针阀用于节流控压； (4)采用多级节流降压工艺，实现逐级降低压力，从而减少节流降压设备下游设备的冲蚀影响
	预防地面流程冰堵	(1)采用蒸汽保温的方式对测试流程上的低温部分进行直接加热保温； (2)对油嘴管汇等重点节流降压区域注入乙二醇等防冻剂，降低节流效应，减少冰堵发生的概率
	预防压力表、传感器故障，读取数据失真，引发事故	(1)关键区域和关键设备，如靠近井口的高压端及三相分离器等必须安装两个以上的压力读取仪器，如双压力表+压力传感器或双压力传感器+压力表的模式； (2)对压力表、压力传感器等仪器仪表定期校验，消除误差； (3)配备一定数量的备用件，保证能够及时更换损坏的仪器仪表
关井	无法井口关井	多数高温高压高含硫气藏关井压力都超过表层套管抗内压强度，一旦管柱串漏存在无法井口关井的风险。控制措施： (1)入井油管全部采用气密封扣，加强螺纹检查和保护，按规定扭矩值上扣，保证整套管柱的密封性； (2)关井期间及时补充平衡套压，减小井口段管柱压差； (3)管柱必须有井下关井的能力； (4)应立即转入压井程序
压井、换装井口	防止卡、埋管柱及封隔器	(1)压井前做好压井液性能试验，防止埋、卡管柱； (2)压井采用具有耐高温180℃，静止15天无沉淀，流动性、传压性好的压井液； (3)压井前对压井液做好维护，检测压井液性能满足要求； (4)充分循环井内压井液，确保压井液循环均匀； (5)若要堵漏，须仔细考虑堵漏方式及堵漏材料，防止埋、卡管柱

工序	质量控制重、难点	控制措施
压井、换装井口	操作压井循环阀	（1）操作破裂盘式循环阀时，按照操作低值、中值、高值逐级加压，每个压力值稳压1~3min，直至破裂盘破裂，循环孔打开； （2）操作投球式循环阀时，先加压2~3MPa，验证球是否座； （3）管柱中应有两个或以上循环阀，主循环阀失效无法打开时，操作备用循环阀
解封	解封封隔器	（1）上提测试管柱至原管柱悬重，再对管柱逐级增加50kN的向上拉力保持5min，待胶筒收缩10~30min直至封隔器解封后方可循环起钻； （2）根据本井实际管柱结构情况，管柱在压井液条件下最大上提附加重量不得超过500kN； （3）解封显示在上提或者保持管柱拉力观察时悬重出现明显下降或上提管柱，管柱在向上运动而悬重不增加； （4）确认封隔器解封后，循环压井液直至进出口压井液性能一致后停泵观察，井内平稳后才能起管柱

第五节 典型井例应用

一、试油完井一体化工艺技术应用

1. 基础资料

典型井基础资料数据见表3-16。

表3-16 典型井基础资料数据表

试油井段 （m）	产层中部垂深 （m）	压力系数	地层压力预测 （MPa）	最高关井压力预测 （MPa）	完钻井深 （m）	测试层位
7569.0~7601.5	7538.1	1.50	110.89	86.58	7620.52	观雾山组

2. 施工工艺

采用试油完井一体化技术：在清水条件下下入射孔—酸化—测试—暂堵一体化管柱，在坐封、换装井口等准备工作完成后，进行油管加压传输射孔。再油管逐级加压坐封完井封隔器，验封合格后，进行排液初测，根据初测情况进行酸化、排液测试等作业。最后油管直推压井，正转管柱丢手，投入暂堵球暂堵地层进行起钻作业。

3. 设计施工难点

1）管柱密封性能要求高

本井预计井口关井压力90MPa，过高的关井压力要求管柱必须有良好的气密封性能。此外，本井设计酸化泵压 120MPa，酸化时井底无排量最高压力将达到 120MPa，管柱及封隔器将承受很大的密封压差，对管柱安全是一个严峻的考验。同时，本井作业工况复杂，管柱不但要承受很大的静载荷，而且还要承受很大的交变动载荷，影响封隔器密封性能甚至导致封隔器失封。

2）施工期间井控风险较高

本井井深，压力高，下、起管柱过程中容易出现溢流、井漏等井控风险；因上部套管清水最高承压 70MPa，关井压力 90MPa，酸化、测试、关井施工过程中一旦封隔器失封将造成上部套管损坏，导致严重的井控问题。

3）管柱应力分布情况复杂

本井测试工况较多，不同工况下管柱交变应力情况不同，导致管柱应力分布情况复杂，恶劣工况下管柱安全性难以保证。

4. 管柱设计

典型管柱结构如图 3-39 所示。

5. 参数计算

1）光油管套管控制参数

根据基本参数，计算光油管套管控制参数，计算结果见表 3-17。

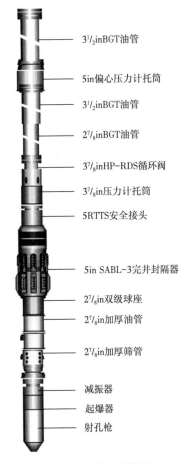

图 3-39　管柱结构图

（图中标注，自上而下）
- $3\frac{1}{2}$inBGT油管
- 5in偏心压力计托筒
- $3\frac{1}{2}$inBGT油管
- $2\frac{7}{8}$inBGT油管
- $3\frac{7}{8}$inHP-RDS循环阀
- $3\frac{7}{8}$in压力计托筒
- 5RTTS安全接头
- 5in SABL-3完井封隔器
- $2\frac{7}{8}$in双级球座
- $2\frac{7}{8}$in加厚油管
- $2\frac{7}{8}$in加厚筛管
- 减振器
- 起爆器
- 射孔枪

表 3-17　光油管套管控制参数

外径（mm）	壁厚（mm）	钢级	计算深度（m）	抗内压（MPa）	抗外挤（MPa）	管外钻井液密度（g/cm³）	清水时最大掏空深度（m）	清水时最高控制套压（MPa）	纯天然气时最低控制套压（MPa）	纯天然气时最高控制套压（MPa）
193.68	19.05	TP-110TS	1933.89	131	135	1.70	全掏空	104.4	0	104.4
177.80	12.65	TP-110SS	3455.69	94.50	92.40	1.70	全掏空	75.60	0	88.01
177.80	12.65	VM-110HCSS	3464.13	94.00	96.50	1.98	全掏空	75.20	0	97.13
177.80	12.65	TP-110TS	4172.90	94.50	92.40	1.98	全掏空	75.60	0	97.58
177.80	12.65	TP-140V	5383.67	120.18	120.04	1.98	全掏空	96.14	0	122.03
193.68	19.05	TP-155V	6004.47	184.00	203.00	1.98	全掏空	147.20	0	179.53
177.80	12.65	TP-140V	7249.38	120.18	120.04	1.98	3786.99	96.14	22.47	133.11
127.00	10.36	BG140V	7610.00	137.8	156	1.68	全掏空	110.24	0	154.31
考虑采气井口、套管头的综合控制参数							3786.99	75.2	22.47	88.01

2）封隔器以上油层套管安全控制参数

由于封隔器坐封后，套管受力不同，因此需分开计算，封隔器以上套管计算结果见表3-18。

表3-18　封隔器以上油层套管安全控制参数计算结果表

外径（mm）	壁厚（mm）	钢级	计算深度（m）	抗内压（MPa）	抗外挤（MPa）	管外钻井液密度（g/cm³）	清水时最高控制套压（MPa）
193.68	19.05	TP-110TS	1933.89	131	135	1.70	104.4
177.80	12.65	TP-110SS	3455.69	94.50	92.40	1.70	75.60
177.80	12.65	VM-110HCSS	3464.13	94.00	96.50	1.98	75.20
177.80	12.65	TP-110TS	4172.90	94.50	92.40	1.98	75.60
177.80	12.65	TP-140V	5383.67	120.18	120.04	1.98	96.16
193.68	19.05	TP-155V	6004.47	184.00	203.00	1.98	147.2
177.80	12.65	TP-140V	7249.38	120.18	120.04	1.98	96.16
127.00	10.36	BG140V	7540	137.8	156	1.68	110.24
考虑140套管头及105MPa回接筒后的综合控制参数							75.20

3）封隔器以上油层套管安全控制参数

封隔器以下套管控制参数见表3-19。

表3-19　封隔器以下油层套管安全控制参数计算结果表

外径（mm）	壁厚（mm）	钢级	计算深度（m）	抗内压（MPa）	抗外挤（MPa）	管外钻井液密度（g/cm³）	清水时最大掏空深度（m）	清水时最高控制油压（MPa）	纯天然气时最低控制油压（MPa）	纯天然气时最高控制油压（MPa）
127.00	10.36	BG140V	7610.00	137.8	156	1.68	全掏空	110.24	0	154.31
考虑采气井口的综合控制参数（按API要求）							全掏空	110.24	0	137.89

4）油管强度计算

油管强度控制参数计算结果见表3-20。

表3-20　油管强度控制参数计算结果表

油管外径（mm）	规格或扣型	壁厚（mm）	下入井深（m）	段长（m）	单位长度重量（N/m）	钢级	抗内压（MPa）	抗外挤（MPa）	抗拉强度（kN）	自重（kN）	累重（kN）	剩余拉力（kN）	抗拉安全系数
88.90	BGT1	12.09	1800	1800	224.57	110SS	180.5	178.2	2240	404.23	1283.4	956.5	1.75
88.90	BGT1	9.53	4500	2700	182.80	110SS	142.3	145.1	1840	493.56	879.26	960.7	2.09
88.90	BGT1	6.45	7200	2700	128.66	110SS	96.3	93.3	1293	347.38	385.7	907.3	3.35
73.00	BGT1	5.51	7610	410	93.47	110SS	100.2	100.3	886	38.32	38.32	847.7	23.12

5）操作压力设计

操作压力控制参数计算结果见表3-21。

表3-21　操作压力控制参数计算结果表

工具或工艺	清水下的操作压力（MPa）	操作方式	备注
RDS循环阀	67.30~70.95~74.60	一次环空加压	20.5K（46041-2-1）
完井封隔器	油管加压基准压力+35	油管逐级加压	（1）每5~7MPa为一级压力台阶，每级压力台阶稳压5~10min； （2）基准压力为射孔后观察压力
封隔器验封	25~30	环空一次加压	稳压30min，压降≤0.7
打坐封球座	45~60	油管一次加压	装9颗铜销钉
酸化平衡压力	50~55	环空加压	根据泵压调整，保证封隔器压差≤70MPa

6. 管柱力学计算

1）不同工况下管柱温度、压力分析

本井封隔器坐封后主要进行酸化、测试、关井3种不同工况。其中酸化设计泵压120MPa，排量1.5~2m^3/min，酸液密度1.1g/cm^3，预测最大产量50×$10^4$$m^3$/d，求产时间8h，据此建立井筒压力、温度分布模型，进行管柱力学计算。

经计算，酸化过程中封隔器处温度由161℃下降到94.17℃；放喷测试过程中井口温度由20℃上升到94.17℃，温度变化剧烈，关井过程中井下温度稍有回落，其分布规律与坐封工况井温分布规律基本一致。

在预测产量条件下（50×$10^4$$m^3$/d）求产测试，计算井口压力为53.7MPa，关井末期计算井口最大关井压力为92.6MPa。

2）管柱组合三轴应力强度校核

本井采用4种不同壁厚的油管组合，在每种油管变径处会产生附加效应力，改变管柱轴向应力分布情况。因此，在考虑围压的情况下，对管柱进行三轴应力强度校核。经计算，三轴应力安全系数均在应力椭圆包络图中的安全范围内，该管柱组合合理且强度满足施工要求。

3）管柱轴向载荷计算

经计算，封隔器以上管柱轴向载荷分布规律为上部受拉，下部受压，在三种不同工况中，拉、压载荷中和点分布在5852~6908m。

在坐封工况中，井深1700m、4600m、7100m轴向载荷突变是由于管内外液柱在不同内外径油管组合的台阶面处产生了一个附加上顶力；在酸化及测试工况中载荷突变更加严重，这是由于关井过程中管内外流体介质密度差产生的压差使作用在变径台阶面处的附加力也更大。经计算，附加载荷大小为92.46kN，方向向下。

在酸化工况中，管柱由于温度由161℃下降到105℃，因温度效应产生的收缩形变

3.592m，此时管柱处于完全约束状态，经计算在封隔器处受拉 224.78kN。

在放喷测试工况中，由于温度效应造成的管柱轴向伸长转化的附加载荷导致封隔器处受压载荷增加，而上部油管的受拉载荷减小，中和点向上移动，管柱伸长 0.662m，封隔器处受压 71.62kN。而关井压力恢复阶段由于温度下降，管柱受力情况与测试工况刚好相反，与坐封工况相比管柱几乎不产生形变。

4）最恶劣工况下管柱相对位移计算

进行设计时，应考虑最恶劣工况时管柱的位移情况，计算结果见表3-22。

表3-22　最恶劣工况下管柱的相对位移计算

工况	油压（MPa）	套压（MPa）	计算井口温度（℃）	油管流体密度（kg/m³）	环空流体密度（kg/m³）	温度效应（m）	鼓胀效应（m）
酸化施工	120	57	17	1.1	1.0	3.768	-0.987
放喷测试	53.71	0	94.17	0.4	1.0	3.987	-0.876

5）管柱力学计算分析结论

（1）通过对坐封、测试、井下关井等不同工况条件计算，该管柱组合合理且强度满足施工要求。

（2）通过计算可得，管柱的轴向形变对施工影响较大，若轴向形变过大，会引起封隔器失封或过大的螺旋弯曲而使管柱塑性破坏或降低管柱的密封性。在不同工况中，管柱轴向受力恶劣点处于封隔器位置，因此，为防止封隔器失封，需要使用双向卡瓦封隔器。

（3）为改善这种轴向突变载荷，同时减小井下关井期间 RDS 球阀处所受上顶力对封隔器的拉力载荷，影响封隔器坐封。后期井下关井打开 RDS 阀后，球阀以上油管先清水循环脱气后，再保压 30~40MPa 关井。

7. 录取资料及工艺分析

本井采用试油完井一体化工艺，经历了射孔、初测、酸化、测试、压井、丢手起钻等多个工序，井下电子压力计记录了各个工况下完整的井下温度、压力数据（图3-40）。

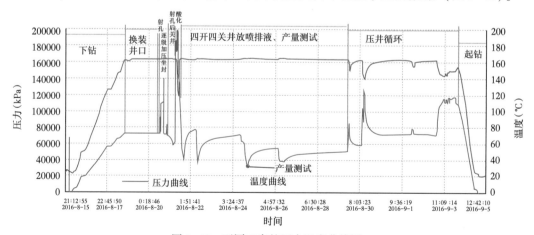

图 3-40　不同工序的压力温度曲线图

经统计分析，该井纯压井循环时间72h，暂堵球入座前井筒共漏失压井液21.9m³，平均漏速2.2m³/h，暂堵球入座后未观察到漏失，后期丢手起钻过程中井内无异常。与以往该区块近似深度、相似产量测试压井情况相比，作业时间由平均1680h下降到72h，堵漏浆使用量由平均100m³减少到21.9m³，大大缩短了施工周期，避免了储层伤害。

二、小井眼射孔—酸化—测试联作工艺技术现场应用

1. 基础资料

典型小井眼井基础数据资料见表3-23。

表3-23　典型小井眼基础数据表

试油井段 （m）	产层中部垂深 （m）	压力 系数	地层压力预测 （MPa）	最高关井压力预测 （MPa）	完钻井深 （m）	测试 层位
6657.00~6680.00	6641.06	1.95	127.00	103.73	6737	茅口组

2. 施工工艺

采用小井眼射孔—酸化—测试联作工艺：封隔器坐封在4½in小套管内，用3⅛inAPR测试工具，对目的层段地层进行射孔—初测—酸化—测试联作，获取地层产能、流体性质及相关地层参数等资料。

3. 管柱设计

小井眼井管柱结构如图3-41所示。

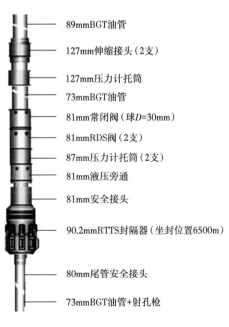

89mmBGT油管
127mm伸缩接头（2支）
127mm压力计托筒
73mmBGT油管
81mm常闭阀（球D=30mm）
81mmRDS阀（2支）
87mm压力计托筒（2支）
81mm液压旁通
81mm安全接头
90.2mmRTTS封隔器（坐封位置6500m）
80mm尾管安全接头
73mmBGT油管+射孔枪

图3-41　典型小井眼井管柱结构示意图

4. 施工难点

1) 小井眼测试工具强度较低

本井测试工具及封隔器须在 5in 尾管（内径 152.5mm）中进行施工，其中坐封段井深 7535m，静液柱压力 75MPa，酸化井底无排量最高泵压 195MPa。常规小井眼工具因其尺寸限制，抗内压、抗挤毁强度较同级别大尺寸工具低，同时机械结构也更加复杂，在深井恶劣工况条件下的机械性能也较同级别大尺寸工具低，对于本井测试是极大的挑战。

2) 管柱形变量大，可能造成封隔器失封或管柱断裂

本井酸化施工期间管柱收缩量大，可能会拉开液压循环阀或者直接提拉封隔器，造成意外解封，油套串通。

3) 井口关井压力高，油套串漏后可能损坏上部套管

井口纯气状态下最大关井压力为 103MPa，超过表层套管最大承压，一旦管柱串漏可能破坏上部套管，带来严重的井控问题。

5. 管柱力学计算与强度校核

1) 管柱组合

在管柱中加入两支伸缩接头（坐封时处于压缩状态），可增加 3m 管柱自由伸长量，可明显改善管柱轴向受力恶劣情况。加入伸缩接头后，经计算，在不同工况条件下最小三轴应力安全系数为 2.47（原来为 1.56）。同时，考虑坐封压缩距 2.439m，管柱最大可伸长量增加到 5.439m，超过酸化时管柱最大收缩量 5.281m，可以有效地消除因形变产生的轴向附加载荷，确保封隔器及液压旁通始终处于受压状态，确保施工安全。

2) 坐封载荷与压缩距

封隔器坐封加压 150kN，经计算，坐封压缩距 2.439m，坐封时管柱屈曲所产生的附加载荷为 51.56kN，实际封隔器有效坐封载荷为 98.44kN，满足封隔器坐封条件。

3) 井下管柱强度安全性

加入伸缩接头后，管柱三轴应力强度安全系数大于 2.47，从纵向上看，管柱结构合理、强度安全，满足施工要求。

4) 井下管柱的轴向变形

井下管柱在试油施工期间，酸化及放喷工况中管柱受力情况最恶劣。与坐封工况相比，酸化工况下，管柱有充足的自由行程余量满足因温度效应导致的管柱收缩，管柱轴向载荷变化不大；在放喷工况中，测试产量为 $60 \times 10^4 m^3/d$ 时，管柱伸长形变量最大为 1.323m，由此转化的轴向附加压力 92.88kN，此时封隔器附近有效坐封载荷 191.32kN，低于管柱临界自锁压力 200kN，不会造成管柱永久螺旋屈曲破坏。

6. 资料录取

此次测试采用的是小井眼射孔—酸化—测试联作工艺。测试期间的压力温度曲线如图 3-42 所示。从工具入井至起出井口，共历时 16 天，射孔酸化期间，管柱及封隔器密封

良好，酸化后测试产量 $105.655×10^4 m^3/d$。测试后进行井口关井，井口最大关井压力高达 108.920MPa。

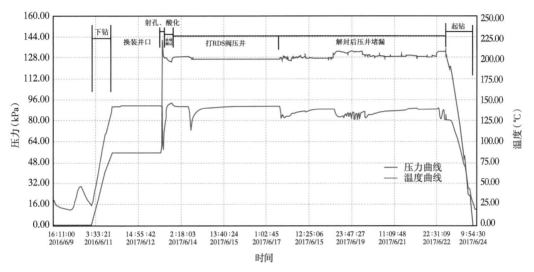

图 3-42 测试压力温度曲线图

三、超高压油气井地面测试及除砂技术现场应用

关井压力接近 100MPa，测试日产量 100 余万立方米，测试期间地层出砂严重，测试周期 15 天，采用高压油气井地面测试技术及除砂技术。

1. 基础资料

典型井基础数据见表 3-24。

表 3-24 典型井基础数据表

试油井段 （m）	产层中部垂深 （m）	压力 系数	地层压力预测 （MPa）	最高关井压力预测 （MPa）	完钻井深 （m）
6051.00~6170.00	6041.06	1.95	127.65	100.087	6360.00

2. 测试流程设计

典型地面测试流程如图 3-43 所示。

3. 技术应用分析

测试期间经历了反循环替液、放喷排液、初测、加砂压裂施工、返排、测试求产等多个工序，测试工艺满足各个工序的作业需要。其中，井口最高流动压力及关井压力均接近 100MPa，井口流动温度最高超过了 90℃，最大气产量超过 $100×10^4 m^3$。测试期间设备无刺漏、密封良好，满足超高温井测试对地面设备的性能要求。丹尼尔流量计及计量罐求出数据准确、可靠，取全取准了各项测试数据，测试资料都符合要求。

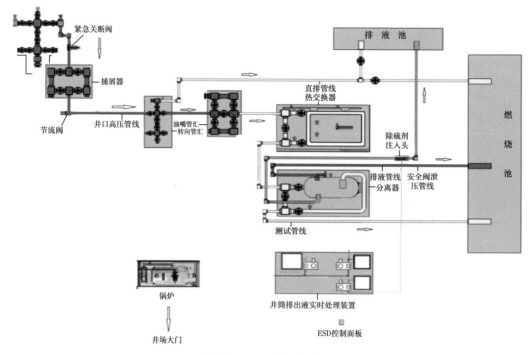

图 3-43　地面测试流程图

配备的远程控制液动油嘴管汇在带压情况下开关灵活、省力、快捷，且阀门密封良好，每开关一个阀门平均用时不到 1min，人员可以在远离油嘴管汇的地方实现阀门开关，既降低了人员暴露在高压区的风险，又节省了更换油嘴的时间。

地面流程中采用的地面安全阀（SSV）、多点压力释放阀（MSRV）、高低压导向阀等安全辅助设备运行良好，可满足多种紧急情况下的地面压力控制需求。

旋流除砂器连续使用 127h，累计除砂 75.665L，除砂效率达到 96.9%，完全能够满足加砂压裂井现场除砂需要。连续除砂排液工艺设计合理，作业期间，旋流除砂器能够实现在线除砂和排砂作业，而不影响正常防喷排液和测试求产作业。

四、含硫井井筒返出液地面实时处理技术现场应用

1. 基础资料

含硫化氢 $60g/m^3$，酸化后排液测试期间运用井筒返出液地面实时处理技术。测试时间 9 天，采用实时除硫技术，典型含硫井基础数据资料见表 3-25。

表 3-25　典型含硫井基础数据表

试油井段（m）	产层中部垂深（m）	压力系数	地层压力预测（MPa）	最高关井压力预测（MPa）	完钻井深（m）
5851.00~5870.00	5862.06	1.74	118.65	96.087	5870.00

2. 测试流程

典型含硫气井地面测试流程如图 3-44 所示。

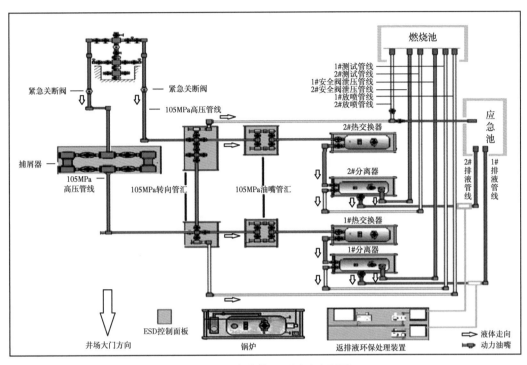

图 3-44 含硫井地面测试流程图

3. 技术应用分析

该井测试期间设备运行良好，实现了返排液连续除硫，经监测，返排液 pH 值控制在 6.4~7.8，大气中硫化氢严格控制在 6mg/m³ 下。放喷测试期间现场未出现酸雾，处理效果明显，如图 3-45、图 3-46 所示。

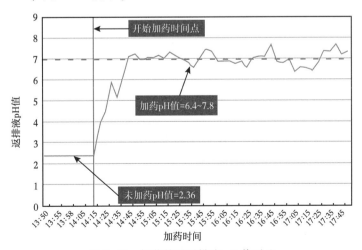

图 3-45 加药前后返排液 pH 值对比

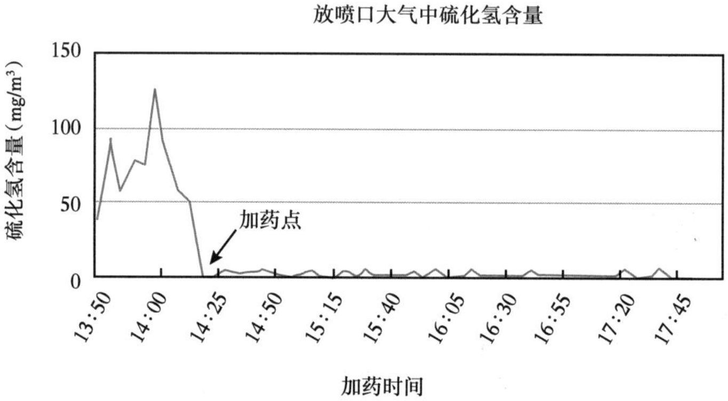

图 3-46　加药前后放喷口大气硫化氢含量对比

第四章 储层改造工艺技术

川渝地区海相碳酸盐岩气藏普遍为高温高压酸性气藏，整体属于特低孔—低孔、中—低渗透储层。过平衡钻井工艺导致建井过程中钻完井液漏失或侵入伤害严重，储层改造是该类储层投产、建产、增产的关键技术手段。孔隙、溶蚀孔洞、天然裂缝发育，储集空间复杂，非均质性强，不同类型储层叠置发育，多层直井、长井段大斜度井和水平井是主力开发井型，分流酸化、分层分段酸压提高动用程度是储层改造的必经之路。储层埋藏深、地层温度和压力高，客观上要求酸液体系具有缓速、降滤、低腐蚀、低摩阻、高密度等性能，降低施工难度，保障储层改造效果。

第一节 碳酸盐岩储层改造机理

碳酸盐岩储层改造主要分为基质酸化和压裂酸化（简称酸压）。基质酸化是指在低于地层破裂压力下将酸液注入储层孔隙（孔隙、溶蚀孔洞或裂缝），非均匀流动反应形成酸蚀蚓孔，旁通伤害带，实现增产。酸压是指在高于地层破裂压力或天然裂缝的闭合压力下，压开储层形成人工裂缝并不均匀刻蚀裂缝壁面，形成沟槽状或凹凸不平的刻蚀裂缝，施工结束后形成具有一定几何尺寸和导流能力的酸压裂缝，改善气井的渗流状况，实现增产。

一、基质酸化改造机理

酸液体系溶蚀碳酸盐岩矿物，形成高效酸蚀蚓孔，旁通伤害带是基质酸化成功的关键。酸液体系与碳酸盐岩矿物（主要为石灰岩和白云岩）的反应是一个非均相反应过程，可以分为传质过程和表面反应过程。传质过程为酸液中的 H^+ 通过对流和扩散运移到岩石固体表面以及反应生成物通过对流和扩散离开岩石固体表面的过程；表面反应过程为酸液中的 H^+ 到达岩石固体表面后与岩石反应的过程，如图 4-1 所示。酸岩总体反应速度取决

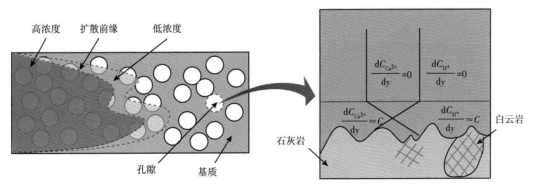

图 4-1 碳酸盐岩储层中酸岩流动反应示意图

于传质速度和表面反应速度。根据两个过程的相对快慢，可以将酸岩反应分为传质控制、表面反应速度控制和共同控制三种类型。

酸蚀蚓孔的形成与扩展缘于孔隙介质的天然非均质性和快速而完全的酸岩反应。形成及扩展过程较复杂，既包括微观孔隙介质中的流动、反应、孔隙结构变化、小孔隙溶合成大孔隙，也包括宏观孔道中的酸液流动、反应、蚓孔变大的过程。在微观孔隙尺度上，H^+ 通过扩散运移到孔隙壁面与岩石反应，使孔隙尺寸扩大。孔隙尺寸扩大的速度可表示为：

$$\frac{\mathrm{d}A}{\mathrm{d}t} = \frac{v_p A X C_0}{l}\left[1 - \exp\left(-\frac{2\sqrt{\pi}E_f C_0^{m-1}l}{\sqrt{A}v_p}\right)\right] \tag{4-1}$$

式中　A——孔隙截面积，m^2；

l——孔隙长度，m；

X——体积溶解力，m^3/mol；

v_p——孔隙中流速，m/s；

C_0——孔隙入口的酸浓度，mol/m^3；

E_f——酸岩反应速度常数，$(mol/m^3)^{1-m}\cdot m/s$；

m——反应级数，无因次。

在高温条件下，酸岩反应受表面反应速度控制，式（4-1）可简化为：

$$\frac{\mathrm{d}A}{\mathrm{d}t} = \frac{uXC_0}{8\pi kl}A^2 \tag{4-2}$$

式中　u——达西渗流速度，m/s；

k——基质渗透率，m^2。

式（4-2）表明孔隙面积增长速度与孔隙面积平方成正比，即大孔隙的面积增长更快。酸液在孔隙中的流动遵循最小渗流阻力原则，进入大孔道的酸液更多，孔隙增大变得越来越快，而小孔道得到的酸液越来越少，使得几乎所有酸液流入经酸溶作用变得更大的孔道，最后形成酸蚀蚓孔，如图4-2所示。

根据溶蚀方式可将酸蚀蚓孔划分为以下形态：端面溶蚀、锥形溶蚀、多个主蚓孔、分支形蚓孔和均匀溶蚀，如图4-3所示。当反应活性高而排量低时，酸液大量消耗在岩心入口端，呈现端面溶蚀形态，不能形成

图4-2　碳酸盐岩储层酸蚀蚓孔铸模形态图

主蚓孔；随着排量的提高和反应活性的降低，未消耗酸液流动到大孔隙或孔道末端，不断溶解并形成较为单一的大孔道酸蚀孔洞；在较高的排量下注入缓速酸，蚓孔端部进一步延伸，最终形成的酸蚀蚓孔细而长，并伴随产生少量蚓孔分支；当排量过大时，酸岩反应相对均匀进行，形成较多分支的酸蚀蚓孔。

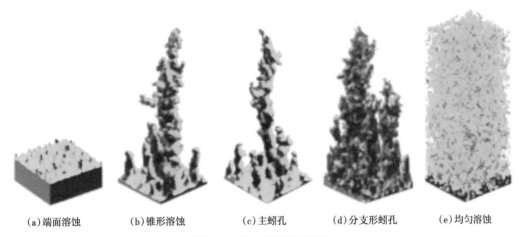

(a)端面溶蚀　　　(b)锥形溶蚀　　　(c)主蚓孔　　　(d)分支形蚓孔　　　(e)均匀溶蚀

图 4-3　酸蚀蚓孔溶蚀形态

酸蚀蚓孔形态对酸化效果有显著影响，碳酸盐岩储层基质酸化存在一个注入排量与酸液用量的最佳组合，在最优注入排量下，形成主蚓孔穿透给定伤害深度所需的酸液用量最少，如图 4-4 所示。

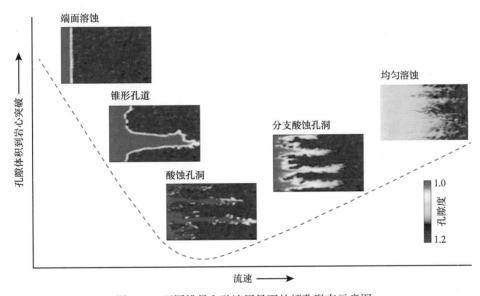

图 4-4　不同排量和酸液用量下的蚓孔形态示意图

二、酸压改造机理

酸压改造是碳酸盐岩储层增产措施中应用最广的酸处理工艺。酸压和水力加砂压裂的增产原理一致，主要表现为：（1）酸压裂缝增大油气向井内渗流的面积，改善油气的流动方式，增大井附近油气层的渗流能力；（2）消除井壁附近的储层伤害；（3）沟通远离井筒的高渗透带、储层深部裂缝系统及油气区。

酸压和水力加砂压裂都是为了形成足够长度和导流能力的人工裂缝，减少油气水的渗流阻力。两者的区别主要在于导流能力的获得方式：水力加砂压裂依靠裂缝内的支撑剂阻止裂缝闭合；酸压依靠酸液对裂缝壁面的非均匀刻蚀阻止裂缝闭合，如图 4-5 所示。

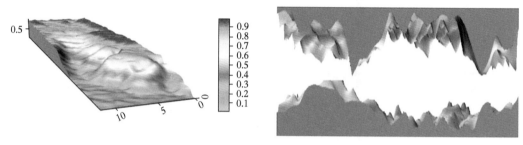

图 4-5　酸蚀裂缝非均匀刻蚀形态示意图

裂缝壁面的非均匀刻蚀是由于岩石矿物分布和渗透性的非均质性所致：部分区域的矿物（如方解石、白云石等）极易溶解，形成较深的凹坑或沟槽；部分区域的矿物（如石膏、石英等）难溶解甚至不溶解，凹坑较浅或保持原状；此外，渗透率好的壁面易形成较深的凹坑，甚至是酸蚀孔道，从而进一步加剧非均匀刻蚀程度。酸化施工结束后，由于裂缝壁面凹凸不平，裂缝在许多支撑点的作用下，不能完全闭合，最终形成具有一定几何尺寸和导流能力的人工裂缝。

控制酸压改造效果的主要参数是酸蚀裂缝有效长度和导流能力。影响酸蚀裂缝有效长度的最大障碍有：一是酸岩反应速度，特别是在高温条件下，酸液在近井地带快速反应变成残酸，难以刻蚀远井地带裂缝壁面而获得导流能力；二是酸压工作液滤失速度，裂缝内高流体压力向两侧基岩驱替酸液，滤失酸液形成酸蚀蚓孔并进一步加剧酸液滤失，过度滤失降低造缝效率。而酸蚀裂缝的导流能力则主要取决于酸液对裂缝壁面岩石的绝对溶蚀量和非均匀刻蚀程度。

因此，为了提升酸压改造效果，提高酸蚀裂缝导流能力和酸蚀裂缝有效长度可以从降低酸压过程中酸液滤失、降低酸岩反应速度等几个方面入手。酸压过程中酸液的滤失问题通常考虑从滤失添加剂和工艺两方面着手；降低酸岩反应速率则从缓速添加剂和工艺着手，使用胶凝酸、转向酸、交联酸、乳化酸、泡沫酸和有机酸并结合有效的酸压工艺可实现较好的改造效果；提高裂缝导流能力可从选择酸液类型和酸压工艺着手，其原则是实现有效溶蚀和非均匀刻蚀，如图 4-6 所示。

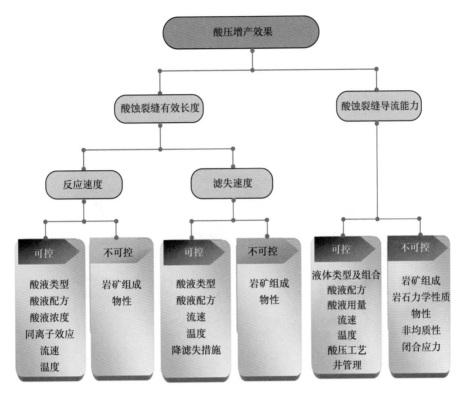

图 4-6 影响酸压改造效果的可控与不可控因素

第二节 储层改造室内实验评价技术

一、岩石力学与地应力

1. 岩石力学特征

岩石力学参数是酸压模拟的重要基础参数。采用 RTR-2000 高温高压岩石综合测试系统，如图 4-7 所示，可简便快速地进行岩石试样三轴实验。该系统能模拟地层高温高压条件测试岩石的单轴或三轴压缩、抗压强度、抗拉强度、弹性模量、泊松比、断裂韧性等参数。RTR-2000 高温高压岩石综合测试仪的设备能力：最大载荷 2000kN，最大围压 210MPa，最大孔压 210MPa，最大温度 200℃，岩样直径 25~100mm。

依据 ASTM 标准，钻取岩心直径为 25mm，轴向长度为 60mm。端面磨平，两个端面平行度保持在 0.02mm 内，端面与轴线垂直度保持在 0.05mm 内。三轴压缩实验中对圆柱形岩样加载固定围压，然后逐渐增大轴向载荷，测出岩样破坏时的轴向应力 σ_1，并绘制应力—应变曲线。根据应力—应变曲线弹性状态段，可以确定岩样的弹性模量及泊松比，图 4-8 所示为典型岩石力学应力—应变曲线图。

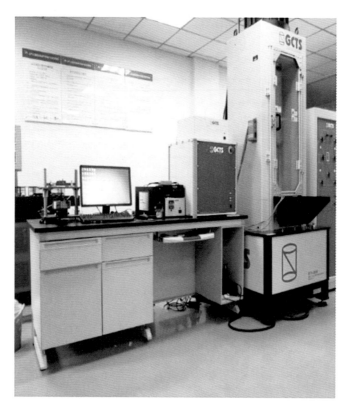

图 4-7 RTR-2000 高温高压岩石综合测试仪

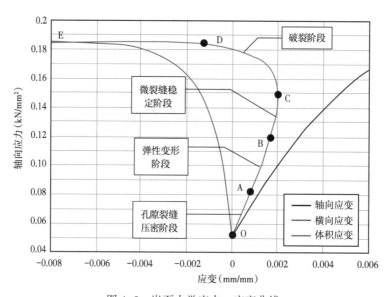

图 4-8 岩石力学应力—应变曲线

OA：孔隙裂缝压实阶段；AB：弹性变形阶段；BC：微裂缝稳定阶段；CD：破裂阶段；DE：应变软化阶段

　　通过模拟地层温度和压力条件下的三轴岩石力学实验，获得四川盆地典型高温高压含硫气藏的静态岩石力学参数，见表4-1，结合测井解释结果，建立基于实测点校正的单井岩石力学参数剖面。

表4-1　典型高温高压含硫气藏岩石力学综合评价结果

层位	井号	取心深度（m）	实验结果		
			抗压强度（MPa）	弹性模量（10^4MPa）	泊松比
飞仙关组	龙岗001-1	5988.16~5988.30	415.003	5.519	0.236
	龙岗001-10	5855.92~5856.11	468.732	6.115	0.188
			663.344	8.500	0.194
	平均实验结果		515.693	6.711	0.206
长兴组	龙岗001-1	6179.85~6179.90	382.141	5.702	0.202
	龙岗001-6	6284.05~6284.16	456.866	4.465	0.228
		6284.94~6285.08	553.927	5.035	0.208
			518.224	5.137	0.225
	平均实验结果		477.790	5.085	0.216
龙王庙组	磨溪12	4636.08~4636.41	359.40	3.93	0.161
	磨溪13	4586.76~4587.01	439.11	6.40	0.266
	磨溪16	4756.07~4756.42	252.73	7.33	0.263
	磨溪17	4615.64~4615.79	425.62	7.32	0.243
	磨溪203	4726.17~4726.47	442.58	7.77	0.350
	磨溪39	4850.21~4850.46	649.30	6.56	0.264
	磨溪41	4794.96~4805.67	713.85	7.16	0.256
	平均实验结果		468.94	6.64	0.258
灯影组四段	高石1	4967.89~4968.13	421.233	7.353	0.361
		4957.39~4957.63	450.913	7.868	0.207
	高石2	5013.39~5013.46	418.267	6.277	0.314
	磨溪8	5158.66~5158.82	690.139	7.415	0.279
		5104.67~5104.88	617.736	8.338	0.283
	磨溪11	5137.81~5137.99	610.674	10.55	0.292
	平均实验结果		534.827	7.967	0.289

　　根据岩心实验静态参数和测井计算动态参数，得到动静态岩石力学参数转换关系式，图4-9展示了磨溪龙王庙组气藏的动静态杨氏模量关系。再根据测井资料可以计算单井的岩石力学参数剖面，如图4-10所示，主要包括杨氏模量、泊松比、内聚力、内摩擦角等。

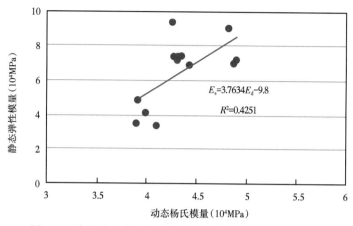

图 4-9　磨溪龙王庙组气藏岩石动、静态杨氏模量关系图

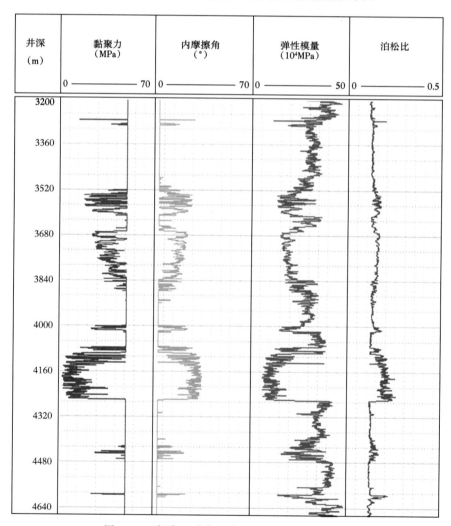

图 4-10　磨溪 12 井龙王庙组岩石力学参数剖面

2. 地应力特征

地应力大小是预测施工压力的重要参数，地应力方向决定了人工裂缝走向。采用地应力测试仪，如图4-11所示，进行差应变分析获取地应力大小和地应力相对方向。采用古地磁测试仪，如图4-12所示，进行古地磁定向分析获取地应力绝对方向。地应力测试仪设备能力：围压140MPa，温度200℃，岩心尺寸25.4mm及50.8mm立方体。

图4-11 地应力测试仪

图4-12 古地磁测试仪

差应变分析假设所有微裂缝都是由就地压缩应力的释放而产生，并与主应力方向一致。按如图4-13和图4-14所示制备岩样，并贴上9个应变片。岩样加载后测得的应变与压力变化关系曲线由两部分组成：第一部分曲线表示微裂缝闭合及岩石骨架压缩共同引起的应变，第二部分曲线表示岩石骨架压缩引起的应变。两部分斜率之差反映了微裂缝闭合引起的应变，从而求出最大主应力大小及相对标志线方向。古地磁岩心定向是在实验室中测定岩石磁化时的地磁场方向，采用热退磁方式将原生剩余磁性和次生剩余磁性分开，通过解释得到岩心标志线相对于地理北极方向。结合差应变分析和古地磁实验可获得现今地应力方向。

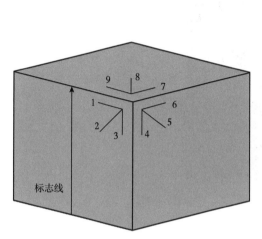

图 4-13　差应变岩样制备及坐标系

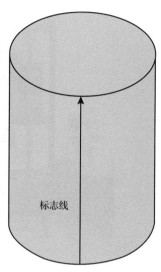

图 4-14　古地磁岩样制备及坐标系

典型高温高压含硫气藏地应力大小及方向测试结果见表 4-2。

表 4-2　典型高温高压含硫气藏地应力大小测试结果表

层位	井号	深度（m）	三向主应力（MPa）			最大水平主应力方向（°）
			水平最大	水平最小	垂向	
龙王庙组	磨溪 12	4636.08~4636.41	119.3	93.4	128.9	121
		4650.92~4651.10	113.1	87.2	126.9	124
	磨溪 13	4586.76~4587.01	110.4	98.04	127.5	120
			110.0	99.16	127.52	117
	磨溪 16	4756.07~4756.42	111.0	83.6	127.5	128
			114.5	84.2	127.5	130
	磨溪 17	4615.64~4615.79	113.8	93.1	128.3	124
			107.5	98.1	128.3	125
	磨溪 203	4726.17~4726.47	117.6	105.8	131.4	122
			121.4	107.9	131.4	119
	平均实验结果		113.86	95.05	128.52	123

层位	井号	深度（m）	三向主应力（MPa）			最大水平主应力方向（°）
			水平最大	水平最小	垂向	
磨溪灯四	磨溪8	5159.03~5159.22	231.5	109.2	141.9	118.6
		5104.48~5104.67	168.6	108.9	142.1	117.9
	磨溪11	5137.13~5139.29	172.3	112.1	143.8	111.9
	平均实验结果		190.8	110.1	142.6	116.1
高石梯灯四	高石1	4966.50~4966.89	108.4	99.8	136.5	157.0
	高石2	5013.00~5013.13	113.0	106.8	135.4	—
	平均实验结果		110.7	103.3	136.0	157.0

利用岩心差应变室内测试结果和施工数据拟合结果，结合测井资料解释成果，可预测单井地应力剖面，图4-15展示了磨溪12井和磨溪16井龙王庙组的岩石力学参数和三向主应力剖面。

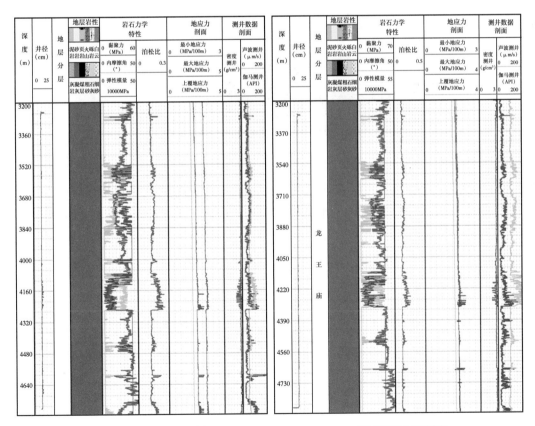

（a）磨溪12井龙王庙组　　　　　　　　　　（b）磨溪16井龙王庙组

图4-15　磨溪龙王庙组储层岩石力学参数及地应力剖面

二、酸岩反应动力学

酸压设计优化和酸液体系优选需建立在酸岩反应动力学实验研究的基础上，其中酸岩反应级数、反应速度常数、反应活化能和氢离子有效传质系数是酸化/酸压设计的基本参数。采用旋转岩盘仪（图 4-16）测定恒温、恒压、恒转速条件下的酸岩反应动力学参数及酸液中 H+ 传质系数，分析各因素对反应速度的影响，为酸化设计提供参数。旋转岩盘仪设备能力：最大工作压力 40MPa，最大工作温度 200℃，最大转速 2000r/min。

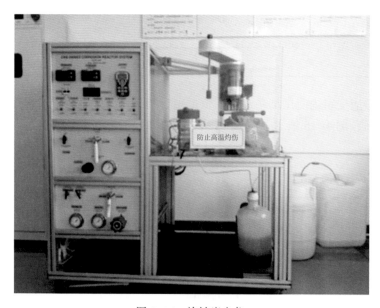

图 4-16　旋转岩盘仪

采用浓度为 12%、16%、20% 的高温胶凝酸、高温转向酸、交联酸，分别在 40℃、65℃、90℃、115℃ 下测定各酸与震旦系灯四段储层的酸岩反应速率，其中浓度 20% 为鲜酸，其余浓度酸液均考虑同离子效应。可以得到不同酸液的反应动力学参数（表 4-3）。

表 4-3　不同酸液体系的酸岩反应动力学参数表

酸液体系	频率因子 $[(\text{mol/L})^{-m}\cdot\text{mol}/(\text{cm}^2\cdot\text{s})]$	反应级数	活化能（kJ/mol）	动力学方程
高温胶凝酸	3.6985×10^{-6}	1.2289	5.2771	$J=3.6985\times10^{-6}\text{e}(-5277.1/RT)C^{1.2289}$
高温转向酸	7.1006×10^{-6}	0.4554	3.6722	$J=7.1006\times10^{-6}\text{e}(-3672.2/RT)C^{0.4554}$
交联酸	1.0670×10^{-6}	1.1833	2.2712	$J=1.0670\times10^{-6}\text{e}(-2271.2/RT)C^{1.1833}$

采用浓度为 20% 的高温胶凝酸、高温转向酸、交联酸，在 125r/min、208r/min、291r/min、375r/min 下测定各酸的酸岩反应速率，可以得到不同酸液的 H+ 传质系数，如图 4-17 所示。

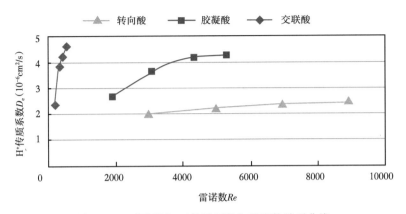

图 4-17　不同酸液 H$^+$ 传质系数与雷诺数关系曲线

三、高温深井酸液性能评价

1. 摩阻性能

酸液的摩阻性能直接影响施工排量是否达到设计要求、施工能否成功压开储层，影响酸液的有效作用距离及裂缝导流能力。采用环流摩阻仪（图 4-18）进行酸液摩阻实验研究，环流系统主要包括三个并联的不同管径的闭合回路。设计最高压力为 10.5MPa，体系最高温度可达 150℃，模拟剪切速率的范围 16~16246s^{-1}。

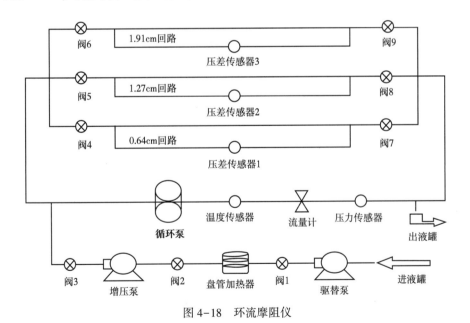

图 4-18　环流摩阻仪

为了获得较宽的剪切速率范围，在环流装置上选用两组管径 0.25in、0.5in 进行实验测试，摩阻数据见表 4-4 和表 4-5。

表 4-4　高剪切速率下转向酸摩阻压降数据表（管径：0.25in，温度：90℃）

压降 Δp （kPa/m）	剪切速率 （s⁻¹）	流量 （L/min）	剪切力 （kPa）
0.43	1994.23	1.40	0.0003
2.23	2189.28	1.53	0.0012
5.59	2407.73	1.69	0.0023
9.18	2802.50	1.96	0.0046
8.69	3027.18	2.11	0.0060
16.75	3495.62	2.44	0.0090
20.59	4025.58	2.81	0.0129
30.09	4504.80	3.15	0.0167
44.44	5055.60	3.53	0.0214
53.30	5484.70	3.84	0.0255
73.25	6019.44	4.21	0.0305

表 4-5　高剪切速率下转向酸摩阻压降数据表（管径：0.5in，温度：90℃）

压降 Δp （kPa/m）	剪切速率 （s⁻¹）	流量 （L/min）	剪切力 （kPa）
0.60	15.55	1.80	0.0001
0.70	48.20	2.55	0.0003
1.05	95.97	3.33	0.0004
1.33	149.24	4.01	0.0006
1.41	171.18	4.75	0.0007
1.77	251.62	5.50	0.0010
2.52	346.71	6.17	0.0016
4.63	946.39	6.91	0.0019
5.71	1048.80	7.67	0.0010

　　在多功能环流装置 0.25in、0.5in 的闭合管路中所测定的摩阻压降，根据物理相似原理，换算到 ϕ88.9mm 和 ϕ73.0mm 的油管并与相同剪切状态下清水的摩阻为参照，计算出酸液的降阻率（4-6）。

表 4-6　不同折算排量下的转向酸降阻率

折算排量 （m³/min）	ϕ88.9mm 油管中降阻率 （%）	ϕ73.0mm 油管中降阻率 （%）
2.0	29.36	34.19
2.5	32.55	37.87
3.0	39.42	44.04

折算排量 （m³/min）	φ88.9mm 油管中降阻率 （%）	φ73.0mm 油管中降阻率 （%）
3.5	45.76	47.30
4.0	48.35	50.13
4.5	51.33	54.72

2. 腐蚀性能

在酸化施工过程中，酸液的注入会造成油气井管材和井下金属设备的腐蚀，严重时可能导致井下管材突发性破裂事故，存在严重安全隐患，同时被酸液溶蚀的金属铁离子又可能对地层造成伤害。为了防止酸液对油管、套管等设备的腐蚀，需要结合地层温度，评价酸液的高温高压动态腐蚀速率。采用旋转岩盘仪测定恒温、恒压、恒转速条件下的钢片质量的变化，分析缓蚀剂对高温高压动态腐蚀速率的影响，为酸液配方设计、性能评价提供参考。旋转岩盘仪设备能力：最大工作压力 40MPa，最大工作温度 200℃，最大转速 2000r/min。

高温高压动态腐蚀速率测定条件及缓蚀剂评价指标见表 4-7。

表 4-7 高温高压动态腐蚀速率测定条件及腐蚀评价指标

酸液浓度 （%）	实验压力 （MPa）	搅拌速度 （r/min）	实验时间 （h）	实验温度 （℃）	缓蚀剂加量 （%）	腐蚀速率评价指标 [g/（m²·h）]		
						一级	二级	三级
20	16	60	4	100	1.0~2.0	5~10	10~15	15~20
				120	1.0~2.0	20~30	30~40	40~50
				140	2.0~3.0	40~50	50~60	60~70
				160	3.0~4.0	60~70	70~80	80~100
				180	4.0~5.0	70~80	80~100	100~120

采用盐酸浓度为 20% 的酸液，钢片型号为 N80，实验时间为 4h，实验温度为 140℃，评价缓蚀剂 1 和缓蚀剂 2 在加量为 0.5%、1%、2%、3%、4%、5% 时，在盐酸溶液中对 N80 钢片的缓蚀性能，结果如图 4-19 所示。

实验时间为 4h，酸液浓度为 20%，实验温度为 140℃，缓蚀剂加量为 3%，评价缓蚀剂 1 和缓蚀剂 2 在盐酸溶液中对钢材 N80、P110、A3、J55 和 16Mn 的缓蚀性能，结果如图 4-20 所示。

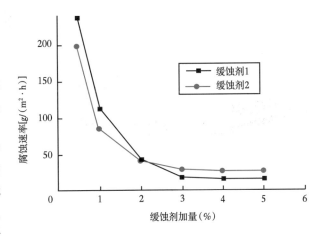

图 4-19 不同缓蚀剂加量下的缓蚀性能评价结果

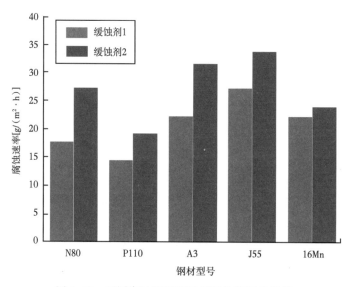

图 4-20　不同腐蚀钢材下的缓蚀性能评价结果

四、基质酸化工艺模拟

基质酸化的增产效果极大程度上依赖于酸蚀蚓孔的生长情况，不同酸型和施工排量对酸蚀蚓孔形态有重要影响。采用图 4-21 所示酸液滤失仪和图 4-22 所示 CT 扫描仪直观展示过酸前岩心孔隙、溶蚀孔洞、喉道和天然裂缝的空间分布及过酸后酸蚀蚓孔三维形态。酸液滤失仪设备能力：流动压力 70MPa，围压 84MPa，温度 177℃，气体流量 0～1000mL/min，液体流量 25mL/min。CT 扫描仪设备能力：最高分辨率 500nm。

图 4-21　酸液滤失仪

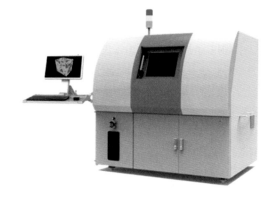

图 4-22　CT 扫描仪

图 4-23 中的三维图像直观地显示了灯四段岩心孔、缝、洞空间分布特征，二维切片展示了孔隙大小及连通程度。

图 4-24 展示了各岩心过酸后的酸蚀蚓孔形态。对比酸化前后 CT 扫描图可以明确孔隙、溶蚀孔洞对酸蚀蚓孔扩展路径的影响。

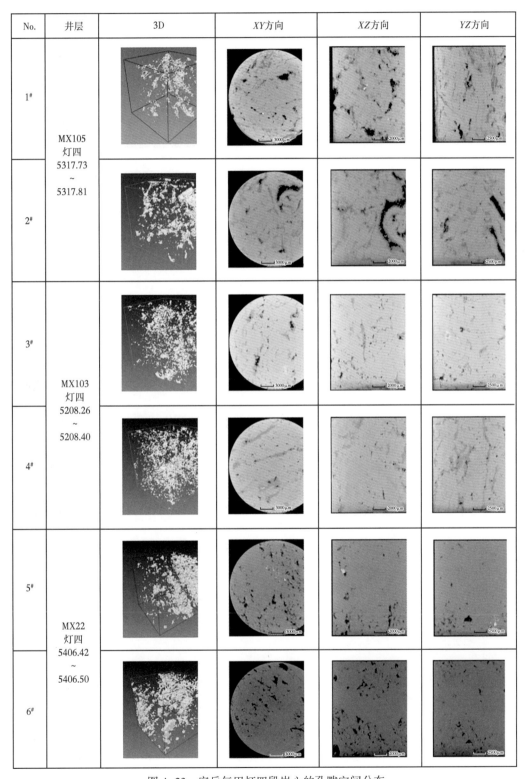

图 4-23 安岳气田灯四段岩心的孔隙空间分布

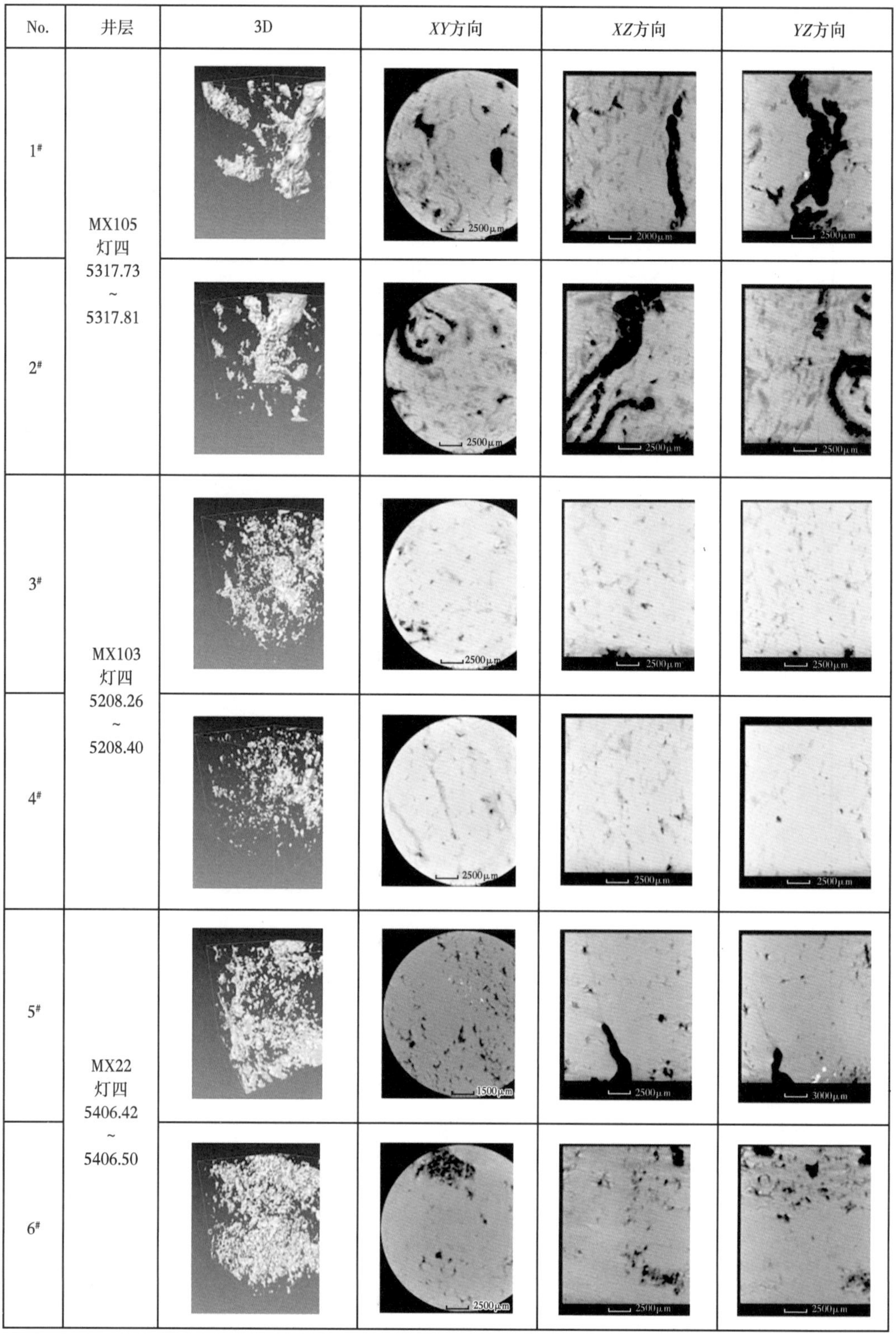

No.	井层	3D	XY方向	XZ方向	YZ方向
1#	MX105 灯四 5317.73 ~ 5317.81				
2#					
3#	MX103 灯四 5208.26 ~ 5208.40				
4#					
5#	MX22 灯四 5406.42 ~ 5406.50				
6#					

图 4-24　酸化后酸蚀蚓孔形态

通过实验评价对比不同注入速率下所需酸液体积，可以优化注入排量。

五、酸压工艺模拟

酸蚀裂缝导流能力的大小及分布与酸压效果紧密相关，但是酸岩反应随机性强，酸蚀裂缝导流能力难以准确预测。采用酸蚀裂缝导流能力仪，如图 4-25 所示，测量岩样在不同酸液、工艺及施工参数下的酸蚀裂缝导流能力。采用三维激光扫描仪，如图 4-26 所示，对岩样表面刻蚀形态进行数值化表征。酸蚀裂缝导流能力仪设备能力：最大封闭压力 140MPa，最高操作温度 177℃，最大酸液注入压力 21MPa，最高酸液注入流量 2000mL/min。三维激光扫描仪设备能力：扫描分辨率 0.01mm。

 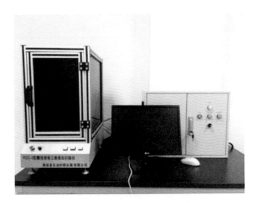

图 4-25　酸蚀裂缝导流能力仪　　　　　图 4-26　三维激光扫描仪

采用自生酸、高温胶凝酸、高温转向酸开展酸蚀裂缝导流能力实验，评价三种酸液体系的酸蚀裂缝导流能力以及在不同闭合应力下的保持能力，如图 4-27 所示。

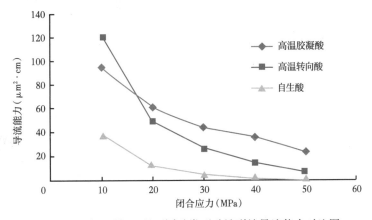

图 4-27　震旦系灯四段不同酸类型酸蚀裂缝导流能力对比图

多级交替注入酸压工艺可以实现降温、降滤、指进刻蚀等，有利于提高酸蚀裂缝长度和导流能力。实验模拟了高温胶凝酸、高温转向酸和自生酸按照不同组合顺序（即：高温胶凝酸+自生酸+高温有机转向酸，自生酸+高温胶凝酸+高温有机转向酸，自生酸+高温有机转向酸+高温胶凝酸）的导流能力，注入酸量保持恒定值，优选合适的酸液注入顺序，如图4-28所示。

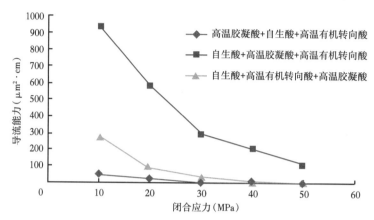

图4-28　震旦系灯四段不同酸液注入顺序的裂缝导流能力对比图

将岩样做定位标记，并分别对裂缝两表面用三维激光扫描仪进行扫描，得到裂缝两表面的三维数据。利用扫描出来的裂缝两表面三维数据即可作出裂缝壁面等高线图（图4-29）。将图4-29中b壁面数据经过翻转并与a壁面相对位置的高度数据进行叠加，就可得到裂缝在无闭合应力下的裂缝间距，如图4-30所示。

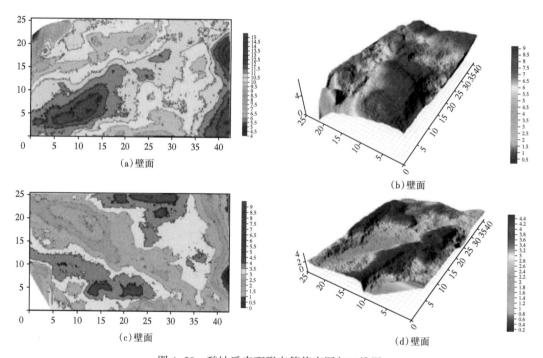

图4-29　酸蚀后表面形态等值高图与三维图

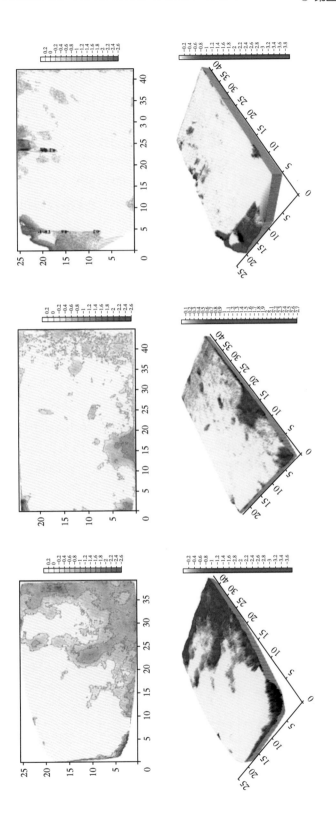

图4-30 胶凝酸（左）、转向酸（中）、自生酸（右）酸蚀后裂缝间距等高线和三维图

同样的，还可模拟深度酸压工艺（前置液酸压、多级交替注入酸压）及不同施工参数（排量、规模）条件下的岩样酸蚀裂缝导流能力和表面形态。将岩样在特定温度、压力下的力学物理参数结合裂缝间距参数进行力学建模，可以研究不同闭合应力下裂缝的闭合规律，定量化分析不同酸型、施工工艺和施工参数条件下的酸蚀裂缝导流能力。

第三节　储层改造工艺技术

在建井阶段，针对中高渗透气藏，一般以解除钻完井液伤害为主，通常选择基质酸化或小规模酸压改造工艺；针对低渗透储层，则需要压开储层增大渗流面积，同时兼顾储层纵向上的改造，一般选择大规模甚至超大规模的酸压技术。

一、基质酸化工艺技术

基质酸化一般用于受到伤害的储层，主要目的在于改善近井伤害区域的渗流能力，是通过酸液溶蚀伤害区的储层岩石以形成酸蚀蚓孔突破或旁通伤害带来实现的。基质酸化方案设计始于储层伤害诊断，通过采用适宜布酸工艺、优化注酸排量和施工规模，确保酸化效果。

1. 储层伤害诊断

储层伤害的评估和诊断是基质酸化选井和方案设计的最重要组成部分，酸化方案设计均始于选井和储层伤害诊断。针对油气井的各种作业（钻井、完井、固井、修井、增产措施及生产过程等）都是潜在的储层伤害源，各作业引起的储层伤害类型和程度见表4-8。储层中存在的潜在伤害类型和堵塞物复杂，一部分可通过酸化予以消除，另一部分则无法消除。

表4-8　建井和油气藏开采的各阶段储层伤害类型及程度

伤害类型	建井阶段		油气藏开采阶段				
	钻井固井	完井	修井	增产改造	试井	衰竭式开采	注水开采
固相颗粒堵塞	****	**	***	—	—	—	****
微粒运移	***	****	***	****	**	***	****
黏土膨胀	****	**	***	—	—	—	****
乳化堵塞/水锁	***	****	**	**	*	****	**
润湿反转	**	***	***	**	—	—	***
相对渗透率下降	***	***	****	***	—	**	—
有机结垢	*	*	***	**	—	****	***
无机结垢	—	—	*	*	—	****	****
外来颗粒堵塞	—	**	***	**	—	—	****
次生矿物沉淀	—	—	—	****	—	—	***
细菌堵塞	—	—	**	—	—	**	****
出砂	—	—	—	****	—	****	—

注：**** 很严重；*** 严重；** 较严重；* 不严重；— 可以忽略。

以磨溪龙王庙组气藏为例，介绍建井过程中钻完井工作液造成的储层伤害评估和诊断。大斜度井、水平井是磨溪龙王庙组气藏的主力开发井型，跟端暴露在钻完井液中的时间长，趾端暴露时间短，故整体伤害范围呈锥状椭圆体。另外，由于部分井段天然裂缝、溶蚀孔洞等发育而漏失大量钻完井液，会在局部产生严重的储层伤害。

磨溪龙王庙组储层段钻井液滤液中微粒及固相颗粒的粒径为 0.03~500μm，粒径中值 d_{50} 为 2.659~11.001μm，见表 4-9。

表 4-9　龙王庙组储层钻井液中值粒度测定结果

序号	粒度 d_{10}（μm）	粒度 d_{50}（μm）	粒度 d_{90}（μm）	备注
1	0.055	0.106	20.730	微粒
2	0.216	2.659	16.216	
3	0.216	6.622	31.563	三级颗粒
4	0.202	2.890	34.786	
5	0.210	3.791	126.321	二级颗粒
6	0.211	4.169	136.741	
7	0.154	11.001	250.971	

压汞测试表明中值孔喉半径为 0.015~4.4845μm，平均孔喉半径为 0.69μm，如图 4-31 所示，属于中喉储层，喉道类型以缩颈喉道和片状喉道为主，管状喉道所占比例较少，固相颗粒通过基质孔隙侵入储层深部的可能性较小；SEM 电镜扫描和 CT 扫描表明微裂缝发育频率达到 40%，微裂缝以溶蚀缝为主，缝宽介于 1~100μm，如图 4-32 所示，固相颗粒通过微裂缝进入储层深部是造成储层伤害的主要原因。

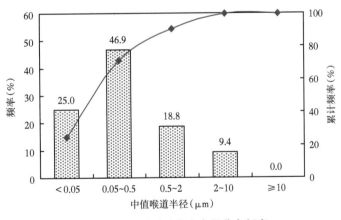

图 4-31　压汞测试孔喉半径分布频率

为了模拟钻完井液对天然微裂缝造成的储层伤害，采用剖缝岩心开展钻井液伤害测试，循环压力为 3MPa，伤害时间 2h，实验结果见表 4-10。

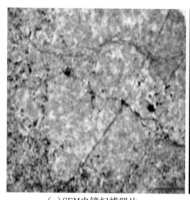 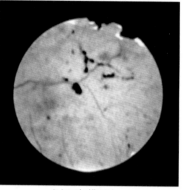

（a）SEM电镜扫描照片　　　　　　　　（b）CT扫描照片

图 4-32　SEM 电镜扫描及 CT 扫描照片

表 4-10　磨溪龙王庙组剖缝岩心钻井液伤害实验数据

序号	裂缝宽度 （μm）	基质渗透率 （mD）	岩心渗透率 （mD）	伤害后渗透率 （mD）	伤害率 （%）	伤害深度 （cm）
1	1.98	1.97×10^{-4}	0.78	0.42	46.4	<1.0
2	2.14	2.55×10^{-5}	1.05	0.54	48.5	<1.0
3	4.39	4.58×10^{-5}	8.9	3.52	60.4	<2.0
4	22.49	3.03×10^{-3}	1127.96	195.98	82.6	—

钻井液对岩心的伤害率达到 46.4% ~ 82.6%，且随着裂缝宽度增加，伤害越严重；当裂缝宽度较小时，固相颗粒主要堆积在岩心表面或沉积在裂缝入口端；随着裂缝宽度的增大，固相颗粒进入岩心深部，造成严重伤害。对裂缝表面进行 SEM 电镜扫描后发现，固相颗粒附着在岩石表面，对晶间孔及裂缝通道造成堵塞，如图 4-33 所示。

过平衡钻进时，钻完井液固相和滤液在压差作用下侵入地层内部形成侵入带，并在井壁上堆积形成滤饼。长井段大斜度井、水平井伤害范围和伤害程度主要取决于钻进时间、滤液分布情况、井周渗透率变化及过平衡压差。钻井液侵入对储层的伤害可以分为外滤饼区和内滤饼区，如图 4-34 所示。由于钻井液中含有不同尺寸的悬浮颗粒，在侵入岩石基质的过程中，较大的悬浮颗粒会被阻截在孔隙介质表面，形成类孔隙渗流介质的外滤饼；较小的悬浮颗粒进入基质中，在桥塞作用下堵塞孔隙喉道，产生内滤饼。如果长期受到悬浮粒子溶液的侵入，内、外滤饼的厚度将持续增加，导致渗透性大幅下降。

采用等效伤害模型评价钻完井液对储层的伤害，得到长井段不同位置处的等效伤害半径和表皮系数。根据体积守恒法可以计算每一小段的伤害带折算半径：

$$r_{d,eq} = \sqrt{\frac{V_{leak}}{\phi(1 - S_{gr} - S_{wi})\pi dl} + r_{w,eq}^2} \tag{4-3}$$

(a)放大100倍　　　　　　　　　　　　(b)放大1000倍

(c)放大2000倍

图 4-33　钻井液伤害后的岩心裂缝表面 SEM 扫描图

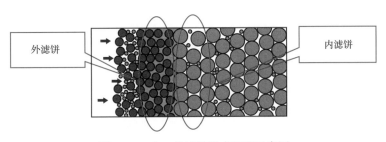

图 4-34　内、外滤饼形成机理示意图

假设渗透率在伤害带内按指数规律分布，等效伤害渗透率可由下式计算：

$$k_{\mathrm{d,eq}} = \cfrac{\ln(r_{\mathrm{d,eq}}/r_{\mathrm{c,eq}})}{\cfrac{1}{k_0}\left(\cfrac{k_0}{k_\mathrm{c}}\right)^{\frac{r_{\mathrm{d,eq}}}{r_{\mathrm{d,eq}}-r_{\mathrm{c,eq}}}} \times \left[-Ei\left(-\cfrac{r_{\mathrm{c,eq}}}{r_{\mathrm{d,eq}}-r_{\mathrm{c,eq}}}\ln\cfrac{k_0}{k_\mathrm{c}}\right) + Ei\left(-\cfrac{r_{\mathrm{d,eq}}}{r_{\mathrm{d,eq}}-r_{\mathrm{c,eq}}}\ln\cfrac{k_0}{k_\mathrm{c}}\right)\right]} \tag{4-4}$$

考虑储层各向异性的表皮系数可由下式计算：

$$S = \left(\frac{k_0}{k_{\mathrm{d,eq}}} - 1\right)\ln\left(\frac{r_{\mathrm{d,eq}}}{r_{\mathrm{w,eq}}}\right) \tag{4-5}$$

式中　V_{leak}——单位井段长度 dl 上的钻井液滤液滤失量，m^3；

　　　ϕ——储层孔隙度，%；

　　　S_{gr}——残余气饱和度，%；

　　　S_{wi}——原始含水饱和度，%；

　　　$r_{\mathrm{w,eq}}$——等效井眼半径，m；

　　　$r_{\mathrm{d,eq}}$——等效伤害带半径，m；

　　　$r_{\mathrm{c,eq}}$——滤饼半径，m；

　　　k_0——原始渗透率，mD；

　　　k_c——滤饼渗透率，mD；

　　　$k_{\mathrm{d,eq}}$——等效伤害带渗透率，mD；

　　　S——表皮系数，无量纲。

根据龙王庙组气藏大斜度井、水平井实钻数据，可以得到沿井筒剖面的钻井液滤液侵入深度和表皮系数剖面，如图 4-35、图 4-36 所示。从伤害剖面可以看出：钻井液滤液侵入深度和伤害表皮总体呈跟端大趾端小的近似椭圆形态，但受孔、洞、缝非均匀发育的影响，局部存在波动现象。

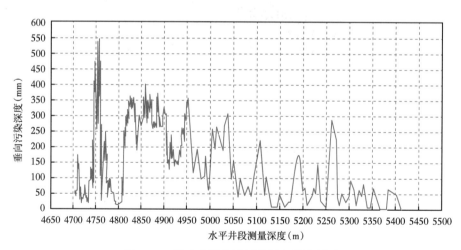

图 4-35　沿井筒钻井液滤液侵入深度剖面

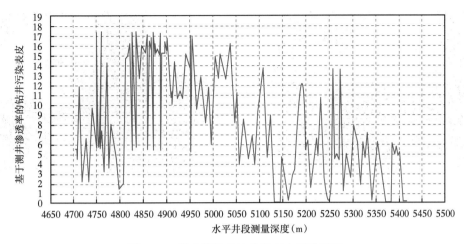

图 4-36 沿井筒钻井液伤害表皮系数剖面

2. 变转向剂浓度转向酸酸化工艺

磨溪龙王庙组气藏储层厚度大，夹层薄，储集类型为裂缝—孔（洞）型，试井解释储层具有中高渗透特征，地层温度和压力高，钻井时采用的钻井液密度大，储层伤害较严重，基本都需要进行解堵酸化作业，恢复气井产能。针对钻遇过程中井壁稳定性较好、储层物性较好、物性分布相对均匀、采用割缝衬管完成的井层，形成了变转向剂浓度转向酸酸化工艺，现场应用 8 井次，累计获得井口测试产量 $1233.46 \times 10^4 m^3/d$，平均单井改造后测试产量 $154.18 \times 10^4 m^3/d$，平均增产倍比 1.78。

1）技术原理

对于非均质储层而言，常规的酸液体系通常优先穿透大孔道或高渗透部分，酸液很难作用于低渗透部分。转向酸是一种无聚合物类酸液体系，其关键的黏弹性表面活性剂为两性离子表面活性剂或阳离子季铵盐类表面活性剂。以两性离子表面活性剂为例，其在不同 pH 值下呈现不同的带电特征。当 pH 值低于等电点时，其阴离子基团电离程度弱，表现为阳离子特征，表面活性剂分子呈单体分布，故鲜酸黏度很低；随 pH 值升高，阴离子基团电离程度增加，阴离子特性增强，阳离子特性减弱，从等电点开始表现为中性特征，电荷效应减弱，表面活性剂分子呈球形或短棒状胶束，在酸岩反应生成的二价阳离子（Ca^{2+}、Mg^{2+}）的交联作用下，球形或短棒状胶束相互缠绕形成具空间网状结构的蠕虫状胶束，体系黏度急剧增加；随 H^+ 浓度的进一步降低，或遇到储层中的原油、天然气等烃类物质，蠕虫状胶束向球状胶束转化而自动破胶，黏度降低，如图 4-37 所示。

转向酸在被高压挤入地层之后，首先会沿着较大的孔道，进入渗透率高的储层，与碳酸盐岩发生反应，随着酸岩反应的进行，酸液黏度自动增加。如图 4-38 所示，变黏后的酸液对大孔道和高渗透地层进行堵塞，迫使注入压力上升，鲜酸进入渗透率低的储层，并再次与储层岩石进行反应，并再次发生黏度升高，注入酸压力升高。直到上升的压力使酸液冲破对渗透率较大的大孔道的暂堵，酸液才会继续前进。这样，酸液不仅对渗透率较大的储层进行了酸化，对渗透率较小的储层也产生了酸化作用，如图 4-39 所示。

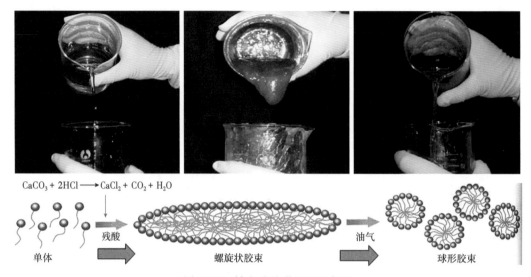

图 4-37 转向酸黏弹机理示意图

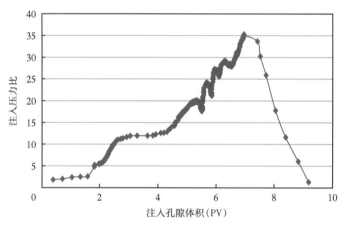

(a)转向酸注入孔隙体积与注入压力比关系曲线

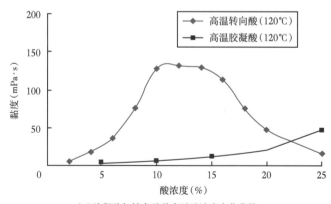

(b)胶凝酸与转向酸黏度随酸浓度变化曲线

图 4-38 高温转向酸转向性能及黏度变化关系图

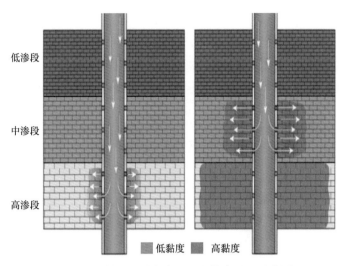

图4-39 转向酸均匀布酸工艺技术原理示意图

受割缝衬管缝型及几何形状的影响，可降解暂堵球和纤维暂堵剂均不能适应衬管完井方式下的转向酸化改造，而转向酸可以在无节流压差的情况下通过割缝衬管。通过不同井段净压力差值预测，磨溪龙王庙组气藏衬管完井不同井段净压力差值约2.0~5.0MPa，同时实验评价结果显示，优化化学转向酸配方可以实现不同的转向压力值，转向剂加量4.0%~5.0%时，转向压力分别可达4.0~4.6MPa（图4-40），满足不同井段净压力差的需求。对于磨溪龙王庙组气藏，优选转向剂用量，可以实现酸液的均匀分布。对于高渗透层进行暂堵转向，选择4%浓度转向剂转向酸，一是高渗透层层内转向需要的转向压力较小，二是通过降低转向压力，使高渗透层得到充分改造，释放气井产能；对于相对低渗透储层选择5%浓度转向剂转向酸，一是低渗透层层内转向需要的转向压力较大，二是通过增加转向压力，提高低渗透储层的改造效果。随着5%浓度转向剂转向的注入，井底压力的提高，突破高渗透层暂堵，酸液继续前进，这时高渗透层和低渗透层都得到了一定改善，最后尾追4%浓度转向酸的转向酸进一步改善整个井段的渗流通道。

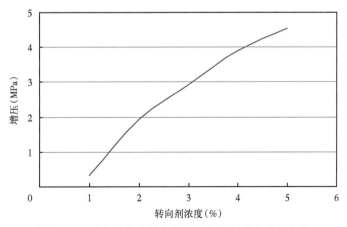

图4-40 转向酸加入转向剂浓度与增压能力关系曲线

2）施工参数优化设计

碳酸盐岩储层基质酸化要求井底压力低于储层破裂压力或天然裂缝开启压力。基于岩石力学和地应力室内测试结果，结合测井解释的三向应力数据，可计算出裸眼完井或射孔完井下不同井型的基质岩体破裂压力。天然裂缝开启压力则采用 Coulomb 准则进行计算。

Coulomb 破坏函数 CFF 定义如下：

$$CFF = \tau - \sigma_{coh} - \mu_{NF}\sigma_n \tag{4-6}$$

式中　τ——作用在天然裂缝面上的剪切应力，MPa；

　　　μ_{NF}——天然裂缝面的摩擦系数；

　　　σ_n——作用在天然裂缝面上的有效正应力，MPa；

　　　σ_{coh}——天然裂缝面的内聚力，MPa。

首先根据成像测井获取天然裂缝的走向和倾向，在深度曲线上绘制蝌蚪图；然后通过坐标变换由三向应力大小和方向计算地理坐标系下的应力状态；再次坐标转换得到天然裂缝局部坐标系下的应力状态，则可得到作用在天然裂缝面上的正应力和剪切应力，从而可求得任意孔隙压力下的 Coulomb 破坏函数 CFF。若 CFF<0，则作用在天然裂缝面上的剪切应力不足以克服天然裂缝面的摩擦力，天然裂缝保持闭合状态；若 CFF>0，则剪切应力迫使天然裂缝面滑移开启，从而可以计算出天然裂缝的临界开启压力。酸化施工中应控制井底压力低于破裂压力与天然裂缝临界开启压力的较小值。

由龙王庙组气藏的岩石力学和地应力室内实验和测井解释数据，可以计算出基质岩体破裂压力。在井底压力低于破裂压力条件下，计算天然裂缝的临界开启条件，如图 4-41 所示。

计算结果显示，龙王庙组储层井底破裂压力 105MPa；当井底压力为 78.9~80.7MPa 时，天然裂缝开启约 5%，当井底压力为 93.5~94.8MPa 时，天然裂缝张开 95% 以上。酸化施工时控制井底压力低于破裂压力，高于天然裂缝张开压力，通过撑开引起钻井液漏失的天然裂缝，解放和扩展天然裂缝，形成"非径向、网络状"的高渗通道，实现网络裂缝酸化（图 4-42）。

碳酸盐岩基质酸化存在一个最优注入速度，在该速度下酸蚀蚓孔突破岩心或旁通伤害带半径所需的酸液孔隙体积倍数（PVbt）最少，如图 4-43 所示。该最优注入排量受岩矿组成、孔隙空间分布、酸液类型及浓度、注入温度和地层温度等多种因素影响。

室内酸蚀蚓孔突破实验为线性流，而现场酸化施工为径向流，很难将室内实验获得的最优注入排量及相应排量下的蚓孔突破体积 PVbt 直接用于施工参数优化。采用数学模型模拟径向流条件下的酸蚀蚓孔扩展规律，是优化基质酸化施工参数的一种可行方法。目前酸蚀蚓孔扩展模型有毛细管模型、网络模型、单孔模型、双尺度模型和格子玻尔兹曼模型，其中使用较多的是双尺度模型。该模型能考虑到酸液流动、酸岩反应和孔隙结构变化等物理现象，能较好地模拟室内线性流条件下的酸蚀蚓孔形态。

二维双尺度蚓孔扩展模型由达西尺度模型和孔隙尺度模型构成。达西尺度模型包括运动方程、连续的方程、酸浓度分布方程、酸岩反应方程和孔隙度变化方程。

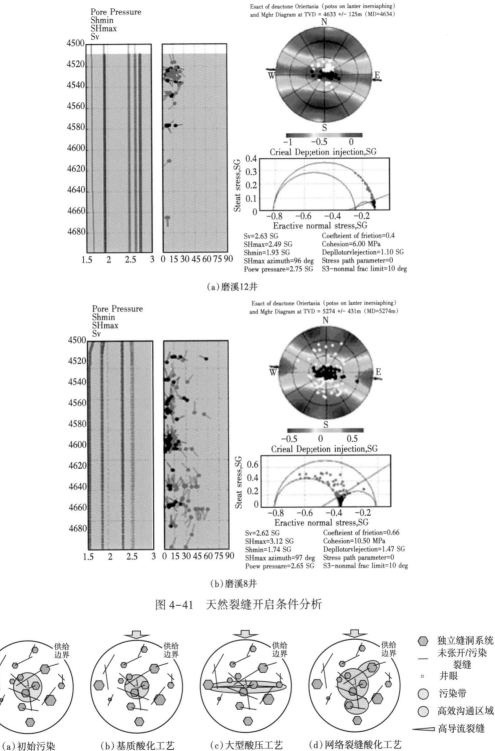

（a）磨溪12井

（b）磨溪8井

图 4-41　天然裂缝开启条件分析

图 4-42　不同酸化工艺的储层改造效果对比图

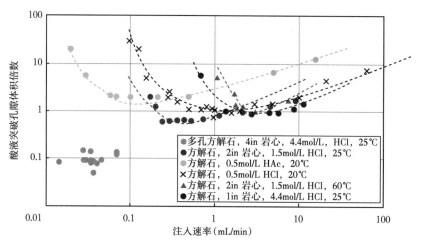

图 4-43　注入速率—酸液突破孔隙体积关系曲线

运动方程：

$$(u_r, u_\theta) = \frac{k}{\mu_a}\left(\frac{\partial p}{\partial r}, \ \frac{1}{r}\frac{\partial p}{\partial \theta}\right) \tag{4-7}$$

连续性方程：

$$\frac{1}{r}\frac{\partial(ru_r)}{\partial r} + \frac{1}{r}\frac{\partial u_\theta}{\partial \theta} + \frac{\partial \phi}{\partial t} = 0 \tag{4-8}$$

酸浓度分布方程：

$$\frac{\partial(\phi C_f)}{\partial t}\frac{1}{r}\frac{\partial}{\partial r}(ru_r C_f) + \frac{1}{r}\frac{\partial}{\partial \theta}(u_\theta C_f)$$

$$= \frac{1}{r}\frac{\partial}{\partial r}\left(r\phi D_{er}\frac{\partial C_f}{\partial r}\right) + \frac{1}{r}\frac{\partial}{\partial \theta}\left(\frac{\phi D_{e\theta}}{r}\frac{\partial C_f}{\partial \theta}\right) - k_c \alpha_v(C_f - C_s) \tag{4-9}$$

酸岩反应方程：

$$k_c(C_f - C_s) = k_s C_s \tag{4-10}$$

孔隙度变化方程：

$$\frac{\partial \phi}{\partial t} = \frac{k_s C_s \alpha_v \alpha}{\rho_s} \tag{4-11}$$

式中　u_r，u_θ——r 方向和 θ 方向的速度，m/s；

　　　k——地层渗透率，m^2；

　　　μ_a——酸液黏度，Pa·s；

　　　p——孔隙压力，Pa；

　　　ϕ——孔隙度，%；

　　　C_f——孔隙中酸液浓度，$kmol/m^3$；

　　　D_{er}，$D_{e\theta}$——r 方向和 θ 方向的有效扩散系数，m^2/s；

k_c——酸液传质系数，m/s；

α_v——比表面积，m^2/m^3；

C_s——液固界面的酸液浓度，$kmol/m^3$；

k_s——反应速率常数，m/s；

ρ_s——岩石密度，kg/m^3；

α——单位摩尔酸液溶蚀的岩石质量，kg/kmol。

为了求解达西尺度上的模型，需要知道渗透率、比表面积和传质系数的值，这些物理量的数值取决于孔隙结构，通常采用半经验公式来表示这些值与孔隙度的关系。

双尺度模型常用于模拟碳酸盐岩储层基质酸化的蚓孔扩展，但要用于模拟转向酸基质酸化，则需要耦合转向酸的流变模型。采用 Liu 等提出的转向酸经验流变模型，可以拟合得到如下转向酸流变行为经验模型：

$$\mu_{eff} = \mu_0 + \mu_{max} \cdot f(pH)f(Ca^{2+})f(VES) \qquad (4-12)$$

其中　μ_{eff}——有效黏度，mPa·s；

μ_0——转向酸鲜酸表观黏度，mPa·s；

μ_{max}——转向酸最大表观黏度，mPa·s。

转向酸 pH 值可以通过酸浓度（即 H^+ 浓度）计算，而 Ca^{2+} 和 VES 表活剂浓度则需要重新计算。基于质量守恒原理，可以跟踪转向酸酸化过程中 Ca^{2+} 和 VES 表活剂的浓度变化：

$$\frac{\partial(\phi C_{Ca^{2+}})}{\partial t} + \nabla \cdot (U C_{Ca^{2+}}) = \nabla \cdot (\phi D_{e,Ca^{2+}}, \nabla C_{Ca^{2+}}) + 0.5 k_c \alpha_v (C_f - C_s) \qquad (4-13)$$

$$\frac{\partial(\phi C_{VES})}{\partial t} + \nabla \cdot (U C_{VES}) = \nabla \cdot (\phi D_{e,VES} \nabla C_{VES}) \qquad (4-14)$$

川渝地区海相碳酸盐岩储层溶蚀孔洞、天然裂缝发育，非均质性极强，与孔隙型碳酸盐岩存在显著区别，要模拟实际的孔隙空间分布情况是不现实的。对于非均质性较强的碳酸盐岩地层，孔隙度的分布规律基本符合空间关联正态分布。为了能够尽量逼真地再现酸化施工过程中的酸蚀蚓孔扩展延伸，首先采用 GSLIB 地质统计学软件生成初始的孔隙度分布，随后采用二维双尺度蚓孔扩展模型模拟不同注酸排量下的蚓孔扩展规律，从而优化不同储层的最优注酸排量和酸化规模。

变转向剂浓度转向酸酸化工艺采用 4% 转向剂浓度转向酸 +5% 转向剂浓度转向酸 +4% 转向剂浓度转向酸，通过暂堵高渗透层，改造低渗透层，再处理整个井段，所以不同转向剂浓度转向酸规模的选择是工艺关键。不同转向剂浓度转向酸规模主要依据施工段储层的物性情况确定：由于磨溪龙王庙组气藏采用衬管完井的储层，储层发育连续，且储层相对均质，主要根据Ⅰ、Ⅱ、Ⅲ类储层发育厚度，通过Ⅰ类储层发育段厚度与整个井段的比值确定 4% 转向剂浓度转向酸液与总规模的比值。由于磨溪龙王庙组储层高渗透层的产能贡献较大，4% 转向剂转向酸浓度一般提高 50%~70%，保证高渗透层能够得到充分的改造；5% 转向剂浓度转向酸用量为总规模减去 4% 转向剂浓度转向酸用量。

磨溪 008-17-X1 井是磨溪构造东高点高部位的一口大斜度井，采用割缝衬管完井。

割缝段为 4738.0~5400.0m，缝长 60mm，缝宽 1mm，割缝密度 13 条/m，采用 120°相位角螺旋布缝。龙王庙组采用 1.70~1.75g/cm³ 的钻井液钻进过程中见 5 次气侵显示，气测全烃最高达到 65.32%。测井共计解释 3 段储层，累计厚度 528.6m，储层厚度 451.0m，平均孔隙度 4.7%，平均渗透率 1.0mD，其中 I 类储层 1.25m（$\phi=12.8\%$），II 类储层 80.9m（$\phi=7.3\%$），III 类储层 368.88m（$\phi=4.1\%$），见表 4-11。

表 4-11　磨溪 008-17-X1 井测井解释成果表

序号	顶深（m）	底深（m）	厚度（m）	储层厚度（m）	孔隙度（%）	渗透率（mD）	含水饱和度（%）	I 类 $\phi \geqslant 12\%$		II 类 $12\% > \phi \geqslant 6\%$		III 类 $6\% > \phi \geqslant 2\%$		解释结论
								厚度（m）	孔隙度（%）	厚度（m）	孔隙度（%）	厚度（m）	孔隙度（%）	
1	4765.4	5060.7	295.3	237.4	4.9	1.3	11	1.25	12.8	57.1	7.6	179	4.0	气层
2	5064.9	5287.3	222.4	209.1	4.5	0.7	14			23.8	6.6	185.4	4.3	气层
3	5291.9	5302.8	10.9	4.5	2.5	0.1	38					4.5	2.5	差气层
平均	4765.4	5302.8	528.6	451.0	4.7	1.0	13	1.25	12.8	80.9	7.3	368.9	4.1	

本井立足于解除钻完井过程中对储层段造成的伤害，实现长井段上均匀布酸，设计采用转向酸酸化工艺。施工采用 KQ103-70 井口，ϕ114.3mm 油管注入，设计施工规模为 680m³（480m³ 的 4% 转向剂浓度转向酸，200m³ 的 5% 转向剂浓度转向酸），设计排量为 7.0~8.0m³/min。施工曲线如图 4-44 所示。酸进地层后，排量从 6m³/min 增加至 8.2m³/min，泵

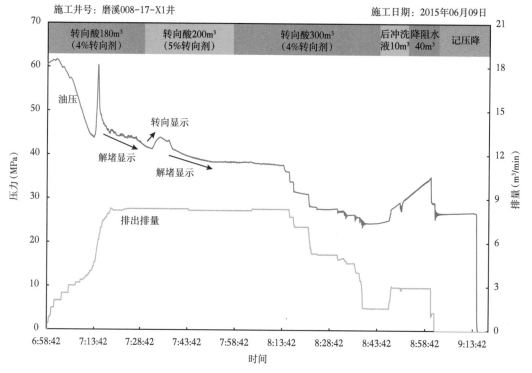

图 4-44　磨溪 008-17-X1 井转向酸酸化施工曲线

压从 60.14MPa 下降至 45.44MPa，酸液解除钻井液滤饼伤害；随后保持排量稳定，泵压持续下降至 37.7MPa，转向酸形成的酸蚀蚓孔突破伤害带，解堵作用显著；期间泵压从 41.31MPa 上升至 43.93MPa，转向作用明显。采用 50.8mm 临界速度流量计进行测试，酸化前测试产量 143.18×10⁴m³/d，酸化后测试产量 227.07×10⁴m³/d，增产倍比 1.59。

3. 可降解暂堵球转向酸化工艺

针对磨溪龙王庙组气藏射孔完成的大斜度井和水平井，研发低密度、承压能力强的可溶性暂堵球，配合具有分流能力的转向酸，形成了高效可溶性暂堵球复合转向技术，现场应用 22 井次，累计获得井口测试产量 3252.30×10⁴m³/d，平均单井改造后测试产量 147.83×10⁴m³/d，增产倍比达 2.20。

1）技术原理

堵塞球封堵射孔孔眼是一种常用的物理转向均匀布酸工艺，主要适用于储集层吸液能力差别较为明显且已套管射孔完井的地层。该工艺利用不同层段/井段间吸液能力的差别，在渗流阻力小的高渗或低伤害层段/井段完成解堵酸化后，用酸液携带高强度堵塞球封堵进液的孔眼，强制液体转向进入渗流阻力稍高的层段/井段，如此循环，则可实现全井筒均匀布酸（图 4-45）。

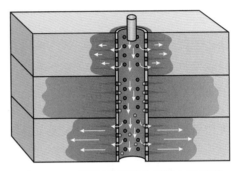

图 4-45 可降解暂堵球分层转向示意图

一旦施工结束，井筒中的压力下降，球将脱离射孔孔眼。堵塞球可随残酸返出，掉入井底口袋或在地层温度下降解。

该工艺仅在固井质量良好，没有套管外窜流通道的情况下才是有效的。另外，射孔孔眼本身的性质也对封堵的有效性有影响：射孔孔眼越光滑，堵球密封和产生的转向效果越好，射孔孔眼越不规则，有效密封的机会越少。

川渝地区在用堵塞球是一种用可降解纤维材料制成的暂堵球，在 130℃ 的高温下能承受 70MPa 压差，其直径可根据射孔孔眼尺寸进行调整，90℃ 以下在强酸性介质（酸液）、中性介质（清水、滑溜水）和弱碱性介质（压裂液）中溶解速度较慢，溶解速度随温度升高而加快，130℃ 下溶解 3h 就变得松软，用手捏便散成粉状（表 4-12、图 4-46）。

表 4-12 可降解暂堵球参数性能表

序号	名称	性能参数
1	直径（mm）	5~50（可调）
2	密度（g/cm³）	1.23~1.79
3	溶解时间（h）	3~5（可调）
4	抗压差（MPa）	70

2）暂堵优化设计

可溶性暂堵球转向酸化工艺采用转向酸+可溶性堵塞球多级交替注入的形式，逐段暂堵高渗储层段形成段间在暂堵转向，所以暂堵位置的选择（或暂堵级数设计）是工艺关键。

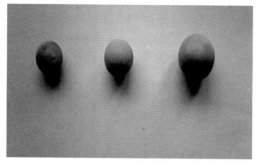
(a)溶解前外观

(b)130℃下溶解3h后外观

图4-46　可降解堵塞球溶解实验前后外观

暂堵位置选择主要依据几点：（1）根据施工段储层的物性情况确定：由于磨溪龙王庙组储层缝洞发育，微细裂缝对渗透率具有较大贡献（表4-13），因此优先暂堵裂缝发育层段，促进基质孔隙发育段的吸液；同时随着基质孔隙度的增大，储层渗透率也逐渐增大（图4-47），因此二级暂堵Ⅰ类储层发育段，促进Ⅱ、Ⅲ储层段的吸液；（2）根据钻井过程中钻井液漏失位置来确定：漏浆位置裂缝和溶洞较为发育，酸液会加速倒灌，需对其进行暂堵作业。

表4-13　磨溪龙王庙组储层典型样品物性与裂缝统计表

序号	孔隙度（%）	渗透率（mD）	备注
1	3.89	0.00252	微细裂缝不发育
2	2.62	7.92	微细裂缝发育
3	11.28	4.91	溶蚀孔洞、微细裂缝发育
4	5.15	11	微细裂缝发育

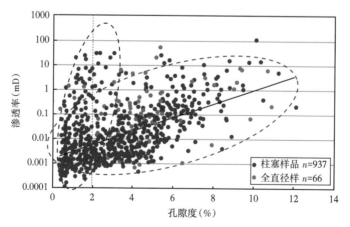

图4-47　磨溪龙王庙组储层孔渗关系

根据暂堵球暂堵室内实验，由于重力作用 1 号位置（图 4-48）对于排量要求最低，最先封堵，因此在水平段上暂堵球会优先坐放在靠近下部井壁的孔眼，随着酸液的运移，下部井壁孔眼被全部封堵后，孔眼流量上涨才能使上部井壁的孔眼封堵，但封堵下部井壁的过程中部分暂堵球会随着酸液的运移到暂堵段底部，而不能回到暂堵段上部，未能起到暂堵高渗层的目的，因此附加一个系数确保高渗透段能够完全被暂堵球封堵。根据现场实践优化，大斜度井/水平井附加系数为 1.1~1.2。

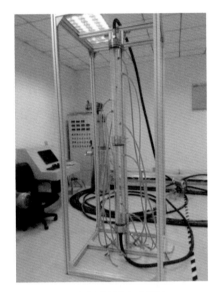

（a）暂堵球封堵实验装置

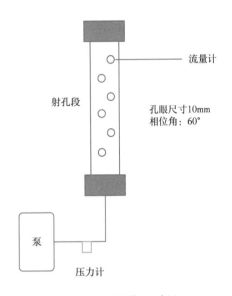

（b）直井暂堵球装置示意图

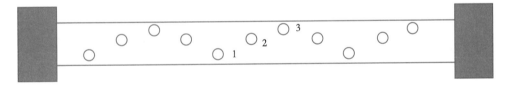

（c）水平井暂堵球装置示意图

图 4-48　暂堵球封堵室内实验装置及示意图

各次暂堵球大小及用量根据下式确定：

$$n_b = (1.1 \sim 1.2)n_p \tag{4-15}$$

式中　n_p——射孔孔眼数量，个；

n_b——暂堵球用量，颗。

堵塞球对射孔孔眼的封堵效果受两方面的影响：（1）堵塞球能否坐在射孔孔眼上，这取决于液体流向射孔孔眼的流速对球产生的拖拽力与球的惯性力的相对大小；（2）已坐在孔眼上的堵塞球能否继续封堵，这取决于球在孔眼上的附着力与井筒内流体流动产生的脱落力的相对大小。

为了使暂堵球稳稳地坐封在射孔孔眼上，并且不脱离，必须满足的条件是：

$$\begin{cases} F_D > F_I \\ F_u \leqslant F_h \end{cases} \qquad (4\text{-}16)$$

式中　F_D——拖拽力，N；

F_I——惯性力，N；

F_h——持球力，N；

F_u——脱落力，N。

磨溪 009-X2 井是磨溪构造西高点高部位的一口大斜度井，采用射孔完井。射孔井段为 5035.0~5050.0m、5070.0~5325.0m、5360.0~5400.0m，射孔累计厚度 310m，射孔跨度 365m。采用 86 枪、先锋弹射孔，孔密 16 孔/m，60°相位角螺旋布孔。本井龙王庙组采用 1.83~1.84g/cm³ 的钻井液钻进过程中见 5 次气测异常显示。测井解释 6 段储层，累计厚度 413.5 米，孔隙度 2.0%~12.3%，其中差气层 5 段，累计厚度 137.0m；气层 1 段，累计厚度 276.5m。成像测井显示天然裂缝、溶蚀孔洞发育。

本井改造立足于解除钻完井过程中钻井液及压井液对储层段造成的伤害，力争实现大斜度水平段上均匀布酸，设计采用可溶性暂堵球转向酸化工艺。施工采用 KQ78-70MPa 井口，ϕ88.9mm 油管注入，施工规模为 480m³ 转向酸；13.5mm 可降解暂堵球 1100 颗分两次投入，第一次投 600 个球暂堵 I 类储层和溶蚀孔洞发育段，第二次投 500 个球暂堵溶蚀孔洞相对发育段，施工排量为 4.0~4.5m³/min。施工曲线如图 4-49 所示。酸液进入地层后，施工压力下降 40.0MPa，解除近井地带堵塞，转向酸进入地层后暂堵压力上升 6.49MPa，暂堵球暂堵上升 22.8MPa，二次投球暂堵球暂堵上升 20.3MPa，实现了均匀布酸的施工目的。酸化前测试产量 113.0×10⁴m³/d，酸化后测试产量 203.79×10⁴m³/d，增产倍比 1.803。

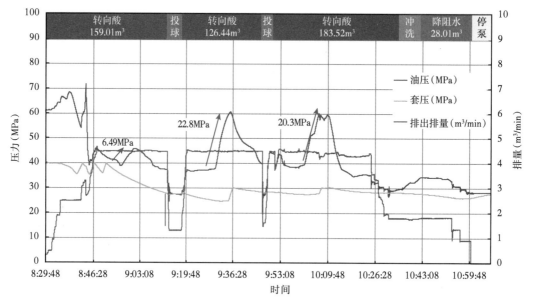

图 4-49　磨溪 009-X2 井可降解暂堵球转向酸化施工曲线

二、酸压工艺技术

酸压改造主要用于低渗透、特低渗透储层，由于川渝地区海相碳酸盐岩气藏非均质性强，溶孔、溶洞、次生裂缝发育的有利储层钻遇率难以保证，要求形成一条具有一定长度、高导流能力的酸蚀裂缝，沟通和连接缝洞发育的有利储集体。储层改造工艺的针对性和合理性直接影响改造效果，因此需要开展压前储层评价、设计优化和工艺优化，从而优化施工参数，提升工艺针对性，提高储层改造效果。

1. 酸压改造工艺

1) 酸压工艺选择原则

高石梯—磨溪构造震旦系灯四气藏平均孔隙度 3.87%，平均单井渗透率 0.9mD；川西双鱼石构造下二叠统栖霞组平均孔隙度 3.09%，平均渗透率 2.92mD，属于典型的特低孔—低孔、中—低渗透储层，酸压改造是投产、建产的关键技术手段。

根据地震、物探、钻井、录井、测井等综合资料，划分储层类型并建立酸压改造地质模型，对影响酸压效果的因素进行权重分析，运用地质模型进行选井选层，确定酸压层位、酸蚀有效作用距离、酸液体系以及酸压工艺和规模（图 4-50）。酸压优化设计总体思路为：

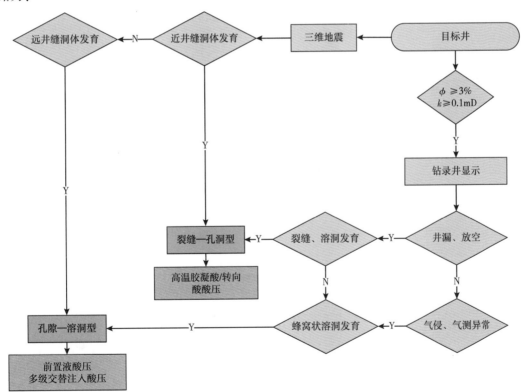

图 4-50　针对性改造工艺决策树

（1）根据地震、物探解释成果，判断有利储集体距离井筒的位置和储集体所处方位、大小，结合钻井、录井、测井等资料划分储层类型，判断天然裂缝、溶孔、溶洞发育情况；

（2）针对有利储集体位于井筒附近或直接钻遇，钻录井显示级别高，天然裂缝、溶蚀孔洞发育的裂缝—孔洞型储层，酸压改造目的在于解除钻完井工作液造成的储层伤害，疏通天然裂缝等通道，采用缓速酸（高温胶凝酸、高温转向酸）酸压工艺；

（3）针对有利储集体距井筒较远，钻录井显示级别中等，溶蚀孔洞发育、但天然裂缝不发育的孔隙—溶洞型储层，酸压改造目的在于形成深穿透、高导流的酸蚀裂缝，增加沟通远井有利储集体的概率，采用（自生酸）前置液酸压工艺或多级交替注入酸压工艺。

2）缓速酸酸压

在高温地层中，常规酸酸压存在酸岩反应较快、滤失严重等难题，酸蚀缝长有限，无法进行储层深度改造，酸压后产量递减快。为延缓酸岩反应速度，提高酸液酸蚀裂缝长度或者实现降滤，通过酸液稠化、乳化或者对岩石包覆等手段，研发了系列缓速酸体系（如胶凝酸、乳化酸、泡沫酸、表活酸、变黏酸、固体酸、清洁自转向酸等），形成缓速酸酸压工艺。

相比于常规酸，缓速酸通过提高酸液黏度、降低酸岩反应速率和酸液的滤失速率，在一定程度上提高了酸蚀裂缝的长度，可实现高温碳酸盐岩储层的深度酸压改造。根据酸压净压力拟合、酸压后试井解释，酸蚀裂缝长度为主要集中在 20~45m，平均长度 31.2m（表4-14）。

表4-14　高石梯—磨溪构造震旦系灯四气藏胶凝酸酸压试井解释裂缝长度表

井号	层位	试井缝长（m）
高石8	灯四下	31.9
高石9	灯四上	28.4
高石12	灯四	34.6
高石102	灯四上	45.3
高石103	灯四上	18.4
磨溪41	灯四上	30.15
磨溪105	灯四上	31
磨溪108	灯四	26.1
高石16	灯四上	37.1
高石18	灯四上	26
平均		31.2

虽然缓速酸酸压能在一定程度上提高酸蚀裂缝长度，但总体裂缝长度有限，主要适用于井周缝洞发育、钻录井见井漏和气侵显示、测井解释溶蚀孔洞和裂缝发育的井层，如图4-51 所示。

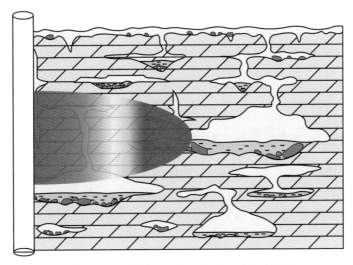

图 4-51 缝洞型储层缓速酸酸压裂缝示意图

高石 7 井是高石梯构造台缘陡坎带的一口探井，目的层为灯四段白云岩储层。地震资料显示该井直接钻遇裂缝—孔洞型有利储集体，如图 4-52 所示。钻进过程中见 3 段气测异常，4 段气侵，1 段气测异常、井漏，1 段井漏、气侵，共漏失钻井液 97.2m³；测井解释 5 段气层，有效储层厚度 45.8m，孔隙度 1.4%～17%，见表 4-15，其中：1# 储层孔隙较发育，电成像指示溶蚀孔洞、裂缝较发育，2#/3#/4#/5# 储层孔隙较发育，电成像指示溶蚀孔洞较发育；本井取心 82.82m，岩心观测见大缝 35 条，中缝 39 条，小缝 547 条，大洞 107 个，中洞 134 个，小洞 903 个。

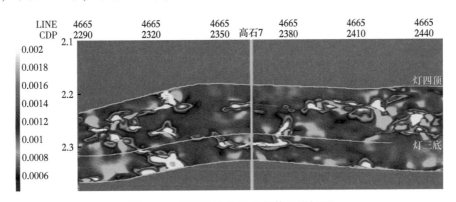

图 4-52 高石 7 井缝洞储集体地震解释

表 4-15 高石 7 井灯四段储层测井解释成果表

序号	层位	井段（m）	厚度（m）	储厚（m）	孔隙度（%）	含水饱和度（%）	解释结论
1	灯四段	5090.7～5126.0	35.3	32	1.9～14.9	10～23	气层
2	灯四段	5203.0～5210.0	7	4.5	1.4～6.0	18～25	气层

续表

序号	层位	井段 （m）	厚度 （m）	储厚 （m）	孔隙度 （%）	含水饱和度 （%）	解释结论
3	灯四段	5250.0~5252.0	2	2	17	5	气层
4	灯四段	5262.0~5264.0	2	2	10	11	气层
5	灯四段	5337.5~5345.0	7.5	5.3	1.9~14.0	5~14	气层

综合分析认为该井灯四段属于裂缝—孔洞型储层，采用高温胶凝酸酸压工艺，酸压施工曲线如图4-53所示，胶凝酸进入地层后出现压力降落，说明酸压裂缝旁通了钻完井过程产生的储层伤害。该井酸化后测试产量105.65×10⁴m³/d，折算无阻流量413.68×10⁴m³/d。

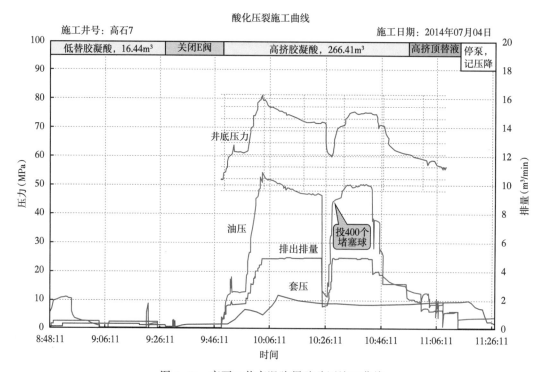

图4-53 高石7井高温胶凝酸酸压施工曲线

3）前置液酸压

缓速酸酸压虽然在一定程度上降低了酸岩反应速度和酸液滤失速度，提高了酸蚀裂缝长度，解决了井周大型缝洞发育的改造问题，但对于大量的溶蚀孔洞型储层，有必要进一步提高酸蚀裂缝长度，增加沟通缝洞型储集体的概率和数量。

根据酸岩反应动力学测试，温度是影响酸岩反应速度的重要因素，降低温度可有效降低酸岩反应速度。酸压施工过程中井底温度压力监测显示井底温度随地面冷流体注入而降低，最后趋于稳定，如图4-54所示。

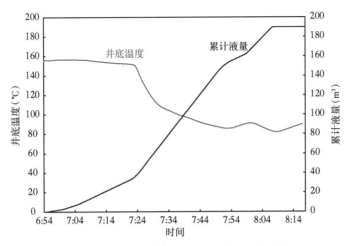

图4-54 双探3井栖霞组酸压井底温度曲线

在酸压过程中，在缓速酸之前向地层注入非反应性液体（如滑溜水、自生酸前置液、非交联压裂液、冻胶压裂液等），可以起到降低井底温度、冷却地层、延缓酸岩反应速度的作用，采用井筒非稳态温度场模型，如图4-55所示，可以计算出酸压过程中的井底温度，以此为边界条件模拟改造过程中地层温度场，进行酸压模拟计算和优化设计。

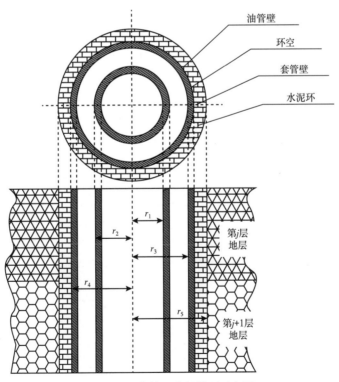

图4-55 井筒温度场模型示意图

应用 FracproPT 软件模拟惰性压裂液+缓速酸酸压的温度场模拟，对于一口地层温度为 150℃ 的井，在惰性压裂液用量为 $40m^3$、胶凝酸用量为 $60m^3$ 的情况下，可以将裂缝前缘的地层温度降低到 125℃，如图 4-56 所示。

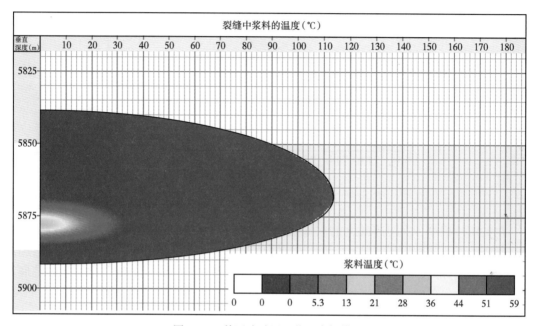

图 4-56　前置液酸压工艺温度场模拟

此外，用高黏非反应液体作为前置液，由于其黏度高，具有造壁降滤特性，这样可大大提高液体的效率，从而形成较宽、较长的裂缝，大大减小了裂缝的面容比。由于前置液与酸液黏度差异，酸液在高黏前置液中黏性指进，极大地减小了酸与岩石的接触面积，降低酸岩反应速度和提高裂缝壁面的非均匀刻蚀程度。前置液酸压工艺是提高酸蚀裂缝长度和导流能力的重要工艺措施，更适合于溶蚀孔洞型储层的酸压改造，如图 4-57 所示。

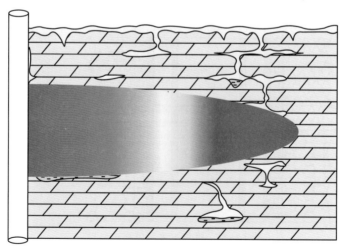

图 4-57　溶蚀孔洞型储层酸压裂缝示意图

　　施工中前置液的最佳用量通过模拟计算来确定，前置液与酸液的用量比一般在1:1~1:3之间。"前置液+常规酸"工艺技术，有效酸蚀缝长一般为20~50m；"前置液+缓速酸"工艺技术，有效酸蚀缝长一般为30~70m。在前置液酸压的基础上，发展的多级交替注入酸压工艺，其工艺方法为："前置液+酸液+前置液+酸液+前置液+酸液+液液+顶替液"。根据地层的不同特性，该项技术可以将非反应性高黏液体与各种不同特性的酸液相组合，构成不同类型、不同规模的多级注入酸压技术。

　　双探8井栖霞组用密度为1.50~1.51g/cm³的聚磺钻井液钻进见2次气测异常显示，岩心较致密，局部见针状孔和溶蚀孔洞发育；测井解释储层厚度11.0m，平均孔隙度3.8%，见表4-16；成像测井见顺层溶蚀孔洞和中低角度天然裂缝发育，属于典型的溶蚀孔洞型储层。

表4-16　双探8井栖霞组测井解释成果表

层号	顶深（m）	底深（m）	厚度（m）	储层厚度（m）	孔隙度（%）	渗透率（mD）	含水饱和度（%）	解释结论	Ⅱ类（12%>孔隙度≥6%）		Ⅲ类（6%>孔隙度≥2%）	
									厚度（m）	孔隙度（%）	厚度（m）	孔隙度（%）
1	7323.7	7329.4	5.7	3.5	3.7	0.31	2.5	差气层			3.5	3.7
2	7332.0	7346.4	14.4	7.5	3.9	0.41	4.6	气层	0.3	6.2	7.2	3.8
平均	7323.7	7346.4	20.1	11.0	3.8	0.38	4.0		0.3	6.2	10.7	3.7

　　采用自生酸前置液酸压工艺，规模为300m³（其中自生酸60m³、胶凝酸240m³），如图4-58所示，净压力拟合酸蚀裂缝长度为51.0m，显著高于邻井胶凝酸酸压的32.5~

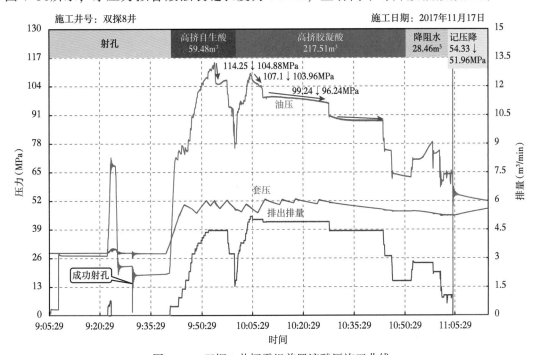

图4-58　双探8井栖霞组前置液酸压施工曲线

38.1m，改造后获得 $36.88×10^4m^3/d$ 的高产工业气流。

2. 分层、分段改造工艺

川渝地区海相碳酸盐岩储层普遍具有纵横向非均质性强、纵向多小层、不同类型储层叠置发育等特点。对于纵向储层厚度大或多层系发育的直井、长井段的大斜度井和水平井，笼统酸化工艺难于实现多段储层的合理动用，需要分层或分段改造。目前应用较多的分层、分段改造工艺主要包括：针对射孔完井的暂堵球转向酸压工艺和酸化封隔器分层酸化工艺、针对裸眼完井的裸眼封隔器+滑套分段酸压工艺等。

1）暂堵球转向酸压

该技术属于软分层，适应于层间间隔小、不能用封隔器分卡的已射孔的多个油气层进行转向酸压，要求施工层位必须是采用射孔完井。暂堵转向原理和送球排量优化与暂堵球转向基质酸化一致，而暂堵级数和暂堵球用量则根据各层段的最小水平主应力级差确定。

2）封隔器分层酸压

该技术属于硬分层，适用于套管固井质量好的射孔完成井、裸眼完成井。利用封隔器将施工的多个层段封隔开，最下面一层通过油管或压差滑套直接注入，施工结束后依次打开压裂滑套，逐级上压，典型施工管柱如图 4-59 所示。

高温高压高含硫气井分层分段改造用工具主要包括悬挂封隔器、裸眼封隔器、压差滑套、投球滑套等。

悬挂封隔器是一种液压式双向坐封悬挂封隔器，主要用于油气田完井技术中实现尾管悬挂锚定，同时实现环空密封，且能够承受高压，满足水平井酸化压裂的技术要求。悬挂封隔器的结构示意图如图 4-60 所示，主要技术指标为：总长 1722mm，最大外径 149mm，最小内径 101mm，最高耐温 150℃，最高耐压差 70MPa，坐封压力 17~22MPa。

裸眼封隔器是一种在油气井的套管或裸眼井段中使用单个封隔器坐封进行产层封隔的工具。裸眼封隔器的性能特点为：设有防中途坐封装置；独特设计单流阀，工具起封安全可靠，耐压强度高；自身锚定能力强；外径尺寸小，容易入井。裸眼封隔器的主要技术指标为：总长 1870mm，最大外径 142mm，最小内径 76mm，最高耐温 150℃，最高耐压差 70MPa，坐封压力 18~20MPa。

压差滑套是一种压差开启式压裂滑套喷砂器。在水平井多级酸压改造作业中，压差滑套通常连接在完井管柱串的最前端，作为第一级进液通道。压差滑套的主要技术指标为：总长 737mm，最大外径 135mm，最小内径 76mm，滑套开启压力 28MPa（可调），耐压等级 70MPa，耐温等级 150℃。

投球滑套主要用于直井或水平井裸眼完井分段酸压中，投球打开后，对裸眼储层段进行分级酸压。投球滑套的主要技术指标为：总长 985mm，最大外径 135mm，滑套开启压力 15MPa（可调），耐压等级 70MPa，耐温等级 150℃。

大通径可开关滑套由 UBD 外滑套和内夹筒构成，内夹筒的棘齿与外滑套本体内部轮廓具有唯一匹配性，确保每一个内夹筒只能在特定的外滑套内锁定，实现准确开启，如图 4-61 所示。该工具可以实现大斜度井、水平井分段改造过程中的全通径，如在 $\phi88.9mm$ 油管内分段管柱最小内径为 59.2mm，见表 4-17，减少球座节流压降；改造后可通过连续

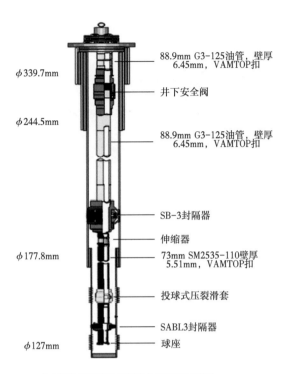

88.9mm G3-125油管，壁厚
6.45mm，VAMTOP扣

井下安全阀

88.9mm G3-125油管，壁厚
6.45mm，VAMTOP扣

SB-3封隔器

伸缩器

73mm SM2535-110壁厚
5.51mm，VAMTOP扣

投球式压裂滑套

SABL3封隔器

球座

ϕ339.7mm

ϕ244.5mm

ϕ177.8mm

ϕ127mm

(a)射孔完井酸化封隔器分层酸压示意图

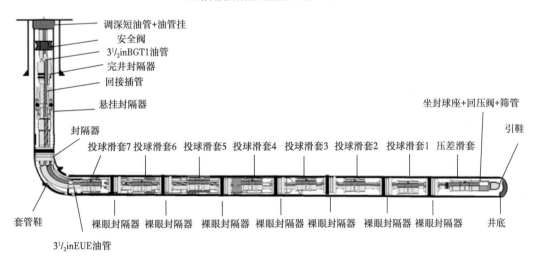

调深短油管+油管挂
安全阀
$3\frac{1}{2}$inBGT1油管
完井封隔器
回接插管
悬挂封隔器

封隔器

坐封球座+回压阀+筛管

引鞋

投球滑套7　投球滑套6　投球滑套5　投球滑套4　投球滑套3　投球滑套2　投球滑套1　压差滑套

套管鞋

$3\frac{1}{2}$inEUE油管

裸眼封隔器　裸眼封隔器　裸眼封隔器　裸眼封隔器　裸眼封隔器　裸眼封隔器　裸眼封隔器

井底

(b)裸眼完井水平井裸眼封隔器分段酸压示意图

图4-59　机械封隔器+滑套分层分段酸压管柱示意图

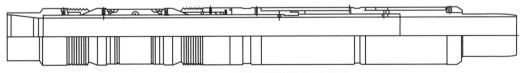

图4-60　悬挂封隔器结构示意图

油管作业打捞内夹筒，实现全通径；后期可通过连续油管作业带开关工具打开或关闭滑套。

图 4-61　大通径可开关滑套实物图

表 4-17　大通径可开关滑套性能参数

名称	公称尺寸			技术参数	
	长度 （mm）	外径 （mm）	内通径 （mm）	耐温 （℃）	耐压差 （MPa）
UBD 外滑套	950	108	59.2	177	70
内夹筒	430	61.2	48.7	177	70

三、储层改造后评估技术

评价储层改造效果最直接的方式是对比改造前后的产量。酸化施工时采集井口压力、排量数据，可采用表 4-18 所示的方法对表皮系数进行分析；由于酸压过程中涉及复杂的流动反应过程，部分压裂后评估技术方法需修正后才能用于酸压后评估，常用的压裂后评估技术如图 4-62 所示，优缺点如图 4-63 所示。

表 4-18　基质酸化后评估方法

评估方法	适用情况	局限性
Paccaloni	假设为稳态流动	实际处于不稳定流动实际远超过试注时间
Prouvost & Economides	考虑了不稳定流动效应，可连续计算表皮系数 S	未考虑转向剂影响
Behenna	在 P & E 基础上进行改进，考虑转向剂影响，利用表皮系数 S 衍生值进行辅助评价，可定量计算地层伤害解除的效率	—
Hill & Zhu	在 P 方法和 P & E 方法上改进，根据排量和压力变化实时确定表皮系数 S	注入能力倒数与叠加时间的关系来计算表皮系数过于繁杂
改进 Hill & Zhu	在 H & Z 方法上改进，导出更加简便的酸化表皮系数计算模型	—

结合储层改造工艺及前期后评估技术实践，主要从施工曲线分析、试井分析和产气剖面分析三个方面开展后评估工作。

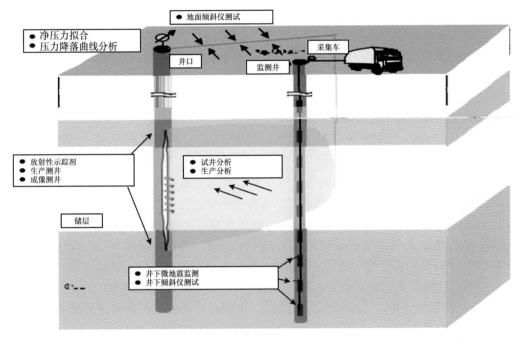

图 4-62　压裂后评估技术示意图

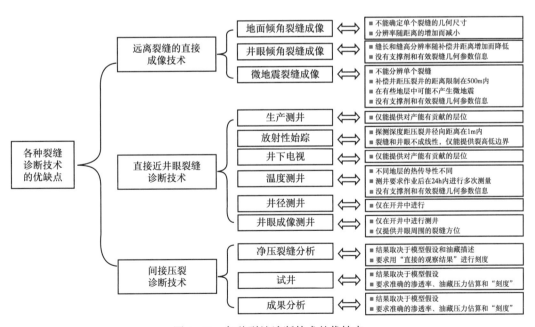

图 4-63　各种裂缝诊断技术的优缺点

1. 施工曲线分析

1）曲线形态

碳酸盐岩因成岩作用的差异性，储集空间类型有溶孔、溶缝、溶洞、构造裂缝。由于地层水作用，部分缝洞为方解石或泥质所充填，加上较强的非均质性，酸压施工中工作液和排量不变的情况下，储层特性是影响施工压力的主要因素。如岩性变化引起人工裂缝几何尺寸变化，从而导致裂缝中工作液摩阻增大或减小；储集类型在空间上变化使得工作液滤失发生变化，导致施工泵压变化。

（1）酸压未沟通大缝洞系统，泵压在注前置液期间只反映裂缝延伸引起的缓慢上升；注酸时的压力降仅反映正常的酸岩反应；停泵后因储层物性差，压降较缓慢。

（2）井周附近裂缝发育，泵压曲线无明显破裂压力显示，注前置液及酸时，泵压及排量能保持稳定，泵压曲线因不出现拐点而无法判断闭合压力。

（3）沟通较大缝洞体，施工压力呈跳跃、起伏较大或阶段性压降，停泵压力低。

典型低产井施工中未见明显破裂或沟通裂缝迹象，如图4-64所示，具体表现为：（1）井底压力高；（2）整个施工过程平稳甚至上升；（3）停泵压力高。典型中产井施工中见裂缝延伸不断沟通天然裂缝或小型溶洞，如图4-65所示，具体表现为：（1）初期压力稳定且较高；（2）缓慢下降；（3）停泵压力较高。典型高产井施工中间沟通裂缝或溶洞后压力大幅下降，如图4-66所示，具体表现为：（1）井底压力较低；（2）一直下降且速率快；（3）停泵压力低。

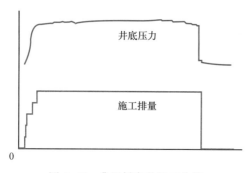

图4-64　典型低产井施工曲线

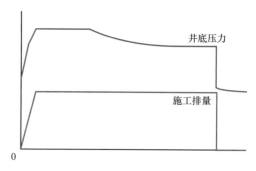

图4-65　典型中产井施工曲线

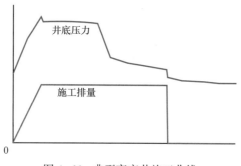

图4-66　典型高产井施工曲线

2）净压力拟合

净压力是指人工裂缝内流体压力与地层岩石闭合压力的差值。净压力拟合则是将压裂施工时监测到井底缝口净压力与三维压裂软件模拟计算的缝口净压力进行拟合，通过拟合这两个压力，可以获取地层参数、工作液滤失参数及裂缝延伸行为状态，评价施工效果。

高石19井灯四下段初次采用胶凝酸酸压

工艺，改造效果不理想后采用前置液酸压进行重复改造。两次改造净压力拟合解释表见表
4-19。采用前置液酸压工艺有效增加了酸蚀缝长，重复改造测试产量是初次改造的 6 倍。

表 4-19　高石 19 井灯四下段初次及重复改造净压力解释表

工艺	动态缝长 （m）	动态缝高 （m）	平均缝宽 （mm）	导流能力 （mD）
胶凝酸酸压	42	28.3	1.9	96.1
前置液酸压	104	39.4	2.7	146.3

2. 压后试井表皮系数

试井分析是认识油气藏，进行储层评价的重要手段。通过试井资料可以研究油气井压
裂酸化改造效果及油藏动态，不同裂缝特征将表现出不同的压力响应特征。通过试井测试
及分析，可从作用半径、储层渗透率及伤害解除情况等方面进行评价。

对双探 1 井茅口组产量测试后的关井压力作双对数曲线图，如图 4-67 所示，根据双
对数曲线形态，选用有井筒和表皮的双重介质无限大油藏模型进行解释计算，解释结果见
表 4-20。试井结果显示，酸化后表皮系数为 -6.74，有效解除了伤害堵塞。

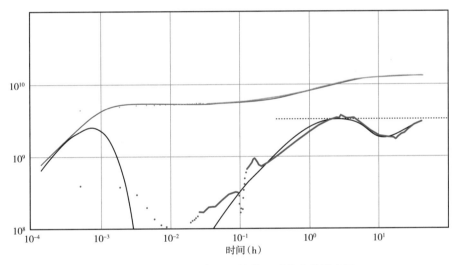

图 4-67　双探 1 井茅口组关井双对数曲线拟合图

表 4-20　双探 1 井茅口组试油解释结果表

井筒储集系数 （m³/MPa）	地层系数 （mD·m）	渗透率 （mD）	表皮系数
39.2	102	3.63	-6.74

3. 产气剖面测试

1）生产测井

生产测井是在油气井完井后的整个生产过程中，应用地球物理测井技术对井下物体的

流动状态、井下技术状态和产出物性质及变化情况所进行的测量。通过综合测量气井产层的温度、压力、流体密度和转子流量等参数，而获取气井各分层和总层的产液性质和产量。

大深 001-X1 井栖霞—茅口组采用可降解暂堵球分层转向酸化工艺对长井段（5148.0～5893.0m/745.0m）进行改造。改造结束后下入测井仪器进行动态测井作业。图 4-68 和图 4-69 为大深 001-X1 井产气、产水剖面，5403.0～5439.0m 和 5854.0～5872.0m 为主力产气层，5344.1～5360.0m 和 5403.0～5439.0m 产液。生产测井后压力恢复试井解释，见表 4-21，茅口组解释表皮系数为 −4.17～−2.47，有效解除伤害堵塞；栖霞组表皮系数为 7.03，改造不充分。结合储层参数、产出程度和伤害解除情况，可对暂堵球分层酸化工艺施工规模和投球数量进行优化。

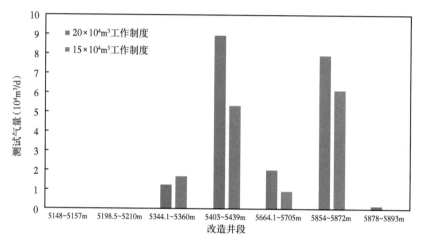

图 4-68　大深 001-X1 井测试气量解释图

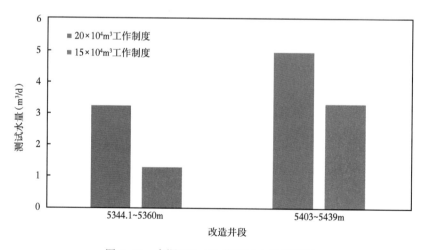

图 4-69　大深 001-X1 井测试水量解释图

表 4-21　大深 001-X1 井生产测井后放喷关井压力恢复试井解释结果

层段	井深 （m）	厚度 （m）	解释模型	孔隙度 （%）	渗透率 （mD）	表皮系数
茅四段	5148~5158 5198~5210	21.5	双孔拟稳定	7.51	0.0004	-2.47
茅三段	5344~5360 5403~5439	52.0	双孔拟稳定	3.33	0.1265	-4.17
二段	5664~5673 5679~5688 5697~5705	26.0	径向复合	2.54	0.0075	-2.65
栖霞组	5854~5856.5 5860~5872 5878~5884 5885~5893	28.5	双孔拟稳定	3.28	0.8647	7.03

2）非放射示踪剂测试

非放射性化学示踪剂测试技术（non-radioactive Chemical Tracer Testing, CTT）所用示踪剂是一种自然界不常见的、在色谱分析中具有独特峰值、无毒、无放射性、与目标介质物理亲和、具有痕量示踪能力的化学剂，施工无须下井作业、零井口占用、适合于各种完井方式作业，在北美地区广泛使用。

对于机械封隔器+滑套分段改造，将各段独有的非放射性化学示踪剂在投球前随不同阶段的压裂酸化液体泵入地层；施工结束后的返排测试阶段，返排液携带该段特有的水剂至地面，产出油气携带此段独有的油剂或气剂至地面；在井口返排测试流程上密集采集返排液及气体样品；通过实验室室内色谱分析采集样品中不同示踪剂含量，由于示踪剂充分溶解或分散于压裂酸化液体或地层流体，各段独有的示踪剂所占比例则为该段的返排比例或产油气比例，可以定量化不同改造段的产气贡献，如图 4-70 所示，为进一步的分段优化提供依据。

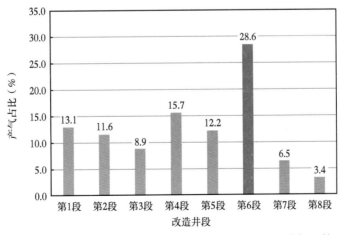

图 4-70　高石 110 井灯四段分段酸压非放射性示踪剂产气贡献

高石 110 井灯四段在 1055.81m 的裸眼水平井段中采用裸眼封隔器+级差式投球滑套进行分 8 段酸压改造，各段的储层参数及示踪剂测试返排及产气贡献统计见表 4-22。

表 4-22　GS110 井分段酸压储层、施工及测试参数统计表

改造段 （m）	跨度 （m）	储层厚度 （m）	孔隙度 （%）	渗透率 （mD）	酸液 类型	用量 （m³）	排量 （m³/min）	产气贡献 （%）
5530~5640	110	19.0	2.7	0.1056	转向酸	100	5.2~6.3	3.4
5640~5785	145	43.2	4.68	1.1037		160	6.0~6.5	7.7
5785~5920	135	110.0	4.41	0.8737		240	6.0~7.1	27.4
5920~6020	100	91.4	3.41	0.2755	胶凝酸	180	7.0~7.3	12.2
6020~6130	110	95.3	3.99	0.7221	转向酸	220	5.0~7.1	15.7
6130~6215	85	58.2	3.65	0.3752	胶凝酸	140	5.8~6.2	8.9
6215~6330	115	77.7	3.51	1.0126	转向酸	180	5.8~7.0	11.6
6330~6586.24	256	61.9	3.89	1.2145	胶凝酸	180	4.1~6.0	13.1

对于暂堵球转向酸化/酸压作业，理论上暂堵球根据吸液能力依次封堵各层段射孔孔眼，可实现全井段酸液置放，但堵球对射孔孔眼封堵的有效性以及改造后各层段的产气贡献并不能有效联系。在暂堵前后随酸液伴不同种类的示踪剂，施工结束后采集返排液及气体样品，根据采集样品中各示踪剂的绝对含量和动态变化趋势，可评价暂堵有效性和定性分析不同层段的产气贡献，为进一步优化地质工程方案、提高改造效果及经济效益提供依据。

磨溪 008-20-X1 井为射孔完井，累计射孔厚度 380m，射孔跨度 559m，储层物性较好，根据测井解释孔隙度划分储层类型，其中 φ≥7% 的 I 类储层 77.6m，7%>φ≥4% 的 II 类储层 157.2m，4%>φ≥2% 的 III 类储层 150.9m，成像测井显示溶蚀孔洞发育。针对储层厚度大、非均质性强的特点，采用转向酸酸化工艺，配合使用可降解暂堵球，实现长井段上酸液的合理置放，均匀解除井眼周围储层伤害，提高气井产能。分 3 次投入暂堵球共 2600 颗，第一次投球 1000 颗封堵缝洞发育段射孔孔眼，第二次投球 800 颗封堵溶蚀孔洞发育段射孔孔眼，第三次投球 800 颗封堵其他储层发育段，在暂堵球投入前后随酸液伴注 4 种水溶性示踪剂和气溶性示踪剂，酸化施工曲线如图 4-71 所示。

通过实验室室内色谱分析方法对返排测试期间流体样品中的示踪剂进行跟踪和分析，水溶性示踪剂产出占比如图 4-72 所示。示踪剂 W1 的初期占比较高，且占比缓慢增加；示踪剂 W2 和 W3 的初期占比较低，呈缓慢上升趋势；示踪剂 W4 的初期占比高，随返排时间的增加而降低。结合酸化施工曲线的压力变化特征，可判断出第一次暂堵有效，第二次和第三次暂堵基本无效。结合暂堵效果评价和气溶性示踪剂产出占比测试结果，可知 I 类储层为主力产层，II 类储层产气贡献较大，III 类储层产气贡献较少，产出剖面模拟结果如图 4-73 所示。

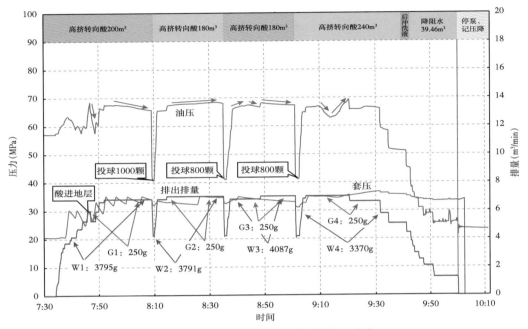

图 4-71 磨溪 008-20-X1 井酸化施工曲线

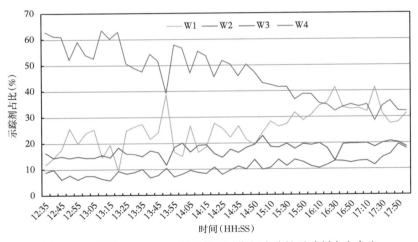

图 4-72 磨溪 008-20-X1 井返排测试期间水溶性示踪剂产出占比

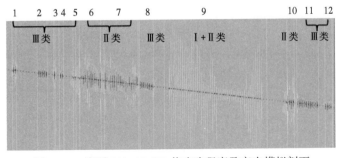

图 4-73 磨溪 008-20-X1 井改造程度及产出模拟剖面

第四节　储层改造工作液体系

一、高温胶凝酸

高温胶凝酸是解堵酸化和深度酸压的主体酸液体系。通过对高温稠化剂进行不断地优化完善，提高分子量以增加溶液中分子内和分子间相互作用从而增加黏度，在侧链中引入强极性基团增加分子热运动阻力从而提高耐温性能，引入对盐不敏感的水化基团提高耐盐性能等，形成了以超高分子量酸液稠化剂为主体的高温胶凝酸体系。

1. 配方组成

新型高温胶凝剂可使 HCl 有效增黏，形成的高温胶凝酸体系具有很好的耐温和抗剪切性能，耐温性能可达 180℃，表 4-23 为典型的高温胶凝酸体系配方组成。

表4-23　高温胶凝酸酸液配方组成

药剂名称	盐酸	高温胶凝剂	缓蚀剂	缓蚀增效剂	铁离子稳定剂	助排剂	黏土稳定剂
药剂代号	HCl	CT1-9B	CT1-3	CT1-5B	CT1-7	CT5-12	CT5-8
用量（%）	20	0.5	2.0	1.0	2.0	1.0	1.0

2. 流变性能

采用 RS6000 高温高压流变仪进行 160℃下酸液耐温、耐剪切性能评价，当稠化剂加量为 0.5% 时，高温胶凝酸在 160℃条件下剪切 60min，在 170s^{-1} 下的表观黏度 $\geqslant$24mPa·s，如图 4-74 所示。

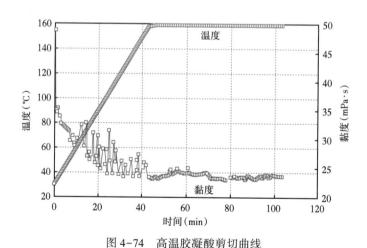

图 4-74　高温胶凝酸剪切曲线

3. 缓速性能

采用旋转圆盘酸岩反应动力学测试系统进行酸岩反应速率测定，150℃下高温胶凝酸的反应速率为 1.0675×10^{-4}mol/（cm^2·s），见表 4-24，对常规酸降低了 40%。

表 4-24　高温胶凝酸的反应速率

酸液	反应速率［mol/（cm²·s）］	反应速率方程
高温胶凝酸	1.0675×10^{-4}	$J=4.1610\times10^{-6}C^{1.7525}$

4. 缓蚀性能

针对高温酸性气藏中酸液对施工管柱的腐蚀问题，形成缓蚀剂 CT1-3 和缓蚀增效剂 CT1-5B 复合防腐新技术，CT1-3 缓蚀剂由醛酮胺缩合物的季铵化产物及含 π 键的化合物复配而成，醛酮胺缩合物的多个氮原子在金属表面形成多点吸附，π 键中的双键或三键与金属原子的轨道结合形成配位键，缓蚀剂在金属表面的成膜能力得到提高，并降低了缓蚀剂在高温下从金属表面的脱附速度。缓蚀剂 CT1-3 与酸溶性锑化合物为主要成分的缓蚀增效剂 CT1-5B 在高温、含硫条件下配合使用，能有效控制酸液腐蚀速率小于 $60g/m^2\cdot h$，达到行业一级标准（SY/T 5405—2019《酸化用缓蚀剂性能试验方法及评价指标》）的要求，见表 4-25。

表 4-25　腐蚀速率测定结果

温度（℃）	酸液	H₂S 含量（500mg/L）	H₂S 含量（2000mg/L）
150	新酸腐蚀速率［g/（m²·h）］	46.6	51.2
	残酸腐蚀速率［g/（m²·h）］	2.27	3.23

二、高温转向酸

转向酸是近年来发展的实现长井段、多层系、强非均质性储层分流酸化技术的核心，在长井段非均质储层均匀布酸上取得了广泛的应用。

转向剂在一定的 pH 值和钙镁离子的作用下形成圆柱状（蠕虫状）胶束，胶束相互缠绕形成高黏的网状结构，实现酸液变黏转向。转向剂的作用机制受温度、pH 值、离子浓度等条件限制，通过在表面活性剂分子结构上引入耐高温基团，实现了高温条件下疏水基网状结构的形成，优化出适用于高温储层的转向酸体系，封堵转向范围达到 40 倍渗透率差值。

1. 配方组成

通过在表面活性剂主链上引入耐温类基团增加其耐温性能，优化完善高温转向剂，形成了高温转向酸配方，见表 4-26。

表 4-26　高温转向酸液体配方

药剂名称	盐酸	转向剂	缓蚀剂	高温稳定剂	铁离子稳定剂
药剂代号	HCl	CT1-18	CT1-3C	CT1-19	CT1-7
用量（%）	20	8.0	2.0	1.0	2.0

2. 缓蚀性能

采用高温高压动态腐蚀测试系统，按 SY/T 5405—2019 标准评价转向酸的缓蚀性能，腐蚀速率达到行业一级标准，见表 4-27。

表 4-27 高温转向酸的缓蚀评价结果

测试温度 （℃）	测试时间 （h）	压力 （MPa）	钢材材质	腐蚀速率 [g/（m²·s）]	备注
150	4	16	NT80-SS	43.0556	新酸动态
150	4	16	NT80-SS	0.412	残酸静态

3. 流变性能

转向酸在与碳酸盐岩反应的过程中，酸液黏度增大的程度可以反映转向酸对高渗透层的封堵能力。以2%酸浓度为梯度，作酸浓度消耗量与黏度的关系曲线测定转向酸的峰值黏度，试验结果表明转向酸峰值黏度最高达到300mPa·s，如图4-75所示。

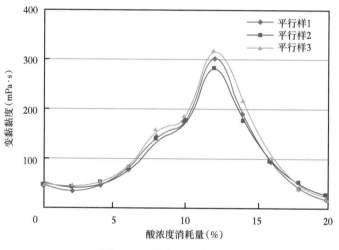

图 4-75 转向酸峰值黏度

酸液初始具有一定的黏度，随着酸岩反应的进行体系黏度不断增加。酸浓度为14%~10%时黏度达到最大，随后，随着酸岩反应的继续进行，酸浓度不断下降，酸液黏度不断下降，当酸浓度值下降到5%以下时，黏度也下降至5.0mPa·s以下，有利于返排，如图4-76所示。

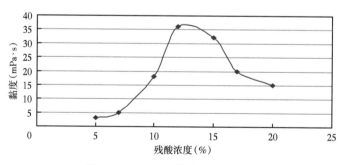

图 4-76 150℃下转向酸流变曲线

4. 转向性能

如图4-77所示，高温转向酸的压差比（$\Delta p/\Delta p_0$）与注入孔隙体积倍数（PV）的关系曲线表明：转向酸注入压差比随注入量的增加而不断提高，最高达到4.2倍，相同条件下胶凝酸的注入压差比为1.8倍，说明转向酸表现出了明显的变黏增压转向作用。

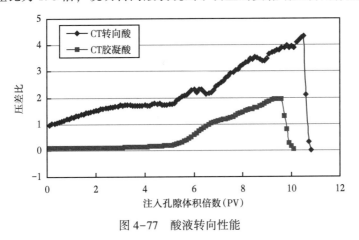

图4-77　酸液转向性能

双岩心流动试验结果表明，高温转向酸能对20倍渗透率差值的岩心进行转向酸化改造，针对孔隙型岩心酸化后低渗透的岩心渗透率提高4.0倍，针对裂缝型岩心酸化后低渗透的岩心渗透率提高2.0倍，试验结果见表4-28。

表4-28　双岩心试验结果

序号	岩心类型	初始渗透率 （mD）	酸化后岩心渗透率 （mD）	改造倍数
1	孔隙型	31.096	404.120	12.996
		1.3652	5.446	3.989
2	裂缝型	4.535	43.785	9.655
		0.322	0.632	1.962

5. 残酸伤害性能

转向酸不会在岩石壁面形成滤饼，其滤失主要受体系黏度控制，不会堵塞地层。转向酸体系均由小分子化合物组成，返排时由于破胶形成球形胶束，界面张力和表观黏度均可达到较低水平，返排容易，对地层渗透率的伤害较低。评价结果表明高温转向酸的岩心伤害率仅为3.55%，试验结果见表4-29。

表4-29　转向酸岩心伤害试验结果

液体	注酸前渗透率 （mD）	注酸后渗透率 （mD）	伤害率 （%）
转向酸	1.2889	1.2393	3.81
	0.9896	0.9572	3.28

三、高温加重酸

加重酸是用于深井、超深井高压储层改造的酸液体系，通过提高酸液密度、降低摩阻、增加井筒液柱压力、降低井口施工泵压和提高施工排量，提高深井、超深井、异常高压和致密储层的改造效果。

1. 配方组成

高温加重酸由加重剂、聚合物、缓蚀剂、铁离子稳定剂等组成，其中加重剂为复合加重材料，在工业盐酸中有良好的溶解性和配伍性，不影响聚合物的流变性能及稳定性能，并能够适用于含硫含水地层；缓蚀剂能够与高含量的加重组分完全配伍，解决了以往的加重组分带来的更加严峻的腐蚀问题。表4-30为典型的高温加重酸配方。

表4-30　高温加重酸配方

药剂	盐酸	加重剂	高温胶凝剂	缓蚀剂	缓蚀增效剂	铁稳定剂	助排剂	黏土稳定剂剂
代号	HCl	—	CT1-9B	CT1-3	CT1-5B	CT1-7	CT5-12	CT5-8
用量（%）	20	40	0.4	2.0	1.0	2.0	1.0	1.0

2. 缓蚀性能

按SY/T 5405—2019标准评价了高温加重酸的缓蚀性能，腐蚀速率达到行业一级标准，见表4-31。

表4-31　高温加重酸的缓蚀评价结果

酸液	测试温度（℃）	测试时间（h）	钢材材质	腐蚀速率[g/（m²·s）]	备注
高温加重酸新酸	150	4	N80	52.0	—
高温加重酸残酸	150	4	N80	6.68	H_2S 1500（mg/L）

3. 其他性能

除上述性能外，高温加重酸还具有密度可调、与地层流体配伍性好、耐高温等性能，见表4-32。

表4-32　加重酸其他性能

酸液性能	测试结果
配伍性	高温放置后，酸液流动性好，无沉淀和析浮现象
密度	1.3~1.5 g/cm³
黏度（常温，170s⁻¹）	30~36mPa·s
黏度（150℃，170s⁻¹）	20~24 mPa·s
降阻率	40%~60%
表面张力	30.06mN/m

四、高温自生酸

自生酸是一种在地层条件下利用酸母体通过化学反应就地生成活性酸的酸液体系，这类酸体系特别适用高温地层，不仅避免了酸液在高温下快速失活的问题，还能够减缓酸液对管材及设备的腐蚀。

1. 有效 H^+ 浓度

H^+ 的释放浓度和释放速度是影响酸化改造效果最重要的因素，高温自生酸通过水解产生有机酸，在井下逐步释放出总量为 3.8mol/L 的 H^+，见表 4-33。

表 4-33　高温自生酸释放出的有效 H^+ 浓度

高温自生酸配方	温度 （℃）	反应时间 （h）	释放出的有效 H^+ 浓度 （mol/L）
28%产无机酸物质+18%产有机酸物质	150	7	3.81

2. 缓速性能

如图 4-78 所示，酸岩反应时间与有效溶蚀率的关系曲线图表明，常规酸（20%HCl）在 30min 内的溶蚀率达 93%，高温自生酸在 1h 内的有效溶蚀率为 47%，6h 后的有效溶蚀率为 68%，在 1~6h 内对碳酸钙均具有溶蚀作用，具有良好的缓速性能，可以在高温下将 H^+ 推进到地层深部，起到深部酸化的作用。

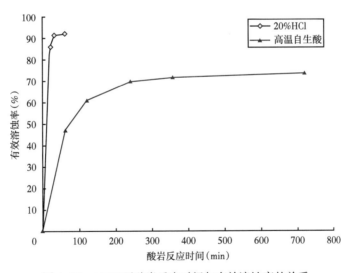

图 4-78　150℃下酸岩反应时间与有效溶蚀率的关系

酸反应过程中的 Ca^{2+} 浓度测定结果表明，常规酸和自生酸的 Ca^{2+} 浓度均随着酸岩反应时间的延长而逐渐增大，但常规酸中的 Ca^{2+} 浓度增幅较快，表明自生酸的酸岩反应速率远小于常规酸，具有明显的酸岩缓速能力，如图 4-79 所示。

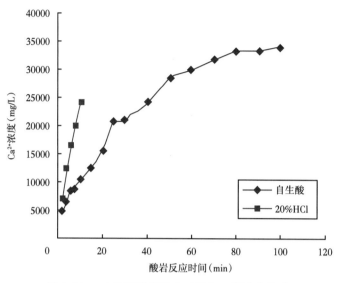

图 4-79   150℃下酸岩反应时间与 Ca²⁺浓度关系

3. 缓蚀性能

高温自生酸是在井底高温条件下逐渐产酸，对施工管柱的腐蚀速率较常规酸小，加入适量的缓蚀剂以及缓蚀增效剂后能在 150℃条件下将高温自生酸新酸和残酸对 N80 碳钢的动态腐蚀速率控制在 $60g/cm^2 \cdot h$ 以下，见表 4-34。

表 4-34   高温自生酸腐蚀速率

腐蚀体系	温度（℃）	压力（MPa）	试片材质	挂片时间（h）	腐蚀速率[g/(m²·h)]	试片外观
高温自生酸新酸	150	16	N80	4	56.75	试片光亮，无坑蚀
高温自生酸残酸					1.29	试片光亮，无坑蚀

第五章　采气工艺技术

高温高压高含硫气井普遍具有储层埋藏深、温度高、压力高、含 H_2S 和 CO_2 等有毒有害气体、腐蚀性强等特征，部分单井具有产量高和产水的特点，且通常采用封隔器完井。川渝气田已开发含硫气藏 H_2S 含量最高达 $493g/m^3$，最大产层埋深超 7000m，最大地层压力近 127.3MPa，最高温度 175℃。含硫气井采气工艺技术主要面临以下难点：一是天然气中硫化氢含量高，各种工程计算中用到的天然气偏差系数、黏度等物性参数需进行校正。二是地层压力高、地面系统输压也相对较高，初期井下节流需考虑工具材质、结构、耐压等级。三是高温高压高含硫气井后期排水采气工艺面临诸多挑战：常规起泡剂在温度超过 120℃ 及含硫条件下起泡能力迅速下降；H_2S、CO_2 等酸性气体对井下工具的防腐要求更高；泵类工艺在气藏埋深超过 3000m 后应用受限；气井通常采用永久封隔器完井，油套不连通，修井作业困难，更换管柱费用昂贵，机械排水采气工艺的开展受到很大的限制。四是含硫气井对动态监测技术与动态监测工具提出了更高的要求。

第一节　气井生产系统

所谓系统生产过程一般是指流体从地层、完井段、油管、井口、地面气嘴、集输管线、分离器、压缩机站到输气干线这一完整的不间断连续流动的生产过程。气井系统生产过程包括气液克服储层的阻力在气藏中的渗流、克服完井段的阻力流入井底、克服管线摩阻和滑脱损失沿垂管（或倾斜管）从井底向井口流动、克服地面设备和管线的阻力沿集输气管线的流动。气井生产过程中的各种流通涉及气藏工程、采气工程和地面工程中各种计算，如气藏储量、井底静压、流压、气液两相管流、嘴流等计算。这些计算均涉及天然气偏差系数、黏度等物性的计算，高温高压高含硫气藏较常规气藏要尤其重点考虑天然气的偏差系数、黏度，同时高含硫气井生产过程中可能形成元素硫的沉积。

一、气井生产系统分析

气井生产系统分析也称生产井压力系统分析，或称节点分析。它是研究气田开发系统的气藏工程、采气工程和地面集输工程之间压力与流量关系的方法，其特点就是将气藏工程、采气工程、集输工程有机地结合为一个统一的气井生产系统工程，把气井从气藏经完井井段、井底、油管、人工举升装置、井口、地面管线至分离器的各个环节作为一个完整的生产压力系统来考虑，就其各个部分在生产过程中的压力消耗进行综合分析，以气藏能量及在生产过程中各节点压力变化的综合分析为依据，改变有关部分的主要参数或工作制度后预测气井产量的变化，从而优化设计出最大限度发挥气藏能量利用率的井身结构、生产管柱结构、投产方式，并为采气工艺方式及地面集输工程设计提供可行的技术决策依据。为此，需掌握气井生产系统分析基本概念及原理；对天然气在流动过程中的压力与流量关系进行深入分析研究。建立气井生产系统分析数学模型，并在此基础上，用生产系统分析方法解决生产实际问题，从而发挥气藏的生产潜力，提高气藏开发的最终采收率和经济效益。

气井生产系统压降分布示意图如图5-1所示。当气流自气藏采出直到井口分离器，沿途经完井段、油管、气嘴、地面管线，在各环节有能量消耗，它们之间的关系为各部分在对应于某一产率下能量消耗与增加的总和。各部分压降可根据产率及有关物性参数、设计参数、几何参数等，通过相应的计算公式求出，最后通过与生产动态拟合确定各主要参数，建立起对一口生产井进行生产压力系统分析的数学模型。在气井的数学模型建立之后，可根据实际需要确定分析目的，选择所要分析、解决工程问题的解节点和气藏、射孔完井段、油管、垂直管流、地面管线等各主要参数，也可选出要分析的敏感参数，如分离器压力、气嘴尺寸、射孔速度、气藏压力等进行分析计算。

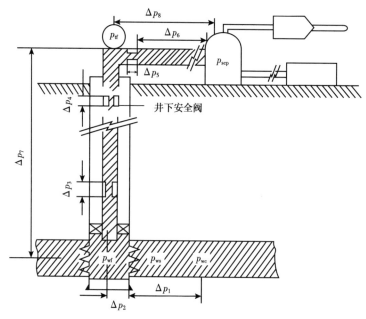

图5-1 气井生产系统压降分布示意图

节点分析就是在这样一个系统内设置解节点，对气井生产的全过程进行系统分析和整体研究。如以井底为节点，改变气井产量，分别计算流入和流出节点的压力，并在同一坐标图上绘制节点的流入和流出动态（p_{wf}-q_{sc}）曲线（也称系统分析曲线），井底节点分析见图5-2。

气井生产系统分析是一项科学的综合系统分析技术，这项技术是通过以气井生产系统的解节点为基准，对气井流入、流出段分别进行模拟计算，从而对整个系统进行模拟而最终完成的。模拟计算包含了众多的数学计算模型和参数选择，计算起来十分复杂。

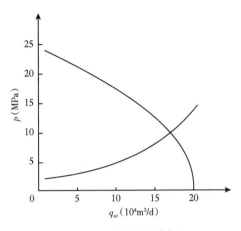

图 5-2 井底节点分析

二、天然气偏差系数

天然气偏差系数又称压缩系数（因子），是指在相同温度、压力下，真实气体所占体积与相同量理想气体所占体积的比值。天然气的偏差系数随气体组分及压力和温度的变化而变化。天然气偏差系数的确定除了 PVT 实验法外，还有若干不同的计算关系式。低压下天然气密切遵循理想气体定律。但是，当气体压力上升，尤其当气体接近临界温度时，其真实体积和理想气体之间就产生很大的偏离，这种偏差称之为偏离因子或压缩因子，用符号 Z 表示。换言之，某压力 p 和温度 T 时 n 摩尔气体的实际体积除以在相同压力、温度、摩尔气体的理想体积之商，即为该天然气的压缩因子。

$$Z = \frac{\text{压力 } p \text{、温度 } T \text{ 时 } n \text{ 摩尔气体的实际体积}}{\text{压力 } p \text{、温度 } T \text{ 时 } n \text{ 摩尔气体的理想体积}} \tag{5-1}$$

根据范德华对应状态原理，一种物质的物理参数是它对应临界点物性参数的函数。气体偏差系数是相应压力 p 和温度 T 的对比压力 p_r 和对比温度 T_r 的函数，用公式表示如式

$$Z = f(p_r, T_r) \tag{5-2}$$

式中　p_r——对比压力，气体的绝对压力 p 与临界压力 p_c 之比，即 $p_r = p/p_c$；

　　　T_r——对比温度，气体的绝对温度 T 与临界温度 T_c 之比，即 $T_r = T/T_c$。

对天然气混合物，工程上常应用拟对比压力 p_{pr} 和拟对比温度 T_{pr} 表示，将混合气体视为"纯"气体，利用对应状态原理，可求得 Z 值。拟对比参数定义如下：

拟对比压力：气体的绝对压力 p 与拟临界压力 p_{pc} 之比，即：

$$p_{pr} = p/p_{pc} = p/\sum y_i p_{ci} \tag{5-3}$$

拟对比温度：气体的绝对温度 T 与拟临界温度 T_{pc} 之比，即：

$$T_{pr} = T/T_{pc} = T/\sum y_i T_{ci} \tag{5-4}$$

以临界压力和临界温度下的偏差系数 Z_c 作为基础的 Z 系数关系式已应用了相当长的

时间，对不同的 Z_c 值用人工计算制作了各种计算图表。含硫气井的天然气组分中含有 H_2S 气体，与不含硫的天然气存在物理性质方面的差异，需要用 Wichert-Aziz 方法对天然气偏差系数 Z 进行非烃校正。

$$T'_{pc} = T_{pc} - \varepsilon \tag{5-5}$$

$$p'_{pc} = \frac{p_{pc} T'_{pc}}{T_{pc} + B(1-B)\varepsilon} \tag{5-6}$$

$$\varepsilon = [120(A^{0.9} - A^{1.6}) + 1.5(B^{0.5} - B^{4.0})]/1.8$$

$$A = y_{H_2S} + y_{CO_2}$$

式中　　T'_{pc}——校正后的临界温度，K；

　　　　p'_{pc}——校正后的临界压力，MPa；

　　　　B——天然气中的 H_2S 的摩尔分数；

　　　　A——天然气中的 H_2S 和 CO_2 总摩尔分数；

　　　　ε——拟临界温度校正系数。

三、天然气的黏度

黏度是流体抵抗剪切作用能力的一种量度，牛顿流体的动力黏度 μ 定义见(5-7)，也称为绝对黏度，单位是 $N \cdot s/m^2$，帕·秒。

$$\mu = -\tau_{xy}/(\partial u_x/\partial y) \tag{5-7}$$

式中　　τ_{xy}——剪切应力；

　　　　u_x——施加剪应力的 x 方向上的流体速度；

　　　　$\partial u_x/\partial y$——与 x 垂直的 y 方向上的速度 u_x 梯度。

确定气体黏度唯一精确的方法是实验方法。然而，应用实验方法确定黏度困难，而且时间很长。通常是应用与黏度有关的相关式确定。

Carr 等的关系式只需气体相对密度或相对分子质量，就可确定气体黏度。这种关系是以曲线图形式表示的，如图 5-4 所示，是确定天然气黏度最广泛的方法。为了求得地层条件下的天然气黏度，引入下列关系式：

$$\mu_1 = (\mu_1)_{un} + (\Delta\mu)_{N_2} + (\Delta\mu)_{CO_2} + (\Delta\mu)_{H_2S} \tag{5-8}$$

式中　　μ_1——在大气压和任意温度下"校正"了的天然气黏度；

　　　　$(\mu_1)_{um}$——μ_1 未经校正的天然气黏度；

　　　　$(\Delta\mu)_{N_2}$——存在有 N_2 时的黏度校正值；

　　　　$(\Delta\mu)_{CO_2}$——存在有 CO_2 时的黏度校正值；

　　　　$(\Delta\mu)_{H_2S}$——存在有 H_2S 时的黏度校正值。

四、水合物

在给定的压力下，对于任何组分的天然气都存在水合物生成温度，低于这个温度则形成水合物，若高于这个温度则无法形成水合物；反过来，若给定温度，天然气水合物的存在一个极限压力，高于这个压力则形成水合物，低于这个压力则无法形成水合物。

大量研究表明，生成天然气水合物需要一定的温度和压力条件。苏联学者罗泽鲍姆等人认为：只有当系统中气体组分的压力大于它的水合物的分解压力时，含饱和水蒸气的气体才有可能自发生成水合物，可以用逸度表示为：

$$f_{\text{分解}}^{\text{水合物}} < f_{M}^{\text{系统}} \leqslant f_{M}^{\text{饱和}}$$

水合物的生成必须具备以下三个条件：

（1）气体必须处于水蒸气过饱和状态或者有游离态水存在。天然气开采过程中有液态水的存在，主要来源于油气层产水和地层条件下的气态水，这些气态的水蒸气随天然气产出时温度的下降而凝析成液态水；

（2）低温（通常小于27℃）是形成水合物的重要条件。采气中经过孔板流量计、节流嘴以后，压力的降低而引起温度降低，从而为水的凝析和水合物的低温创造了条件；

（3）高压也是形成水合物的重要条件。对组成相同的气体，水合物生成的温度随压力升高而升高，随压力降低而降低。也就是压力越高越易生成水合物。

值得注意的是：当高于水合物生成的临界温度时，不论压力多大，也不会生成天然气水合物，每种气体均有形成水合物的临界温度，见表5-1。另一方面，压力对临界温度也有影响。例如甲烷，在天然气采输过程常见的压力下，临界温度为21.5℃；压力在33~76MPa范围内，临界温度则上升至28.8℃。

表5-1 天然气水合物的临界温度

气体名称	甲烷	乙烷	丙烷	异丁烷	正丁烷	二氧化碳	硫化氢
临界温度（℃）	21.5	14.5	5.5	2.5	1	10	29

天然气组分组成是决定是否生成水合物的内因，组分不同的天然气，水合物生成温度不一样，甲烷含量越高，其形成水合物的温度越低；压力越高，组分组成对水合物生成的温度影响就越小，压力越低，影响相对较大；组分组成差别越大的气体，其水合物生成条件也相差越大。在同一温度下，当气体蒸气压升高时，形成水合物的先后次序分别是硫化氢→异丁烷→丙烷→乙烷→二氧化碳→甲烷→氮气。

在天然气开采中水合物的生成几乎不可避免，严重的可以影响气井正常生产。在传统的水合物防治方法中，有加热法、注抑制剂法和井下节流等方法。

五、元素硫沉积

在大多数高含硫气田开发中都遭遇到硫堵塞和元素硫腐蚀问题，主要是酸气中的元素硫随温度、压力的下降析出而沉积在井眼周围的地层缝隙和井下生产油管壁上和地面设备内壁上所致，元素硫可能导致井筒堵塞，严重影响气井生产和最终采收率。而解决元素硫堵塞和腐蚀的关键就是加除硫剂除硫。

1. 元素硫的来源和沉积机理

（1）元素硫的来源。

元素硫的来源之一是硫酸盐被烃类还原成硫，其反应式为：

$$SO_4^{2-}+3H_2S \longleftrightarrow 4S+2H_2O+2OH^- \tag{5-9}$$

$$3S+—[CH_2]—+2H_2O \longleftrightarrow 3H_2S+CO_2 \tag{5-10}$$

综合式：

$$SO_4^{2-}+—[CH_2]— \underset{还原}{\overset{氧化}{\longleftrightarrow}} S\downarrow +CO_2+2OH^- \tag{5-11}$$

在有 FeS_2 存在条件下也可产生硫，反应式为：

$$H_2S \xrightarrow[FeS_2]{高温} H_2+S\downarrow \tag{5-12}$$

（2）元素硫的沉积机理。

地层中的元素硫靠三种运载方式带出：一是与 H_2S 结合生成多硫化氢；二是溶于高分子烷烃；三是地层温度高于元素硫熔点时在高速气流中元素硫以微粒状随气流携带到地面。

在地层条件下，元素硫与 H_2S 结合生成多硫化氢：

$$H_2S+S_x \longleftrightarrow H_2S_{x+1} \tag{5-13}$$

当天然气运载着多硫化氢穿过递减的压力和温度梯度剖面时，多硫化氢分解，发生元素硫的沉积。因此，从地层到井口的流压和地温梯度的变化，对确定元素硫沉积，起着重要的控制作用。无论井底或油管，少量的元素硫沉积都可造成气井的减产或停产。

2. 影响元素硫沉积的主要因素

在大多数高含硫气藏开采中都遭遇到硫沉积问题，进而造成硫堵，其主要原因是酸气中的元素硫随温度、压力的下降而沉积在井底周围的地层缝隙和井下生产油管壁上所致。硫堵不但会引起井下金属设备严重腐蚀，而且还会导致气井生产能力下降，甚至完全堵塞井底直至关井。研究与现场观察结果表明，含硫气井的天然气中元素硫含量超过 0.05% 时，就可能产生硫沉积，而硫沉积量的多少与天然气的气体组成、采气速度及地层压力、温度密切相关。

（1）气体组成。

一般而言，H_2S 含量越高越容易发生元素硫沉积。当然，这不是唯一因素。有的气井 H_2S 含量仅 4.8% 就发生硫堵塞，有的气井 H_2S 含量高达 34% 以上却未发生堵塞。发生硫堵塞气井的 C_5 以上烃含量均很低，或者为零，而且也不含芳香烃，C_5 以上烃组分（还有苯、甲苯等）很像是硫的物理溶剂，它们的存在往往能避免硫沉积。CH_4、CO_2 等其他组分以及气井产水量则没有发现与硫沉积有直接关系。

（2）采气速度。

气体在井内的流速直接关系到气流携带元素硫的效率。流速越高，则越能有效地使元素硫微粒悬浮于气体中被带出，从而减少了硫沉积的可能性。

(3)地层温度和压力。

这两个因素的影响比较复杂,但从统计角度看,地层温度和压力较高的井容易发生硫沉积。当气体从地层进入井筒到达井口时,由于流体阻力和温度下降,导致硫析出。井底温度、压力与井口温度、压力的差越大,硫越容易析出。

3. 解决对策

通常,通过专用的管线将溶硫剂与缓蚀剂一起泵入井下,经管鞋喷嘴喷射成雾状,与含硫天然气在井下混合。溶硫剂的注入量取决于元素硫在含硫天然气井中的溶解度、井筒温度和压力、天然气的组成和喷注方式等因素。

元素硫堵塞和腐蚀问题解决的关键是除硫,除硫主要采用药剂除硫,溶硫剂主要分两大类:物理溶剂和化学溶剂。不管是物理溶剂还是化学溶剂,都必须具备如下性能:(1)不与井下流体产生反应;(2)对硫具有足够的溶解性;(3)与硫反应是可逆的;(4)在井底条件下具有良好的稳定性;(5)易从水中分离出来;(6)具有再生能力;(7)分离吸附简单等。

在高含硫气田的实际应用中认为芳烃除硫效果较好,应用也较多。目前采用的溶硫剂主要有甲苯、庚烷、二芳基二硫化物、二烷基二硫化物和二甲基二硫化物(DMDS)等,以前二硫化碳应用较多,由于有毒,应用量和应用范围都已下降。这些溶硫剂的溶硫性能参见表5-2。

表5-2 溶硫剂性能比较

类别	溶剂名称	25℃时溶剂中硫增加量(%)	备注
物理溶剂	正庚烷(C_7)	0.2	溶硫性低
	甲苯(C_7)	2	溶硫性低
	二硫化碳	30	有毒
胺基溶剂	D Tron's	10	挥发性组分
强碱性溶剂	66% NaOH 水基液	25	腐蚀性液体
硫化铵	20%(NH_4)$_2$S 水基液	50	对酸不稳定
二硫基溶剂	混合溶硫剂	40~60	混合体
	二甲基二硫化物	100	较贵
	二芳基二硫化物	25	低挥发性

第二节 井下节流工艺技术

高温高压高含硫大产量气井投产初期,较常规气井更多地面临高温、高压、高含硫、大产量的特点,这给天然气安全开采带来了严峻挑战。通常采用井下节流工艺来实现快建快投、简化地面流程、降低生产过程中风险的措施来实现安全、高效开发。在高温高压高含硫大产量气井中采用井下节流工艺的关键是井下节流工具的可靠性与安全施工。

一、工艺原理

井下节流工艺将节流嘴安装在油管内适当位置，在实现井筒节流降压的同时，充分利用地温对节流后的低温天然气进行加热，使气流温度高于该压力条件下的水合物生成温度，从而达到降低地面管线压力、防止水合物生成、取消地面水套炉、简化井场地面流程和节能降耗的目的。井下节流节器示意图如图5-3所示。

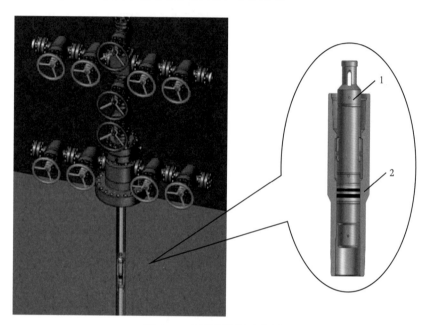

图5-3　井下节流器示意图
1—井下节流器；2—节流器工作筒

二、井下节流工艺参数设计

井下节流工艺参数设计主要包含了水合物生成条件预测、井筒压力温度分布、节流温降与压降计算，其核心是节流嘴孔径和节流嘴下入深度的设计。

1. 节流嘴孔径设计

对于非临界流动状态和临界流动状态，节流前后的压力与其流量的关系为：

$$q_{非临界流} = \frac{0.408 p_1 d^2}{\sqrt{\gamma_g T_1 Z_1}} \sqrt{\left(\frac{k}{k-1}\right)\left[\left(\frac{p_2}{p_1}\right)^{\frac{2}{k}} - \left(\frac{p_2}{p_1}\right)^{\frac{k+1}{k}}\right]} \qquad (5-14)$$

$$q_{临界流} = \frac{0.408 p_1 d^2}{\sqrt{\gamma_g T_1 Z_1}} \sqrt{\left(\frac{k}{k-1}\right)\left[\left(\frac{2}{k+1}\right)^{\frac{2}{k-1}} - \left(\frac{2}{k+1}\right)^{\frac{k+1}{k-1}}\right]} \qquad (5-15)$$

当 $\frac{p_2}{p_1} \leqslant \left(\frac{2}{k+1}\right)^{\frac{k}{k-1}}$ 时为临界流动状态，否则为非临界流动状态。

式中　p_1，p_2——天然气节流前、后的压力，MPa；

　　　q——气体体积流量，$10^4 m^3/d$；

　　　d——节流孔眼直径，mm；

　　　T_1——节流前的温度，K；

　　　Z_1——节流前气体的偏差系数；

　　　g——天然气相对密度；

　　　k——天然气的绝热指数。

令　　　　　　　　　　　　　　$$A = \sqrt{\gamma_g T_1 Z_1}$$

$$B = \sqrt{\left(\frac{k}{k-1}\right)\left[\left(\frac{p_2}{p_1}\right)^{\frac{2}{k}} - \left(\frac{p_2}{p_1}\right)^{\frac{k+1}{k}}\right]}$$

$$C = \sqrt{\left(\frac{k}{k-1}\right)\left[\left(\frac{1}{k+1}\right)^{\frac{2}{k-1}} - \left(\frac{2}{k+1}\right)^{\frac{k+1}{k-1}}\right]}$$

经公式变换，由下式计算节流嘴孔径：

$$d_{非临界流} = \sqrt{\frac{2.451qA}{p_1 B}} \qquad\qquad (5-16)$$

$$d_{临界流} = \sqrt{\frac{2.451qA}{p_1 C}} \qquad\qquad (5-17)$$

2. 节流嘴下入深度设计

节流嘴入口温度受井筒流动温度的控制，而流动温度梯度可由生产测井得到，但在许多情况下，气井往往缺少温度测量数据。为了找出节流嘴径、出口温度与节流嘴所在深度之关系，可引用地温梯度来做一些近似的定量判断。

含硫纯气井井下节流设计的基本步骤如下：

(1)给定井口压力、温度以及井底温度；

(2)根据试井解释得到的二项式产能方程和配产要求确定井底流压；

(3)通过经验公式算出节流嘴下入深度的初值；

(4)采用气井管流预测公式分别计算从井口到节流嘴出口，以及从井底到节流嘴入口的压力温度分布；

(5)利用算出的节流嘴入口压力和出口压力，通过式(5-17)计算井下节流嘴孔径；

(6)由求得的节流嘴孔径、下入深度的初值以及井底流压和温度重新计算井下节流后的井筒压力温度分布；

(7)在设计的下入深度下，验证井下节流出口以及井口是否生成水合物。

若不生成水合物，则设计的下入深度满足要求；若要生成水合物，则加大下入深度后重复(4)~(7)步，直到满足节流后出口和井口不生成水合物为止。

三、抗硫井下节流工具

高温高压高含硫大产量气井井下节流工艺对井下节流工具的材质、结构、强度以及可靠性提出了更高的要求。

1. 材质选择

材质选择参照 ISO 15156/ NACE MR 0175 石油和天然气生产中含 H_2S 环境使用的材料标准。

高抗硫节流器本体和工作筒选用 3YC51 合金（国产 718 镍基合金）、弹簧材料选用 3YC7 合金、节流嘴材料选用 YG8 硬质合金、密封件采用抗硫橡胶与聚氟橡胶交替组合，适合 H_2S 含量≤225g/m³。

2. 主要结构

1) 抗硫井下节流器

抗硫井下节流器主要由打捞颈、卡瓦、密封件、节流嘴等组成，结构如图 5-4 所示。

图 5-4　抗硫井下节流器结构图

1—打捞颈；2—卡瓦套；3—卡瓦；4—密封座；5—V 形密封件；6—嘴套；7—节流嘴

（1）主要技术特点：

节流器本体采用高强度镍基合金，硬度可达到 HRC40；

V 形密封件采用抗硫橡胶与聚氟橡胶交替组合，具备较好的抗硫特性，同时也保证了节流器与工作筒之间密封的可靠性；

采用耐磨硬质合金制造节流嘴，适用于高含硫环境，耐冲蚀。

（2）主要技术指标：适合 H_2S 含量≤225g/m³；压力等级 70MPa；温度等级 0~150℃；节流嘴孔径 1.5~8.0mm。

2) 节流器工作筒

节流器工作筒结构如图 5-5 所示。

节流器工作筒的主要技术指标：

适合 H_2S 含量≤225g/m³；抗拉极限载荷 1400kN。

图 5-5　节流器工作筒结构图

3. 强度可靠

1）节流器卡瓦受力分析

井下节流工具其主要受力部位是节流器卡瓦和工作筒。工具承受最大工作压力按 70MPa 计算。

由有限元分析（图 5-6）可知，卡瓦满足强度要求。

范式等效应力（N/m²）

8.749×10^8
8.020×10^8
7.291×10^8
6.562×10^8
5.833×10^8
5.104×10^8
4.374×10^8
3.645×10^8
2.916×10^8
2.187×10^8
1.458×10^8
7.291×10^7
7.739×10^3

⟶ 屈服力：1.190×10^9

图 5-6　卡瓦受力分析

2）工作筒与卡瓦的接触分析

假设井底压力为 70MPa，计算可知卡瓦下端面压力为 737 MPa，工作筒与卡瓦的接触应力分析如图 5-7 所示，$\sigma_{max} = 8.859 \times 10^8 Pa <$ 卡瓦的 $\sigma_b = 1.19 \times 10^9 Pa$，故安全。

3）工作筒抗内压强度

假设工作筒材料选用 3YC51，许用应力 $[\sigma_b] = 1310MPa$，抗内压强度按 100MPa 设计，取安全系数 $n=2$，计算工作筒最薄弱部分（卡瓦座封段）抗内压强度。

$$\sigma_b = \frac{p_{内} \times D_{内径}}{2t_{壁厚}} \times n_{安全系数} = \frac{100 \times 71}{2 \times 12} \times 2 = 591.6MPa \leqslant [\sigma_b] = 1310MPa$$

由上式可知安全。

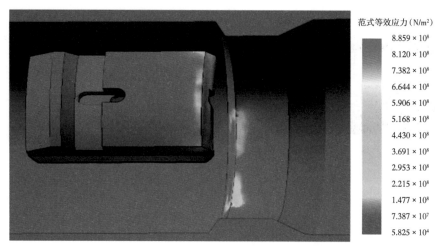

图 5-7　工作筒与卡瓦的接触应力分析

4）工作筒抗拉强度分析

假设工作筒材料选用 3YC51，许用应力 $\sigma_b = 1310\text{MPa}$，计算工作筒最薄弱部分抗拉强度。

$$P_{抗拉} = \sigma_b \times S = 1310 \times 3.14 \times (39.3^2 - 29.1^2) = 2869836N \approx 287t$$

取安全系数 $n = 2$，则工作筒抗拉强度为 $P_{抗拉} = 143.5t$。

4. 井下节流器系列

近年来，川渝气田研发的抗硫井下节流器系列满足现场 $2\frac{3}{8}$in、$2\frac{7}{8}$in、$3\frac{1}{2}$in 生产管柱和高、中、低含硫气井的需求，详见表 5-3。

表 5-3　抗硫节流器系列

工具名称	规格型号	技术指标
高抗硫节流器	GKJL47-70-G20	压力为 70MPa，温度为 120℃，硫化氢含硫≤225g/m³
	GKJL56-70-G20	
	GKJL59-70-G20	
	GKJL65-70-G20	
	GKJL71-70-G20	
中抗硫节流器	KJL47-70-G20	压力为 70MPa，温度为 120℃，硫化氢含量≤30g/m³
	KJL56-70-G20	
	KJL59-70-G20	
	KJL65-70-G20	
	KJL71-70-G20	
低抗硫节流器	JL47-70-G20	压力为 70MPa，温度为 120℃，硫化氢含硫≤5g/m³
	JL56-70-G20	
	JL59-70-G20	
	JL65-70-G20	
	JL71-70-G20	

第三节 排水采气工艺技术

天然气田开采中，由于地层压力下降，边、底水侵入等原因，进入生产层段的水量会随天然气流入井筒内，在地层能量不足以将其带出地面的情况下，就会在井底和井筒内产生积液。若不排出积液，井筒内液柱压力与地层压力则可能达到静态平衡，地层中的天然气将停止进入井内，使气井水淹停产。快速有效地排出积液，是保持气井产能、高效开发气田的关键。

一、排水采气工艺技术现状

目前较为成熟的排水采气工艺有优选管柱、泡排、气举、机抽、电潜泵、射流泵等几项排水采气工艺及其复合工艺。国外人工举升系统的总体技术水平见表5-4，应用于高含硫气藏的排水采气技术未见文献报道。

表 5-4 国外常用人工举升技术现状

工艺项目	机抽	螺杆泵	气举	柱塞举升	射流泵	电潜泵
举升高度（m）	4880	2000	4572	4267.2	6096	4572
排量（m³/d）	3~590	3~716	67~5070	8~32	48~2385	1000
工作温度（℃）	287	121	221	260	260	221
防气性能	一般~好	好	极好	极好	一般~好	差~一般
防杂质能力	一般~好	极好	好~极好	差~一般	差~好	差~一般
井斜角/变化率	<15°/30m	<15°/30m	—	68°	<24°/30m	<10°/30m

在国内，川渝气田作为排水采气技术的主要研究和应用基地，形成了以优选管柱、泡排、柱塞、气举、机抽、电潜泵、射流泵等7大排水采气工艺系列，主要技术水平见表5-5，目前国内高含硫气井主要采用泡排、优先管柱、柱塞、气举排水采气工艺。

表 5-5 国内常用排水采气技术现状

工艺项目	优选管柱	泡沫	柱塞举升	气举	机抽	电潜泵	射流泵
最大排液量（m³/d）	100	100	30	1000	100	1000	300
举升高度（m）	4600	6000	4000	6000	2500	4000	3500
工作温度（℃）	不受限	140	不受限	不受限	不受限	不受限	不受限
斜井	较适应	适宜	适宜	适宜	受限	受限	适宜
高气液比	很适宜	很适宜	很适宜	适宜	较适宜	一般适宜	适宜
含砂	适宜	适宜	较差	适宜	较差	一般适宜	很适宜
地层水结垢	较好	很适宜	较差	较好	较好	较好	较好
腐蚀性（H_2S、CO_2）	适宜	$H_2S \leq 23g/m^3$ $CO_2 \leq 86g/m^3$	$H_2S \leq 15g/m^3$	适宜	高含硫受限	较差	适宜
维修管理	很方便	方便	方便	方便	较方便	方便	方便
投资成本	低	低	较低	较低	较低	较高	较高

二、高含硫气井排水采气工艺技术

高含硫气藏普遍具有埋藏深、高温高压、含酸性气体、井下管柱带有安全阀与永久式封隔器的特点，修井难度大、费用高。抽油机、电潜泵、螺杆泵等泵类工艺泵挂深度有限，井下工具腐蚀严重，故障率高，适应性差，气举工艺没有井下运动部件，适应性强。泡排也不受井深的影响，但起泡剂性能对温度比较敏感，当温度高于120℃时常规起泡剂性能受到极大的影响，西南油气田近年研发了适应于高温高压高含硫气井的起泡剂，提高了泡排的应用范围。

1. 高含硫气井优选管柱排水采气工艺

1) 气井优选管柱工艺概述

产水气井生产时，为确保连续带出地层流入井筒的全部液体，井筒内气流的流速需达到排液的临界流速，当气井以小于临界携液流量生产时，井筒积液，液体开始以混合气柱的形式滞留在井筒中，随着产出液体的聚集和井筒液柱高度的增加，井口压力和气产量随之急剧递减，所以保证气井井筒不积液的条件是气井产量大于临界携液流量。实际上经过计算表明，如果井底管鞋处的流速能够达到临界流速，井筒内的各段也能达到临界流速。为获得相同的临界流速，自喷管柱直径越大，气井连续排液所需临界流量也就越大，反之亦然，故小直径油管具有较大携液能力。高含硫气井优选管柱工艺较常规优选选管柱工艺大致相同。其设计计算主要包括气井携液临界流量、井底流压、井筒流动压力损失、油管下入深度、油管安全校核等方面的计算。

2) 高含硫气井优选管柱工艺的特点与应对措施

高含硫气井优选管柱工艺在高温高压高含硫气井中应用，较常规优选管柱工艺其难点主要是油管柱、工具等应具备高抗硫的性能。如由于含 H_2S 环境中钢材的环境脆断（包括SSC 和 SCC）是采气工程中最危险的一种腐蚀类型，因此也是材料选择最重要和优先考虑的因素，高含硫化氢和高含二氧化碳恶劣的腐蚀环境，在不利的油气井腐蚀介质类型组合及含量、压力、温度等相互作用下，抗硫化物应力开裂的碳钢和低合金钢可能会出现严重失重腐蚀、点蚀或开裂。高抗硫油管柱、井下工具的抗硫性能的选择参见相关的规定和标准。

近年来，根据我国的国情制订了我国的相应国标：

GB/T 20972.1—2007《石油天然气工业　油气开采中用于含硫化氢环境的材料　第 1部分：选择抗裂纹材料的一般原则》；

GB/T 20972.2—2008《石油天然气工业　油气开采中用于含硫化氢环境的材料　第 2部分：抗开裂碳钢、低合金钢和铸铁》；

GB/T 20972.3—2008《石油天然气工业　油气开采中用于含硫化氢环境的材料　第 3部分：抗开裂耐蚀合金和其他合金》。

3) 优选管柱设计

(1) 携液临界流量计算。

由于气井生产中气液两相流动的复杂性，国内外还没有统一的携液临界气量模型能够准确地预测气井积液。目前，预测携液临界气量的方法则主要包括三大类：液滴反转模型、液膜反转模型和节点分析法。而液滴反转模型由于其预测精度和模型简易性广泛运用于国内外各气田。液滴反转模型是基于垂直井中圆球形液滴提出的，该模型假设排出气井积液所需的最低条件就是气流中液滴受力刚好为零，即液滴沉降重力（液滴重力与浮力之差）等于气体对液滴拽力。气井携液临界流量为气井携液临界流速对应的流量，即：

$$q_{cr} = \frac{Av_{cr}t}{B_g} = \frac{Av_{cr} \times 86400}{3.458 \times 10^{-4} \times ZT/p} = 2.5 \times 10^8 \times \frac{Apv_{cr}}{ZT} \qquad (5-18)$$

式中 q_{cr}——气井携液临界流量（标准状态），m^3/d；

A——油管横截面积，m^2；

t——单位换算系数，取 86400；

p——压力，MPa；

v_{cr}——携液临界流速，m/s；

T——温度，K；

B_g——天然气体积系数，m^3/m^3；

Z——气体偏差系数。

携液临界流量与压力、温度有关，而流体沿井筒举升至地面的过程中，压力、温度会逐渐降低，即携液临界流量沿井深剖面是变化的。为了实现整个井筒均能携液，应将携液临界流量的最大值作为气井的携液条件。

携液临界流量与气体流通截面积成正比，而气体流通截面积为油管半径的平方与圆周率之积。即降低油管尺寸，携液临界流量将随油管尺寸比值的平方倍降低；但另一方面，在相同流量条件下，较小的油管尺寸将增加流体的流速，其摩擦阻力增大，导致井筒举升压降增加。因此在选择油管尺寸应综合考虑携液和举升压降要求。

（2）利用生产数据拟合井底流压。

在缺乏试井资料的条件下，根据生产数据利用多相管流由井口计算至井底，得到该组生产参数下的井底流压 p_{wf}，计算步骤如下：

①已知任一点（井口或井底）的压力 p_0 作为起点，任选一个合适的压力降 Δp 作为计算的压力间隔。一般选 $\Delta p = 0.5 \sim 1.0$MPa，具体要根据流体流量（油井的气、液产量）、管长（井深）及流体性质来定。

②估计一个对应 Δp 深度增量 Δh，以便根据温度梯度估算该段下端的温度 T_1。

③计算出该管段的平均温度 $\overline{T}$ 及平均压力 $\overline{P}$，并确定在该 $\overline{T}$ 和 $\overline{P}$ 下的全部流体性质参数（溶解气油比、原油体积系数和黏度、气体密度和黏度，混合物黏度及表面张力等）。

④计算该段的压力梯度 dP/dh。

⑤计算对应于 ΔP 的该段管长（深度差）$\Delta h_{计}$。

⑥将第⑤步计算得的 $\Delta h_{计}$ 与第②步估计的 Δh 进行比较，两者之差超过允许范围，则以新的 Δh 作为估算值，重复②～⑤的计算，使计算的与估计的 Δh 之差在允许范围 ε 内为止。

⑦计算该段下端对应的深度 L_i 及压力 p_i

$$L_i = \sum_{j=1}^{i} \Delta h_j \qquad (5-19)$$

$$p_i = p_o + i\Delta p \quad (i=1,\ 2,\ 3,\ \cdots,\ n) \qquad (5-20)$$

⑧以 L_i 处的压力为起点，重复②~⑦步，计算下一段的深度 L_{i+1} 和压力 p_{i+1}，直到各段的累加深度等于或大于管长（$L_i \geqslant L$）时为止。

（3）确定气井产能方程。

利用计算得到的井底流压作为试井数据，分别回归计算天然气的产能方程和水的产能方程。

天然气的二项式产能方程：

$$\bar{p}_r^2 - p_{wf}^2 = Aq_g + Bq_g^2 \quad （压力形式） \qquad (5-21)$$

$$\phi_r - \phi_{wf} = Aq_g + Bq_g^2 \quad （拟压力形式） \qquad (5-22)$$

式中　p_r——地层压力，MPa；

p_{wf}——井底流动压力，MPa；

q_g——日产气量，$10^4 m^3/d$；

A——二项式层流系数，$Pa/(m^3/s)$；

B——二项式紊流系数，$Pa/(m^3/s)^2$。

水的产能方程：

$$Q_W = J(p_r - p_{wf}) \qquad (5-23)$$

式中　J——产水指数，$m^3/(d \cdot MPa)$；

Q_W——日产水量，m^3/d。

（4）工况校核。

利用计算到的天然气产能方程和水的产能方程，假定一组天然气产量，可分别计算得井底流压和水产量。利用多项管流模型由井底迭代计算至井口可得到井筒内的压力分布和井口压力。由压力分布可以分段算得井筒内气体携液的临界流速，临界流量，可以判断这条管径在此产量下能否携液生产，能否举升到井口（井口压力大于输压）。

（5）利用节点分析方法优选管柱。

气井生产是一个不间断的连续流动的过程，井口所得到的气体是经过从气层流向井底并通过射孔流入井筒，再从井筒底部经垂直管流到井口。优选管柱节点分析方法可以选择井筒内任一点进行分析预测。气井井筒流动是一降温、降压过程，如果产量过低就无法携带出地层产出水而影响产能，严重时还会造成气井水淹。如果产量过高，井筒内的压力降就过大，井口剩余压能就满足不了天然气输进集输管网和用户的要求。因此优选管柱节点分析预测必须从两个方面考虑，既要考虑气井排液问题，也要考虑井口剩余压能。

①以井底为求解点时的节点分析方法。

图 5-8 中的三条曲线分别是气井的 IPR 曲线、气井连续排液的临界流量曲线和气井的流入动态曲线。IPR 曲线和临界流量曲线有一个交点（q_2，p_{wf2}），即气井能够刚好携液的临界流量。在 q_2 左侧，气井的产量小于临界携液产量，不能够连续排液生产，井底积液，

（q_2，q_{wf2}）处的产量即是气井连续排液生产的最小产量。在确定生产参数时，产量应在（q_2，q_{wf2}）右侧取。产量并非越大越好，产量越大，井底流压越小，井筒内的压力损失越大，剩余井口压力可能满足不了输压的要求，故必然有一个正常生产的最大产量。根据生产要求的最小井口油压，做出油管流出动态曲线和 IPR 曲线有一个交点（q_1，q_{wf1}），即正常生产的最大产量点。当产量在 q_1 和 q_2 与之间时气井能够携液生产且井口压力满足输压的要求。

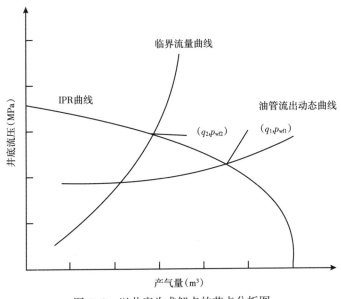

图 5-8　以井底为求解点的节点分析图

②以井口为求解点时的节点分析方法。

图 5-9 中，气井井口的流入动态曲线和气井的连续排液的临界流量曲线有一个交点

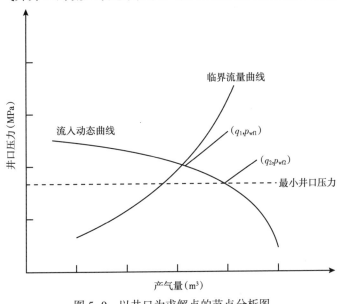

图 5-9　以井口为求解点的节点分析图

$(q_1，q_{wfl})$，即以井口为解节点时气井刚好能够携液的临界流量。在协调点左侧，气井的产量小于临界携液产量，因此井口处不能够连续排液生产，气井积液，故协调点的产量即是气井连续排液生产的最小产量。在确定生产参数时，产量应该在协调点右侧取。设定一组产量，通过气井产能方程可计算出一组井底流压，进而通过井筒多相流计算可得一组井口油压，此油压与产量的关系曲线为井口的流入动态曲线。

③气井停止携液地层压力的分析。

随着气井开采的进行，地层压力逐渐降低，在井口油压不变的情况下，地层压力的降低会导致气井产气量的降低，气井产气量越低其携液能力越低，当气井的产气量降低到携液临界产量后，气井不能全部排出地层产水，气井开始积液，故地层能量的衰竭是自喷生产期气井积液的本质原因。利用气井携液理论和传统的节点分析法结合便可以分析出地层压力降到多少时，气井开始积液。当地层压力降低后，气井的产能方程也发生变化，IPR曲线逐渐向下平移，当曲线、油管流入动态曲线和临界流量曲线交于一点时，气井在此井口油压和此地层压力下刚好能够携液生产，地层压力再降低，气井便不能完全携液生产，气井将积液（图5-10）。

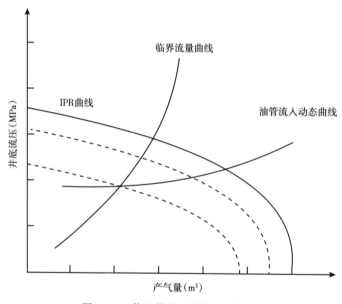

图5-10 停止携液地层压力分析图

（6）油管下入深度。

油管下入深度的计算时需要考虑油管的抗拉强度。一般油管的抗挤和抗内压强度较大，故等直径单一管柱油管最大下入深度可按抗拉强度进行计算，采用式5-22。

$$h_i = \frac{p_{ri}}{mq_1} \tag{5-24}$$

式中　h_i——油管最大可下深度，m；

　　　p_{ri}——最小抗拉强度，N；

m——安全系数；

q_1——油管单位长度的重量，N/m。

2. 高温高含硫气井泡沫排水采气工艺

1）泡沫排水采气工艺概述

泡沫排水采气工艺是针对自喷能量不足，气流速度低于临界流速气井较有效的排水方法。其原理是对产水气井从井口加入起泡剂，使井下液体变为轻质泡沫液，在气流搅动下将液体带出至地面。泡排工艺具有设备简单、施工容易、见效快、成本低、又不影响气井正常生产的优点，在采气生产中得到广泛应用。泡排工艺最关键的是起泡剂和消泡剂。目前起泡剂由单一品种，发展到8001、8002、8004、CT5-2、CT5-7、HY-3g、UT-11c、泡沫排水棒等不同类型的高效起泡剂。

泡沫排水采气工艺基本工艺流程如图5-11所示，起泡剂从井口注入，与井下液体混合，在气流搅动下产生泡沫，将液体带出井筒。在分离器入口前加注消泡剂，达到消泡和抑制泡沫再生，便于气水分离。根据现场条件和工艺需求，泡排药剂加注发展了平衡罐、泡排车、柱塞泵、泡排棒投入筒等不同工艺。加注通道有环空加注、油管加注、毛细管加注等不同方式。起泡剂加注原理及主要优缺点见表5-6。

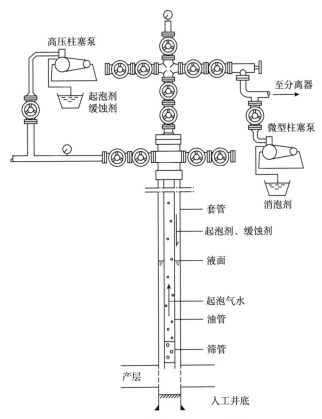

图 5-11　泡沫排水采气工艺流程图

表5-6 起泡剂加注工艺原理及主要优缺点

序号	加注方式	原理	特点	缺点
1	平衡罐	借助自身重量自流入井	比例浓度易控制无须电源	冬季易堵塞
2	柱塞泵	机械动力	大剂量连续稳定加注	耗电量大设备易损
3	泡排车	汽车动力	大剂量灵活机动	受车况路况天气影响
4	投掷筒	自身重量	反应时间长	难操作反应时间长

含硫井一般采用泵注工艺，将已经配制好的泡排剂溶液通过计量柱塞泵从井口油套环空或油管泵入井内。该方法特点是能够调节流量，连续、平稳、均匀地将泡排剂注入井内。

2）高温高含硫气井泡排工艺的特点与应对措施

高温高含硫气井泡排主要面临难点：常规起泡剂仅仅适应于温度≤120℃的气井排水采气需要，适用于150℃环境的泡排药剂相对缺乏。

泡排工艺对不同种类的含水气井通常需采用不同类型的起泡剂，含硫气水井，必须同时加注缓蚀剂或使用兼具缓蚀功能的起泡剂。近年来西南油气田通过技术攻关，研制出高温高压高酸性缓蚀泡排剂，并通过实验形成相应的消泡剂产品，能适应高温150℃需要。

用CT5-7K起泡组分与CI-15N缓蚀组分进行复配，CI-15N缓蚀组分和CT5-7K起泡组分按1:10的比例复配形成复合缓蚀起泡剂CT5-20，通过对复配后的泡排性能及缓蚀性能的评价，形成复合缓蚀起泡剂配方。其在150℃下起泡能力、泡沫稳定性、携液能力较好。CT5-20复合缓蚀起泡剂存放6个月后外观清澈透明，起泡剂稳定，用过滤除去杂质的现场地层水配制成CT5-20抗高温缓蚀起泡剂溶液，在常温下放置72h后观察产生不溶物，结果无不溶物，表明缓蚀起泡剂与地层水配伍性较好，见表5-7。

表5-7 复合缓蚀起泡剂配方

复合缓蚀起泡剂	老化温度（℃）	测试温度（℃）	起泡能力（mm）	泡沫稳定（mm）	携液能力（mL）	备注
CT5-20	120	90	135	170	153	老化前
			130	127	154	老化后
	150	90	135	170	153	老化前
			132	195	152	老化后

3）加注制度

（1）加注量。

起泡剂加注量和气井产水量、积液量、实验评价推荐浓度、井筒损耗相关。若措施井曾经生产时的产水量上限 X_{max}、关井后井筒内最大积液量为 Y_{max}、推荐浓度为 A，则起泡剂现场推荐用量为 $A \times (X_{max} + Y_{max})$。由于泡沫排水后，气井正常生产的产水量不确定，因此为了保证气井正常生产和观察泡沫排水效果，起泡剂首次加注时应增大其用量。根据泡沫排水现场经验，起泡剂首次加注量一般为推荐用量的 2~3 倍。此后逐渐降低用量，以确定起泡剂的最佳加注量。用量的降低分成三个梯度进行，即 $2.5×A×(X_{max}+Y_{mx})$、$1.5×A×(X_{max}+Y_{max})$ 和 $A×(X_{max}+Y_{max})$。每改变一用量，观察 5 天，若气井能正常生产带液，则改成下一用量，否则恢复到上一用量继续观察，根据气井正常生产时产液量及气井生产情况调整最终用量。

（2）稀释比例。

①泡排车加注。

向套管加注：稀释比例应在 1:5~1:20 之间，稀释比例太小，药剂无法有效流入井底；太大，短时间内大量液体流入井底加大了气井负担；同时，出液时大量泡沫突然返出难以消泡。

向油管加注：稀释比例应在 1:5 之内。

②柱塞泵加注。

间歇或连续 24h 加注：稀释比例在 1:5~1:40 之间。

4）泡排工艺在高含硫气井中的应用

通过现场应用，泡排在维持气井正常生产的同时，取得了较好的防腐和泡排效果：缓蚀率 60%~80%，见表 5-8。

表 5-8 泡排增产情况

井号	泡排前（m³/d）			泡排后（m³/d）			增产（m³/d）	
	生产状况	日产气	日产水	生产状况	日产气	日产水	气	水
七里 28 井	连续	33323	1.06	连续	35725	1.50	2402	0.44
天东 18 井	连续	46502	0.72	连续	50200	0.96	3698	0.24
天东 19 井	连续	43403	1.27	连续	46422	2.07	3019	0.80
合计	—	123228	3.05	—	132347	4.53	9119	1.48

3. 含硫气井柱塞排水采气工艺技术

1）柱塞工艺概述

柱塞气举是间歇气举的一种特殊形式，柱塞作为一种固体的密封界面，在井下和井口之间周期运动，将举升气体和被举升液体分开，减少气体穿过液体段塞所造成的滑脱损失和液体回落，提高气体举升效率。关井时，柱塞在自身重力的作用下落到安装在生产管柱内的卡定器与缓冲弹簧总成顶部，随着天然气在井底聚集；开井时，高压气体将柱塞及其上部液体一同向上举升，液体被举出井口，完成一个举升过程。

含硫柱塞气举工艺与常规柱塞气举工艺大致相同，工艺流程主要分为地面和井下两部分。地面流程由控制器、薄膜阀、防喷管、捕捉器、柱塞到达传感器、压力传感器、调压阀、分液罐及控制流程安装附件等组成。井下部分由卡定器、缓冲弹簧、柱塞组成。柱塞工艺流程见图 5-12。

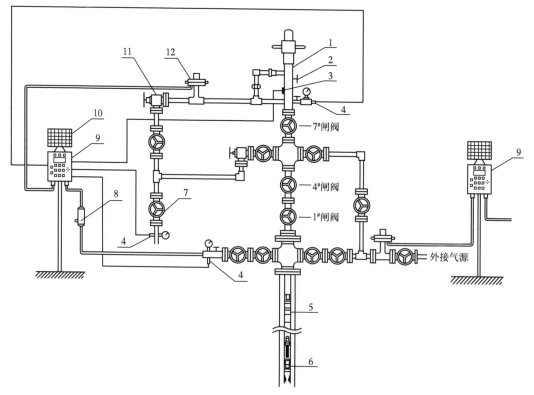

图 5-12　气源柱塞工艺流程图

1—柱塞防喷管；2—柱塞捕捉器；3—柱塞感应器；4—压力传感器；5—柱塞；6—井下卡定器；7—截止阀；
8—分液罐；9—柱塞控制器；10—太阳能面板；11—节流阀；12—薄膜阀；13—气举气源控制器

2）含硫柱塞气举的主要特点与应对措施

高含硫气井开展柱塞工艺必须解决井筒工具及地面工具设备的防腐蚀问题。主要从以下三方面予以考虑：（1）薄膜阀、气源管线、分离罐、调压阀等部件避免接触腐蚀介质，如可采用净化气或氮气瓶作为薄膜阀的驱动气源。（2）卡定器、柱塞、防喷管、薄膜阀等工具或配件采用抗硫材质，如 718 镍基合金、925 材质等。（3）在保证柱塞到达井口的条件下，控制井口压力，尽量增大开井时间，减少关井时间，从而降低井口压力。（4）通过调节井口开度及生产制度尽量避免柱塞对井口撞击过于剧烈。（5）加强巡井，加密检查工具的使用情况，尽早发现问题。

3）参数设计

收集齐全排水采气井基本数据资料后，需要对气井实施柱塞气举工艺的基本参数进行计算，为控制器的参数设定提供理论支撑，为也柱塞气举工作参数的优化设计提供评价基础。

（1）卡定器下深确定。

针对川渝气田排水采气工艺井生产特点，对应低压、小产水气井卡定器、缓冲弹簧总成的下深一般设计为靠近管鞋位置，见式（5-25）。

$$H_{max} = \frac{W_{GLR}}{GLR_{min}} \tag{5-25}$$

式中 H_{max}——卡定器最大下入深度，m；

W_{GLR}——生产井气液比，m^3/m^3；

GLR_{min}——应用柱塞所需的最小气液比，川渝气田可取 $200m^3/(m^3 \cdot 1000m)$，针对压力系数高的井，气液比可适当降低。

（2）最小工作套压。

当柱塞以上液面到达井口时所对应的井口套压即为最小工作套压。以往在计算最小工作套压时认为柱塞和液体段塞刚好到井口位置时，油套管中的压力处于平衡状态，即从套管折算到井底的压力等于从油管折算到井底的压力，由于环空中气体的流动速度很低，摩擦阻力可以忽略，柱塞摩擦阻力也很小，可忽略。假设柱塞下部油管内仅存在单相气体流动，可忽略油套管静气柱压力梯度的差别。当柱塞以上液面到达井口时所对应的井口套压即为最小工作套压，而且此时的井口油压近似为分离器压力（忽略分离器的压力波动和气体在集输管线中的流动摩阻）。于是给定卡定器位置和周期排液量下的最小工作套压为：

$$p_{cmin} = p_{wh} + p_{LH} + p_{LF} + p_{gt} + p_{gtf} - p_{gc} + M_p g / 10^6 A_t \tag{5-26}$$

式中 p_{cmin}——最小工作套压，MPa；

p_{wh}——井口油压，MPa；

p_{LH}——液段静液柱压力，MPa；

p_{LF}——液段运动摩阻损失压力，MPa；

p_{gt}——油管内静气柱压力，MPa；

p_{gtf}——油管流动流动摩阻损失压力，MPa；

p_{gc}——环空内静气柱压力，MPa；

M_p——柱塞质量，kg；

A_t——油管内横截面积，m^2；

g——重量加速度，取 $9.81m/s^2$。

（3）最大工作套压。

最大工作套压根据最小套压和管柱尺寸计算得到，忽略气体膨胀时其偏差系数的差异，按气体定律计算得到最大工作套压的公式：

$$p_{cmax} = \left(1 + \frac{A_t}{A_c}\right) p_{cmin} \tag{5-27}$$

式中 p_{cmax}——最大工作套压，MPa；

A_c——油套环空横截面积，m^2。

（4）最大油压。

在最大工作套压下，按 U 形管原理计算，公式如下：

$$p_{tmax} = \frac{p_{cmax} e^{f_1 H_c} - p_{LH}}{e^{f_1(H_c - H_L)}} \tag{5-28}$$

式中　H_c——卡定器下入深度，m；

H_L——举升的液段柱长度，m。

（5）柱塞运行所需最小气量。

柱塞气举运行一周期所需的最小气量包括：开井前油管内的气量和柱塞上升过程从柱塞和液体段塞滑脱的气量。最小周期需气量为：

$$V_g = 10^{-4} F_{gs} \frac{V_t}{B_g} = 0.2892 F_{gs}(L_c - h_1) \frac{p_{cmax}}{Z^T} \qquad (5-29)$$

式中　V_g——柱塞运行最低周期气量，$10^4 m^3$；

V_t——开井前液体段塞上的油管体积，m^3；

F_{gs}——气体通过柱塞和液体段塞的滑脱系数，一般取 1.15；

T——井筒平均温度，K；

Z——气体偏差系数；

h_L——相当于管鞋到油管内液柱长度，m；

L_c——油管深度，m；

B_g——天然气体系数，m^3/m^3。

（6）柱塞的运动速度。

结合国外公司现场实测数据和川渝气田现场应用情况分析，初步确定常用的双弹块柱塞上行速度：200~250m/min；刷式柱塞上行速度：120~180m/min；鱼骨柱塞上行速度：220~280m/min；弹块柱塞和刷式柱塞下落速度：40~55m/min；鱼骨柱塞下落速度：50~70m/min。

（7）柱塞运行周期。

柱塞运动的最大周期数是柱塞刚下落到卡定器后，立即开井使柱塞上行到井口，接着就关井使柱塞下落，如此反复所获得的一天内柱塞循环运行的工作次数。在最大周期下，柱塞举升井的平均井底压力和工作套压都最低，井的产气量最高，因此也称最佳周期。完成一个工作周期所需时间是由开井时间和关井时间组成。开井时间包括柱塞上行时间和柱塞到达井口后续流时间，关井时间包括柱塞下行时间以及柱塞在井底停留的时间。工作周期数为：

$$n_p = \frac{86400}{t_{pr} + t_{pdg} + t_{pdl} + t_{ps} + t_{pc}} \qquad (5-30)$$

式中　n_p——工作周期数，周期/d；

t_{pr}——柱塞上行时间，s；

t_{pdg}，t_{pdl}——柱塞分别在气体、液体中的下行时间，s；

t_{ps}——柱塞在井口的停留时间，s；

t_{pc}——柱塞在卡定器上的停留时间，s。

柱塞在井口和卡定器上停留的时间，应该根据地层气液比的高低来决定，并根据实际生产情况进行调整。对高气液比的气井，延长柱塞在井口停留的时间，有利于排水采气，柱塞可不在卡定器上停留，停留时间可根据周期放气量的大小进行估计。对于低气液比的气井，只有延长柱塞在卡定器上的停留时间，才能使套压恢复到足够高，柱塞可不在井口停留。柱塞不在井口停留而在卡定器上停留时，工作周期数最大。

柱塞上行时间：

$$t_{pc} = \frac{L_c}{\mu_{pu}} \tag{5-31}$$

式中　L_c——卡定器深度，m；

　　　μ_{pu}——柱塞上行速度，m/s。

柱塞在气体中的下行时间为：

$$t_{pgd} = \frac{L_c - h_1}{\mu_{pdg}} \tag{5-32}$$

式中　μ_{pdg}——柱塞在气体中的下行速度，m/s；

　　　h_1——液体段塞高度，m。

柱塞在液体中的下行时间为：

$$t_{pdl} = \frac{h}{\mu_{pdl}} \tag{5-33}$$

式中　μ_{pdl}——柱塞在液体中的下行速度，m/s。

4）柱塞工艺在含硫气井中的应用

为确保柱塞气举工艺在含硫气井安全应用，井口采用抗硫材质防喷管、捕捉器等作为配套，控制气源管线采用高压抗硫不锈钢管，气动阀动力气源采用净化气。目前柱塞工艺已在铁山12井、雷12井等含硫气井中推广应用。铁山12井完钻井深4015m，CO_2 18.6g/m³，H_2S 14.2g/m³，射孔层段3954~3998m。地层压力为27.3MPa，产层中部温度为103.9℃，卡定器深度3929m。

2011年9月18日开始采用柱塞工艺，完全依靠气井自身能量生产。多个工作制度下运行参数稳定，柱塞均顺利到达井口，经受住了硫化氢的腐蚀，实现效益开发，清洁开采，延长气井自喷生产期，推迟上其他工艺措施的时间。其中一个制度下，柱塞每天运行9个周期，关井1小时52分钟，开井32分钟，油压2.2~8MPa，套压8~11.6MPa，日产气（1.2~1.5）×10⁴m³，日产水11.5~15m³。

4. 高含硫气井气举排水采气

1）气举工艺概述

气举是气井在地层能量不足以将液体举升到地面或达不到预期产量要求时，通过压缩机或者高压气源井把高压气体（天然气、N_2、CO_2 等）注入井内，注入气体降低气液混合物密度，从而降低举升管中流压梯度，并利用其能量举升液体的一种人工举升方式。它与其他人工举升方式一样，能够建立所需的井底流压，达到排出井底液体的目的。目前川渝气田已经在高含硫气井中开展了多口井的油管射孔气举及下阀气举工艺。气举在高含硫气井中应用含硫达到98g/m³，深度达到5400m，排水量达到800m³/d。常规高含硫气举地面流程见图 5-13，净化气经过压缩机增压后从油套环空注入井筒，注入气在井筒与井筒流体混合后从油管举到地面，经过分离器分离，天然气进入外输系统外输，气田水经过闪蒸罐后实现密闭回注。

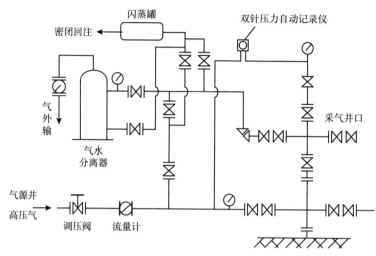

图 5-13　气举流程

2）高含硫气井气举工艺的特点与应对措施

高含硫气井往往井下有永久式封隔器，对于永久封隔器完井的井，修井难度大、费用高、排水采气难度大。由于前期管柱已经入井，后期出水影响气井生产，可在油管上进行射孔建立环空与油管的通道实现气举。通过实验确定使用的射孔枪枪型及弹药量，使其能够在对套管损害最小的情况下打通油管。针对新完井及修井排水采气的井，可以下入单流阀、气举阀、破裂盘等特殊工具实现气举排水采气，但工具必须采用高抗硫材质。地面压缩机可以采用高抗硫压缩机，并且采用净化气作为气举气源。近年西南油气田针对龙王庙、龙岗等气藏的高温高压高含硫气井，研制了充氮 35MPa 气举阀，在同样的条件下，可显著减少布阀数量，提高气举工艺的可靠性。下面是针对高含硫气井新完井、二次完井及不修井气举的工艺对策。

（1）新完井及二次完井气举排水采气。

新完井及二次完井气举排水采气随油管下入井下工具实施气举或者泡排，如单流阀、气举阀或者破裂盘。当需要排水采气时，从环空打压使破裂盘破裂，沟通油套环空。对于水量小、水气比较高、自喷困难的气井采用泡排，对于产水量大，不能靠自身能量连续生产的井，采用油套环空注净化天然气气举。

（2）已完井排水采气。

针对已下入封隔器的井，如果封隔器已经解封，能够满足气举或者泡排需要，可直接采用硬举方式气举。如封隔器未解封，可根据压缩机、地层压力、封隔器深度等情况，在合适的深度对油管进行射孔，建立油套连通通道，开展泡排或者气举排水采气，排水采气管柱方案如图 5-14。

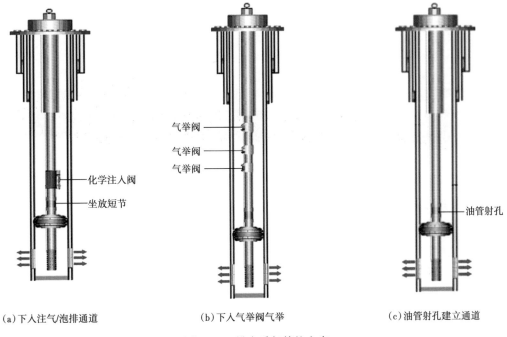

(a)下入注气/泡排通道   (b)下入气举阀气举   (c)油管射孔建立通道

图 5-14 排水采气管柱方案

3)气举装备及工具

(1)压缩机。

压缩机是气举工艺的重要设备,目前四川气田应用的天然气压缩机排出压力可达 40MPa,排量 $6\times10^4m^3/d$,最高抗硫等级为 $20g/m^3$,而且地面采用高含硫气体进行压缩安全性差,高含硫气井可采用净化气作为吸入气源,通过压缩机压缩后气举。临时性的气举排液可以采用液氮或者制氮车进行气举。制氮车利用分子筛原理制备氮气,从空气中分离氮气提供稳定的气源,生成氮气能力可达 $1200m^3/h$,氮气纯度可达 95%以上,工作压力可达 35MPa。

(2)高抗硫气举阀。

气举主要井下工具为气举阀、气举阀工作筒等,气举阀其实质是可根据需要开关的注气阀门,气举阀采用多只串联的形式下入井中,其目的在于保证举升时能够自上而下工作(图 5-15),井筒液柱能逐段地卸载,被举升井可以在较短注气时间内完成卸载。针对高含硫井一般采用 718 材质井下工具,并改进焊接工艺,提高工具抗腐蚀能力,通过优化设计减少井下气举阀数量,增大井筒可靠性。

图 5-15 气举阀

(3)高抗硫气举阀工作筒。

气举阀工作筒是阀的载体,常用的为整体式气举工作筒,整体式气举阀工作筒强度高于相连接的同类型的油管(图 5-16),使用寿命高于油管,在高含硫气井中一般采用高抗酸性的 718 材质的工作筒,增加井筒可靠性。考虑增产作业的承压要求,抗温耐蚀气举井下工具采用高抗硫材料,冷加工技术加工,采用可靠的连接和密封方式。

图 5-16　整体式气举工作筒

4)气举优化设计

(1)布阀设计。

由于高含硫气藏,需要在完井投产时即下入气举管柱,气井产量情况可能会出现较大变化,要求其气举工艺设计有较大的适应范围。受气举阀承压能力的限制,在增产作业过程中为了保护气举阀,需对气举阀下入深度进行优化,并对酸化施工过程中环空平衡压力提出要求,由于井下有永久式封隔器,这类井的气举为半闭式气举,工作阀将长期工作,对工作阀的可靠性要求更高。为提高整个管柱的可靠性,气举工艺应尽量减少气举阀支数,气举设计过程中,在压缩机能力范围内应考虑采用高注气压力,来减少下阀数量。

①顶阀设计。

顶阀深度按 U 形管原理来考虑比较保守,没有考虑油套环空或油管内液体在注气压力作用下,液体进入地层,采用该方法对于龙岗海相碳酸盐岩气藏 6000m 深井进行设计的话,会导致气举阀支数过多、降低气举系统的可靠性,同时设计最深一级的气举阀举升深度受到限制,注气压力不能有效地得到利用,也无法大幅度拉大井底生产压差,使气水井快速复产或提高气举井举升效率。适当增加顶阀深度,充分利用压缩机或高压气井提供的注气压力进行气举设计。

地层吸液指数为 0 时顶阀深度为:

正举:
$$L_1 = L_静 + \frac{P_{ko}}{\frac{V_环}{V_油} \times G_s} \tag{5-34}$$

反举:
$$L_1 = L_静 + \frac{P_{ko}}{\frac{V_油}{V_环} \times G_s} \tag{5-35}$$

地层吸液指数为 100% 时顶阀深度为:

$$L_1 = L_静 + \frac{P_{ko}}{G_s}$$

地层吸液指数为 K 时顶阀深度为：

正举：
$$L_1 = L_{静} + \cfrac{P_{ko}}{\cfrac{V_{环}}{V_{油}} \times (1-K) \times G_s} \tag{5-36}$$

反举：
$$L_1 = L_{静} + \cfrac{P_{ko}}{\cfrac{V_{油}}{V_{环}} \times (1-K) \times G_s} \tag{5-37}$$

式中　L_1——设计顶阀深度，m；

$\qquad P_{ko}$——启动注气压力，MPa；

$\qquad P_{whf}$——井口油压，MPa；

$\qquad G_s$——静液梯度，MPa/m；

$\qquad L_{静}$——静液面深度，m；

$\qquad V_{环}$——未注气时顶阀以上液体所占环空容积，m^3；

$\qquad V_{油}$——未注气时顶阀以上液体所占油管容积，m^3。

②其余阀设计。

变地面注气压力设计法也称降低注气压力设计法，或称套压递减法，适用于注气压力操作阀。要求逐级降低打开井下各级气举阀的套管注气压力，以保证下一个气举阀注气以后，关闭其上部各卸载阀。下面采用图解方式(图 5-17)说明其设计步骤：

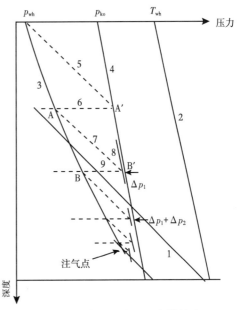

图 5-17　变地面注入压力设计法

a. 绘制静液梯度曲线 1；

b. 假设井筒温度呈直线分布，绘制井下温度分布曲线 2；

c. 从井口油压起，利用静压力曲线作井口到注气点深度的最小油管压力分布曲线 3，代表气举情况下气液比最大时的油管压力梯度；

d. 从顶阀位置点 A′ 向左作水平线 6 与最小油管压力线 3 相交，交点 A 对应压力即顶阀的最小油管压力；

e. 将地面注气压力降低 Δp_1，作一条平行于注气压力梯度曲线的平行线 8；

f. 从顶阀最小油压处开始作压井液梯度曲线的平行线 7 与减去 Δp_1 的注气压力梯度曲线 8 相交，交点 B′ 对应深度为第二个阀位置；

g. 从第二个阀位置向左作水平线 9 与最小油管压力线 3 相交，交点 B 的压力即第二个阀的油管压力；

h. 将地面注气压力降低 $(\Delta p_1 + \Delta p_2)$，作注气压力梯度曲线的平行线；

i. 重复第 e 至 g 步骤，用同样的方法确定以下各级阀的位置，一直计算到注气点深度以下为止。

③确定气举阀相关参数。

a. 确定各阀的注气压力（打开压力）p_{vo} 和流压 p_t 及对应的温度；

b. 阀尺寸的选择。一般采用油压梯度曲线确定各个阀的气液比和注气量，根据阀上、下游压力按气体嘴流公式计算阀的孔径。阀尺寸不可太小，否则不能通过足够的气量，使高产的气举装置无法卸载。一般工作阀的尺寸通常应比最后一级卸载阀大一个尺寸，以保证井卸载后的正常作业；

c. 确定各阀的关闭压力 p_{vc} 和最小流压以及充气压力和地面调试压力。

根据热力学原理，嘴流临界压力比为

$$\left(\frac{p_2}{p_1}\right)_c = \left(\frac{2}{k+1}\right)^{\frac{k}{k-1}} \tag{5-38}$$

式中　k——气体绝热指数，当 $\frac{p_2}{p_1} \leqslant \left(\frac{2}{k+1}\right)^{\frac{k}{k-1}}$ 时，为临界流，否则为亚临界流。

根据气体嘴流的等熵原理，对于亚临界流状态，流量与压力比的关系可表示为

$$q_{sc} = \frac{0.408 p_1 d^2}{\sqrt{\gamma_g T_1 Z_1}} \sqrt{\frac{k}{k-1}\left[\left(\frac{p_2}{p_1}\right)^{\frac{2}{k}} - \left(\frac{p_2}{p_1}\right)^{\frac{k+1}{k}}\right]} \tag{5-39}$$

式中　q_{sc}——通过油嘴的体积流量（标准状态下），$10^4 \mathrm{m}^3/\mathrm{d}$；

p——压力，MPa；

d——嘴眼直径，mm；

T——温度，K；

Z——气体偏差系数。下标 1、2 分别表示嘴前、嘴后位置。

（2）油管射孔气举设计。

油管射孔气举设计不但要考虑到能够顺利启动，并且需要考虑到启动够能顺利接入天然气压缩机，还需要考虑到油管射孔参数及油管强度问题。射孔过深会导致启动失败或者接入天然气压缩机失败。射孔深度太浅，会导致气举举升深度小、压缩机不能充分利用的问题。射孔参数不恰当也会导致气举通过气量不够或者油管安全强度低的问题。设计流程如图 5-18 所示，主要步骤：

①由地层压力得到井筒静压力剖面；

②分析不同产水量、不同流通气量情况下对应的井筒流动压力剖面；

③计算不同注气压力下的注气压力剖面；

④根据静压力剖面与注气压力剖面得到不同注气压力下最深启动深度；

⑤根据井筒流动压力剖面与注气压力剖面得到不同注气压力下掏空深度；

⑥考虑一定过孔压差情况下（如 1MPa），通过所需气量的孔径及孔数，并对油管安全强度校核。

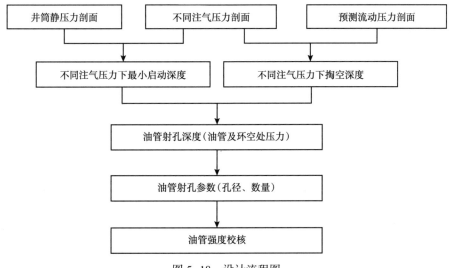

图 5-18　设计流程图

5）气举工艺在含硫气井中的应用

（1）新完井气举应用。

龙岗 001-29 井从气井测试完井就将抗温耐蚀气举井下工具随完井管柱下入。气举阀及工作筒均采用 718 材质，酸化施工后采用液氮进行气举。在该井酸化施工过程中，套压最高达 27.6MPa，加上环空清水静液注压力，折算气举底阀所承受的压力达 72.78MPa，酸化施工最高泵压 49MPa，油压 42.0~49.0MPa，套压 7.0~27.6MPa，气举阀及工作筒均在承受高压状态下及高温（产层温度 130.9℃）高含硫（H_2S 浓度 81.15g/m^3）环境中保证了密封，抗温耐蚀气举井下工具应用工况可靠（图 5-19，表 5-9）。

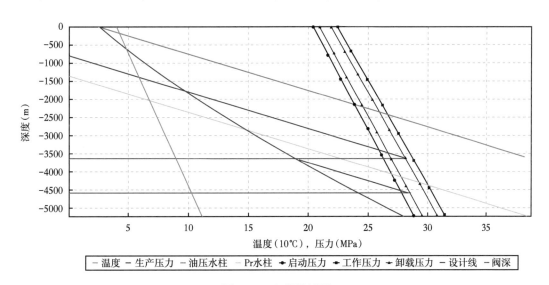

图 5-19　气举设计图

表 5-9　龙岗 001-29 井气举阀设计参数

阀序号	1	2
阀深度（m）	3639 斜/3600 垂	4580 斜/4520 垂
阀座孔径（mm）	4.5	5.0
阀深度处温度（℃）	103.5	113.6
设计打开压力（MPa/psi）	23.5/3408	21.3/3089
工作筒类型	3½in 整体式 BGT1 抗硫工作筒，$\phi_外 = 140mm$，$\phi_内 = 74mm$	

（2）已完井气举应用。

龙岗 2 井产层中垂深 5964m，产层中部压力 57.7MPa，产层中部温 135.1℃，该井硫化氢含量为 98.5g/m³，地层水中硫化氢含量 1660mg/L。油管射孔深度（4500~4510）m ±5m，有效孔数 4 孔，孔径 5~7mm，初期采用液氮启动，压力 31~35MPa，启动后采用 35MPa 天然气压缩机接替，气举工作压力 28~32MP，井口油压 8~12MPa，排水量（500~700）×10⁴m³/d，产气量（1~3）×10⁴m³/d，注气量（4~5）×10⁴m³/d。

第四节　动态监测技术

在高温高压高含硫气井的开发生产过程中，为了及时掌握高含硫气藏开发的特殊性，针对瓶颈问题研究相应对策，为保障气田高效开采提供支撑，赢得开发优化调整的有利时机，动态监测必不可少。同时，高含硫气藏具有 H_2S 含量高、井深、井温高、压力高等特点，对气井动态监测工具设备和现场安全施工的安全性提出了更高的要求。

一、温度、压力监测

在我国油气田开发过程中，动态监测已有一些成熟技术，动态监测主要是对气井压力、温度、流量进行监测。主要包括两类：一是井口监测，二是井下监测。井口监测通过在井口安装高精度电子压力计，监测井口温度、压力，同时也能够反应井底压力的变化。井下监测主要是通过工具将测试仪器送入井下，对气井井底压力、温度进行监测。常用的主要有以下几种监测方式：常规钢丝作业监测、永置式监测、连续油管监测、井下无线传输监测，在高含硫气井中主要应用钢丝作业监测、永置式监测。

1. 钢丝作业监测

钢丝作业监测是一项成熟的压力、温度监测技术，它通过钢丝将压力计下入井筒测试井底压力和温度。钢丝主要包括钢丝和电缆，其中电缆可以直读井底压力。随着技术的进步，投捞式监测成为更简便、快捷的监测方式，即将压力计下入井筒后可撤离井场，待测试结束后再将压力计捞出，回放数据。目前投捞式分为座放式和悬挂式。座放式预先随完井管串下入座放工作筒，测压工具串座放于工作筒，测试位置受工作筒位置限制（图 5-20）；悬挂式则将测压工具串上连接在专用的油管悬挂器上，地面通过绞车的变速操作，使油管悬挂器的卡瓦张开，卡在油管内壁上，理论上对于直井可测试任意位置。

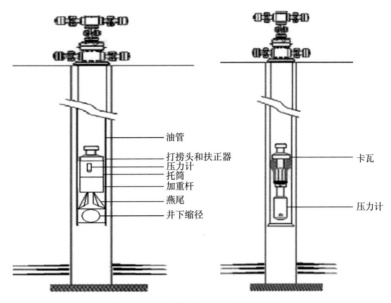

图 5-20　投捞式压力监测示意图

油管
打捞头和扶正器
压力计
托筒
加重杆
燕尾
井下缩径

卡瓦
压力计

钢丝投捞监测作业简单，成本低，能够实现较长时间的连续监测。但采用钢丝时无法直读数据，作业时存在卡、掉风险。同时，受井斜角限制，对大斜度井、水平井实施动态监测时受限，无法下入产层中部。该技术应用比较成熟，广泛应用于普通气井及高含硫气井的监测施工。

2. 永置式监测

永置式监测主要包括毛细管压力监测系统、电缆永置式电子压力计监测系统、光纤监测系统。永置式监测初期设备投入费用高，能够连续长时间实现动态监测。主要包括：传感器工作筒、传感器、电缆、电缆保护器/护带，密封装置总成，地面数据采集系统，如图5-21。永置式监测需要在环空下入光缆、电缆或者毛细管，在高含硫气井中由于对井筒完整性要求较高，在磨溪

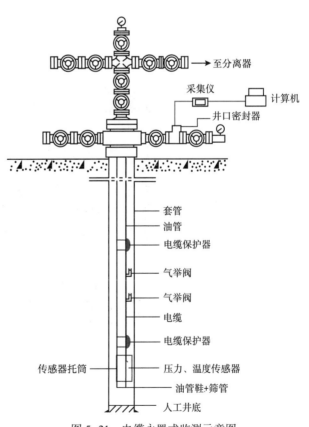

至分离器
采集仪
计算机
井口密封器
套管
油管
电缆保护器
气举阀
气举阀
电缆
电缆保护器
传感器托筒
压力、温度传感器
油管鞋+筛管
人工井底

图 5-21　电缆永置式监测示意图

11 井、磨溪 9 井开展光纤永置式试验。

电缆永置式监测技术的核心是采用 ERDTM 电谐振膜片（Electrical Resonating Dia-phragm）压力、温度传感技术。电谐振膜片是井下感应组件，由地面控制激发的共振膜片。压力、温度传感器受地面激发后将以测点压力和温度相关的频率振荡，通过电缆将信号传至地面，经计算处理，得出该探测位置的压力和温度数据。

（1）井下设备：传感器工作筒、传感器、电缆、电缆保护器和/或护带

（2）地面设备：井口密封装置总成、地面数据采集系统

3. 动态监测装备及工具

高含硫气田高含 H_2S、CO_2 等酸性气体，具有强烈的腐蚀性，为了适应于高含硫气井试井的需要，高含硫气井试井的整套设备必须具有高抗硫、二氧化碳等酸性气体特征，且精度高、技术性能稳定、安全可靠、抗震、适应工作环境和使用维修方便等特点。随着试井工艺技术的不断提升，高含硫气井试井测试作业能力大大提升：井口压力 $\leqslant$ 60MPa，$H_2S \leqslant 250g/m^3$，$CO_2 \leqslant 250g/m^3$。最大作业井深 6000m，最大测试产量 $120 \times 10^4 m^3/d$，大产量下测试工具最大下入井斜角 47°。

1）高含硫试井车

西南油气田引进双滚筒液压高含硫钢丝试井车，绞车最大提升能力 21kN，具备电子和机械式深度显示及电子式张力和速度显示，如图 5-22、图 5-23 所示。

图 5-22　双滚筒液压试井车

2）高抗硫试井设备和工具

高抗硫试井工具适应工作压力 70MPa，地层温度 175℃，H_2S 250g/m³，CO_2 250g/m³ 的工作环境，试井设备和工具如图 5-24 所示，性能参数见表 5-10。

图 5-23　试井车控制面板

(a)注脂泵撬密封泵系统

(b)高抗硫防喷器与防喷管

(c)高抗硫存储式电子压力计

(d)高精度井口压力计

(e)高抗硫双滚筒钢丝

(f)高抗硫加重杆与万向接头

图 5-24　高抗硫试井设备和工具图

表5-10　高抗硫试井设备和工具性能参数

试井设备	规格型号	工作压力（MPa）	抗硫等级
钨加重杆 （外壳为718材质）	外径35mm，长度0.62m 单根重量8kg	—	适应 H_2S 250g/m³，CO_2 250g/m³ 的工作环境
单翼液压防喷器	内径77mm	70	
防喷管	内径76mm	70	
防喷盒	ϕ2.74mm/2.34mm 各1套	70	
注脂短节	—	70	
试井钢丝	MP35N，长度7000m，直径2.74mm	—	
电子压力计（718材质）	Panther，外径31.8mm	103	
井口存储/直读式 电子压力/温度计	3.9in（1/2NP连接头）	103	

高含硫气田试井使用的是MP35N高抗硫试井钢丝，产品性能参数见表5-11、表5-12。

表5-11　高抗硫试井钢丝基本参数

直径（mm）	单位长度净重（kg/m）	最小断裂拉力（kg）
2.34	0.034	715
2.74	0.051	976

表5-12　高抗硫试井钢丝元素百分比以及结构

型号	镍	铬	钼	氮	抗点蚀当量值	微结构
MP35N	35.0	20.0	10	—	53.0	奥托体

西南油气田高含硫试井基本采用进口仪器，见表5-13，针对高含硫高温高压气井的高温高压石英电子压力计，具有如下特点：①存储模块可拆除更换；②"O"形密封圈部分有倒角，更好的密封；③传感器裸露部分变大，只需70s即可实现温度传输；④存储容量增大至170万组数据，更适宜于长时间测试。

表5-13　高温高压石英电子压力计基本参数（加拿大DData Can公司）

名称	规格型号
高温高压石英晶体存储式电子压力温度计	外径：1.25in，压力量程：0~20,000psi； 温度量程：0~200℃，材质：Inconel 718； 压力精度：0.020%F.S，分辨率：0.00006% F.S； 温度精度：0.25℃，分辨率：0.005℃； 金属对金属密封 Modular Memory Cartridge； Fast response，存储量：170万组数据

名称	规格型号
导锥	外径：1.25in，材质：Inconel 718
接接头	外径：1.25in，材质：Inconel 718
电池筒	外径：1.25in，材质：Inconel 718，2 x "Sub CC" 电池，30000 psi rating
存储模块	Memory Module_200℃
220℃高温锂电池	2 x "Sub CC"_4 Pin Lemo_200℃ MR
高抗硫 O 圈工具包	1.25in 电子压力温度计，Aflas 7182B

4. 高含硫气井动态监测应用

在川渝地区高含硫气田开展了全面动态监测，这些测试井分布在四川高含硫气田各个不同的构造位置上，主要是中坝雷三、罗家寨气田、龙岗气田、龙王庙组气藏、龙会场气田等，开展动态监测取得了较为全面的井下动态资料，掌握高含硫气藏动态，为高温高压高含硫气田的安全高效开发提供了强有力的支撑，见表 5-14。

表 5-14 部分高含硫井压力监测情况

序号	井号	时间	作业内容	油压（MPa）	H_2S 含量（g/m³）	作业深度（m）
1	龙岗 271 井	2010.1.6	探液面	39.86	55.2	4200
2	龙岗 001-3 井	2010.1.8	测地层流压流温	16.2	35.06	5745.04
3	龙岗 28 井	2010.1.10	测地层流压流温	35.65	71.46	5888.17
4	龙岗 6 井	2010.1.12	测地层流压流温	30.0	44.8	4692.27
5	龙岗 27 井	2010.1.13	测地层流压流温	17.5	39.5	4648.15
6	龙岗 001-29 井	2010.3.24~3.25	探液面、测压	39.48	81.15	5000
7	龙岗 001-2 井	2010.4.3	测地层流压流温	22.2	55.43	5537.8
8	龙岗 001-18 井	2010.5.9~5.26	稳定试井	41.2	48.35	6010
9	龙岗 001-8-1 井	2010.5.29~6.1	稳定试井	41	50.43	5844.27
10	龙岗 001-11 井	2010.5.26	测静压	18	62.40	5638.58
11	龙会 6 井	2010.7.13	测地层静压静温	11.5	48.934	3800
12	龙会 3 井	2010.7.15	测地层静压静温	20.4	43.756	4765

高含硫气井流动压力测试最早在罗家寨气藏罗家 11H 井成功实施。罗家 11H 井为一口水平井，于 2003 年 12 月 21 日完钻。完钻斜深 4143m，垂深 3474.37m。造斜点井深 3100m，A 点井深 3703m。水平段长 540m，最大井斜角 99.85°。采用 φ114.3mm 油管带永久性封隔器管柱完井，如图 5-25 所示。罗家寨飞仙关组气藏具有高含 H_2S 和 CO_2 的特点，H_2S 含量在 7.13%~10.49%，CO_2 含量在 5.13%~10.41%之间。

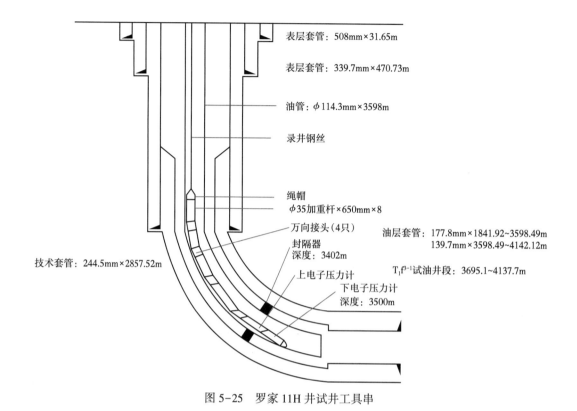

图 5-25　罗家 11H 井试井工具串

表层套管：508mm×31.65m

表层套管：339.7mm×470.73m

油管：ϕ114.3mm×3598m

录井钢丝

绳帽
ϕ35加重杆×650mm×8

万向接头（4只）

封隔器
深度：3402m

油层套管：177.8mm×1841.92~3598.49m
139.7mm×3598.49~4142.12m

T_1f^{3-1}试油井段：3695.1~4137.7m

上电子压力计

下电子压力计
深度：3500m

技术套管：244.5mm×2857.52m

罗家 11H 井最高测试产量 115.7×10⁴m³/d，测试点最大井斜 47°。高含硫气井试井的整套设备必须具有高抗 H_2S、CO_2 等酸性气体特征，且精度高、技术性能稳定、安全可靠、抗震、适应工作环境等特点。为确保高产量、大井斜情况下井下工具安全，加重工具串采用多个加重杆加重。

2004 年 6 月 6 日在罗家 11H 井开展修正等时试井，试井施工过程中，工具串起下操作顺利，防喷管柱和井下工具串在整个测试过程中工作性能可靠，试井工艺是成功的，并获得了相关测试资料。主要测试制度：

（1）开井，井口压力 p_t：29.9MPa，p_c：4.42 MPa，测试产量 29.1×10⁴m³/d；

（2）开井，井口压力 p_t：29.6MPa，p_c：4.42 MPa，测试产量（57~63）×10⁴m³/d；

（3）开井，井口压力 p_t：28.7MPa，p_c：12.2 MPa，测试产量 90×10⁴m³/d；

（4）开井，其中 18：01~18：35 产量调整，压力 28.2MPa，稳定产量 115.7×10⁴m³/d。

龙岗地区礁滩气藏属于深层、高温气藏。产层中部垂深在 5000~6200m 之间，飞仙关产层中部压力 52.93~61.35MPa，温度为 132.5~141.4℃，压力系数 0.993~1.137；长兴组产层中部压力 53.42~62.54MPa，温度 130.9~144.4℃，压力系数 0.973~1.037，飞仙关、长兴组均为常压、高温气藏。龙岗区块地温梯度为 1.84~2.02℃/100m，产层中部温度为 132.5~144.4℃属于高温气藏。飞仙关气藏平均温度 134.35℃，长兴组气藏平均温度为 140.72℃。龙岗井深，产层达到 6000m，压力达到 60MPa，温度高达 144℃，动态监测难度大，为了取得龙岗第一手资料，在龙岗大量开展了动态监测。

以龙岗 001-18 为例，该井 2009 年 12 月 21 日投产，投产初期油压 33.2MPa，截至 2010 年 3 月 31 日，该井油压 31.95MPa，日产气量 $25.38 \times 10^4 m^3$，日产水量 $33.75m^3$。采用万向接头、加重杆、压力计工具串成功地将压力计下入设计深度（最大 6010m，试井停点井深 6000m，最大井斜达 45.53°），开展了动态测试，测试结果见表 5-15。

表 5-15 测试结果

深度 (m)	静压、静温测试		流压、流温测试	
	压力（MPa）	温度（℃）	压力（MPa）	温度（℃）
0	41.038	15.89	29.362	58.37
500	42.397	29.81	30.927	75.83
1000	43.73	39.97	32.468	84.98
1500	45.052	49.54	34.175	93.64
2000	46.356	60.21	35.654	100.92
2500	47.619	71.32	37.36	108.8
3000	48.887	82.44	38.746	115.9
3500	50.125	93.84	40.142	122.76
4000	51.355	103.88	41.878	127.44
4500	52.563	112.49	43.06	132.74
5000	53.758	121.33	44.733	136.66
5500	54.921	127.8	46.096	139.75
5800	55.49	132.14	46.805	140.85
5900	55.684	134.24	47.329	141.22
6000	55.867	137.44	47.635	141.52

实测分析井筒静压力梯度为 0.0025MPa/m，静温度为 0.0198℃/m，折算至产层中深（斜深）6411.165m 处的静压力为 57.33MPa，静温度为 147.36℃。

实测分析井筒流压梯度为 0.003MPa/m，流温梯度为 0.0136℃/m，5000～5800m 流温梯度为 0.0036℃/m，折算至产层中深（斜深）6411.165m 处的流动压力为 48.79MPa，流动温度为 143.16℃。

二、气井井下管柱腐蚀速率监测

气井的腐蚀监测技术是指为研究气井设备管道材质的腐蚀状态，对腐蚀速度以及某些与腐蚀相关的参数进行系统地测量，同时根据测量的结果指导腐蚀控制的技术。腐蚀监测可有效地监测腐蚀状况和防腐措施效果，以便及时制定正确的防腐方案。挂片测试、电化学测试、缓蚀剂残余浓度分析是腐蚀监测的重要手段，将三种方法综合使用其效果更理想。腐蚀监测技术目前采用的主要方法有：挂片法、电阻探针法、电化学法、电位监测法、磁感法、电视成像法、分析法（金属离子浓度、pH、氧浓度等）、超声波法，涡流法，红外成像（热像显示）法、声波发射法、警戒孔法、谐振频率法以及薄层激活技术等。

1. 挂片法

挂片法全称应为失重挂片法，是一种经典的监测腐蚀速率的方法。这种方法是把已知重量和尺寸规则的金属试片放入被监测的腐蚀系统介质中，经过一定时间的暴露期后取出，仔细清洗并处理后称重，根据试片质量变化和暴露时间的关系计算平均腐蚀速率。

由于气井井下环境（井深、井下温度、压力、气流流量等）条件限制，失重挂片法成了目前井下油套管的腐蚀监测唯一能够采用的方法。

井下的油套管腐蚀检测挂片法通常使用专门的夹具固定试片，并使试片与夹具之间、试片与试片之间相互绝缘，以防止电偶腐蚀效应的产生；实验测试中应尽量减少试片与支撑架之间的支撑点，以防止缝隙腐蚀效应。

挂片法的主要优点有：许多不同的材料可以保留在同一位置，以进行对比试验和平行试验；可以定量地测定均匀腐蚀速度；可直观了解腐蚀现象，确定腐蚀类型。

挂片法的局限性组要在于：试验周期受气井的生产条件和修井计划限定，这对于腐蚀试验来说是很被动的。挂片法只能给出暴露时间段的总腐蚀质量，提供该实验周期内的平均腐蚀速度，反映不出有重要意义的介质条件变化所引起的腐蚀变化，也检测不出短期内的腐蚀量或偶发的局部严重腐蚀状态。

2. 电阻探针法

于正在运转的设备中插入一个装有金属试片的探针（电阻探针），金属试片的横截面积将因腐蚀而减小，从而使其电阻增大。如果金属的腐蚀大体上是均匀的，那么电阻的变化率就与金属的腐蚀量成正比。周期性地精确测量这种电阻增加，便可以计算出经过该段时间后的总腐蚀量，从而就可以算出金属的腐蚀速率。

把测量的电阻数据相对时间作图，可以得到各个时刻的斜率（单位时间内的电阻变化）及斜率变化。从有关斜率可以按下式把电阻变化转换成腐蚀速率 v：

$$v = 0.00927F\frac{\Delta R}{\Delta T} \tag{5-40}$$

式中　ΔR——腐蚀计读数变化（即电阻变化），Ω；

　　　ΔT——发生的电阻变化 ΔR 所经历的时间，d；

　　　F——探针系数（随探针类型不同，在 0.5~25 之间选择）。

3. 电位监测技术

电位监测技术可以在不改变金属表面状态、不扰乱生产体系的条件下从生产装置本身得到快速响应；它也能用来测量插入生产装置的试样。电位法已在阴极保护系统监测中应用多年，并被用于确定局部腐蚀发生的条件，但它不能反映腐蚀速率。电位监测技术采用的测试元件被称为电位探针。

这种监测技术是基于金属或合金的腐蚀电位与它们的腐蚀状态之间存在着某种对应的特定关系。由极化曲线或电位—pH 图可以得到电位检测所对应的材料的腐蚀速度。检测具有活化/钝化转变体系的点位，从而确定它们的腐蚀状态时该技术使用范围的一个例子。众所周知，孔蚀、缝隙腐蚀、应力腐蚀开裂以及某些选择性腐蚀都存在各自的临界点位或敏感电位区间。

应用电位监测主要有以下几个领域：阴极保护和阳极保护；电位监测在工业上应用的第二个领域就是通过电位测量，判断生产装置的设备处于活化或是钝化状态。在钝化状态下，腐蚀速度通常很低而可以接受。但在活化状态下，腐蚀速度要大很多，如果体系的极化曲线行为已知，就可以估算出实际的腐蚀速度。

4. 线性极化技术

线性极化法是一种快速测定金属瞬时腐蚀速度的方法，其原理是腐蚀金属电极在腐蚀电位附近进行微极化，利用腐蚀电流与极化曲线在腐蚀电位附近的斜率成反比的关系，求出腐蚀电流，即：

$$I_{corr} = B/R_p \qquad\qquad (5\text{-}41)$$

$$\frac{1}{R_p} = \left(\frac{dI}{d\Delta E}\right)_{\Delta E=0}$$

$$B = \frac{b_a b_k}{2.3(b_a + b_k)}$$

式中　I_{corr}——腐蚀电流，A；

　　　R_p——极化电阻，它的倒数等于 $\Delta E=0$ 或 $E=E_c$ 时的极化曲线的斜率；

　　　B——线性极化测量中的比例常数；

　　　b_a、b_k——腐蚀体系中阴、阳极极化曲线的塔菲尔常数。

线性极化探针是线性极化技术中用来监测系统装备、设备腐蚀速度并获得广泛使用的腐蚀测试传感元件。图 5-26 为线性极化探针照片。

图 5-26　线性极化探针照片

线性极化探针有以下几个特点：线性极化探针可以快速灵敏地定量测定金属的瞬时全面腐蚀速度。这有助于解决诊断设备的腐蚀问题，便于获得腐蚀速度与工艺参数的对应关系，可以及时而连续地跟踪设备的腐蚀速度及其变化。连续测量且可以向信息系统或报警系统馈送信号指示，以帮助生产装置的操作人员及时而正确的判断和操作，线性极化探针可以提供设备发生孔蚀或其他局部腐蚀的指示，这被称为"孔蚀指数"。线性极化探针已经广泛用于工厂设备的各种环境中的腐蚀监测。

5. 氢渗透法

采用氢渗透法进行酸性气田的腐蚀监控，采用的传感器是氢探针，氢探针的工作原理是：基于氢能在金属中扩散渗透，通过测量金属内部氢压力或电化学方法求得氢原子在金属中扩散系数，进而可得到氢原子对钢的渗透量，表征为金属材料的氢损伤状态。

第六章 修井工艺技术

高温高压高含硫气井具有温度高、压力高、井深、含硫化氢和二氧化碳等特点，其完井管柱以永久式封隔器加井下安全阀为主，由此造成修井作业中存在油套隔绝，导致气井压井难、作业风险高、永久式封隔器处理难度大以及暂闭、弃置要求高等修井技术难点。

第一节 压井工艺技术

以永久性封隔器完井管柱处理为主要目的高温高压高含硫气井修井是一项系统工程，除常规带压作业外，压井作为修井动管柱前的必备条件，如何选择压井液、确立压井参数和选择压井方法，对高温高压高含硫气井修井作业举足轻重。

一、修井液

1. 修井液选用原则

修井液的选择需综合考虑压力控制、储层保护、修井工艺及硫化氢的安全控制需要。

1）满足压力控制需要

任何修井作业都需要修井液能够安全合理地控制地层压力，防止因井底压力控制不合理导致井涌、井喷等安全事故。但在压井过程中又必须选择合理的修井液密度，避免修井液密度过高对地层造成过大的回压，使得入井流体进入地层对储层造成伤害；避免修井液密度设计不合理，导致油管及套管承压能力不足，造成油套管受损。

2）满足储层保护需要

性能优良的修井液既要防止地层流体向井筒流动而引发的井涌、井喷，又能防止修井液向地层漏失。尽管修井液漏失后可以重新补充以维持静液柱压力，但这样提高了修井费用，增加了压井难度及风险。有效降低修井液的漏失不但可以保持地层岩石的表面属性不变，而且还能防止修井液与地层岩石或黏土发生反应及水化膨胀，减轻对地层的伤害。从技术角度，储层保护对修井液主要提出了两点要求：

（1）与地层流体配伍，避免修井液与地层流体发生反应，减少储层伤害。

不配伍的修井液入井，易与地层流体或孔隙发生物理及化学反应，形成固相堵塞孔喉，或发生水锁、水敏现象。

（2）减少修井液用量，减少排液复产难度。

储层裂缝、孔隙发育时，常规修井液往往无法建立裂缝或孔隙屏障，井下作业过程中入井液会大量进入地层，导致修井液无法在井筒内形成稳定液柱，造成压井失败或修井液用量急剧增加，增加后期复产排液难度及作业成本。

3）满足修井工艺需要

修井液需充分结合预期实施的井下作业工艺进行选择，完井封隔器管柱的处理必不可少采用倒扣、套磨及打捞工艺，在大漏失井中实施作业时，修井液需要具备产层暂闭能力，尽量确保修井液能够建立稳定循环，具体要求主要体现在以下两点：

（1）满足倒扣打捞需要。

要求修井液在井筒条件下静止性能稳定，能够提供足够的打捞作业时间，不产生过多沉淀，影响倒扣打捞成功率。

（2）满足套、磨封隔器需要。

套、磨作业要求修井液具有良好的携带能力，防止套、磨过程中产生的碎屑不能及时循环出井口，增加作业卡钻风险。

4）满足硫化氢控制需要

修井液中应加入缓蚀剂、碱性物质等，并调整液体 pH 值为 9.5~11，若采用铝制钻具进行井下作业时，pH 值应控制为 9.5~10.5。

2. 修井液设计

高温高压高含硫气井修井液应根据气井所处具体井况，提前开展修井液与地层流体、岩性、井温、压力、隔离液、完井液等的配伍实验，按照修井液选择原则选定最适合的液体配方。

高温高压高含硫气井修井液参数设计主要包括密度和用量两个关键指标。

1）密度确定

修井液密度按式（6-1）计算

$$\rho = 102\frac{p}{H} + k \qquad\qquad (6-1)$$

式中 ρ——压井液相对密度，g/cm^3；

p——产层压力，MPa；

H——产层中部井深，m；

k——密度安全附加值，高温高压高含硫气井取 $0.15g/cm^3$（高限）。

高温高压高含硫气井修井液密度安全附加值取 $0.1~0.15g/cm^3$，同时考虑油管及套管承压能力，修井液密度的设计还应符合以下要求：

（1）井口最高操作压力+套管内液柱压力-套管外液柱压力（常规做法以钻井至目标井段时的钻井液密度计算套管外液柱压力）≤套管最小剩余抗内压强度/套管抗内压安全系数。

（2）套管外液柱压力-套管内液柱压力≤套管最小剩余抗外挤强度/套管抗外挤安全系数。

（3）套管内液柱压力-油管内压力≤油管剩余抗外挤强度/油管抗外挤安全系数。

其中油套管剩余强度需根据气井流体性质、完井管柱材质、完井时间等综合因素，结合井筒腐蚀检测进行推算。

2）用量确定

可使用有效修井液的用量不低于 2 倍井筒容积。在确保正常设计密度修井液用量同时，还应额外储备压井液或加重材料，储备压井液有效体积不低于 1.5 倍井筒容积，密度高于在用压井液 $0.3 \sim 0.4 g/cm^3$。

3. 常用修井液类型

高温高压高含硫气井修井液按作用主要分为两类：一是用于压力控制及满足修井作业需要的修井液；二是用于储层保护、减少漏失的暂堵剂。选择时要综合考虑井况进行搭配使用。

1）高温高压高含硫气井常用修井液

（1）无固相盐水。

盐水体系是由一种或多种盐类和水配制而成，一般含有 20% 左右的溶解盐类，是油田使用较为广泛的一类修井液和完井液。其防止地层伤害的机理在于它本身不存在固相，不会夹带固体颗粒侵入产层，无机盐类改变了体系中的离子环境，使离子活性降低，即使部分液体侵入产层也不会引起黏土膨胀和运移。无固相盐水具有如下特点：

①体系为不含任何固相的清洁盐水，用精细过滤的办法保证盐水的清洁程度。

②修井液的密度通过无机盐的种类、浓度、配比调整。

③盐水的高矿化度和多种离子组合实现体系对水敏矿物的强抑制性，以控制修井液对储层的水敏伤害。

④修井作业时，通常采用对气层无伤害（低伤害）的聚合物提高黏度、降低失水。

⑤体系对高含硫天然气稳定，不产生有害物质，基本满足含硫气井修井作业要求。

盐水修井液的种类很多，在川渝气田中应用到的无固相修井液主要包括：氯化钾、氯化钠、氯化钙、氯化铵盐水，其可配置密度范围是 $1.0 \sim 2.42 g/cm^3$，见表 6-1。

高密度无固相修井液基本组分有：

加重剂——水溶性无机盐，有 $NaCl$、$CaCl_2$、$ZnCl_2$、$CaBr_2$、$ZnBr_2$ 等；

增黏剂——主要有水解聚丙烯酰胺、生物聚合物 XC、CMC 等；

降滤失剂——主要有 SMP、SPNH、SPCNPAN 等；

以及无机盐结晶抑制剂、消泡剂等。

表 6-1　盐水最大密度表

盐水溶液	盐的质量分数（%）	在 21℃时的密度（g/m^3）	盐水溶液	盐的质量分数（%）	在 21℃时的密度（g/m^3）
KCl	26	1.17	NaBr	45	1.39
NaCl	26	1.20	NaCl/NaBr		1.52
NaCl/KCl		1.20	$CaCl_2/CaBr_2$	60	1.81
KBr	39	1.30	$CaBr_2$	62	1.85
KCl/KBr		1.30	$CaCl_2/ZnBr_2$	77	2.30
$NaCl/CaCl_2$		1.33	$ZnBr_2/CaBr_2$		2.42
$CaCl_2$	38	1.39			

（2）改性钻完井液。

为了实现压力、储层保护及修井作业需要的多项功能，高含硫气井修井液多通过改进钻完井液性能来实现安全、高效修井。改性钻完井液具有如下特点：

①保持修井液与地层相容性。

②控制修井液中固相，减少压井过程中沉淀对后续修井作业带来影响，同时减少固相粒子对储层的伤害。

③能够有效抑制气侵，防止硫化氢和二氧化碳对钻具及套管造成伤害，降低地面液体处理风险。

④井况条件下体系性能稳定，携屑能力强，成本低，应用工艺简单。

常用的改性钻完井液主要包括金属离子聚磺钻完井液、硅醇聚磺钻完井液及甲酸盐钻完井液等。

2）暂堵剂

利用暂堵材料在一定时间内封闭低压或漏失储层是一种修井液保护技术。其主要技术特点：一是实现修井正压差与储层保护的有机结合；二是返排后储层渗透率的恢复值高；三是适用于各类型气藏，成本低、工艺简单、易于推广。

对暂堵剂的室内评价方法主要有：暂堵剂酸化率评价、暂堵剂抗压强度评价、与地层流体及配合修井液配伍性评价、暂堵效果评价、暂堵深度评价等。

（1）凝胶堵漏技术。

该技术通过选择合适的交联体系，泵入储层后，在一段时间及井筒条件下，能够形成高强度和高黏度的冻胶，减少气体与上部常规修井液的置换，并克服地层压力，保证后续修井作业的安全可靠。如有必要，修井作业结束后向井筒内注入解堵液，使冻胶迅速彻底破坏，从而恢复地层至井筒通道。

（2）酸溶性堵漏技术。

酸溶堵漏技术是以架桥颗粒为主的桥堵类堵漏技术，不同级配的颗粒嵌入裂缝、微裂缝漏层中架桥、卡喉，小颗粒材料配合其他固相颗粒充填，实现漏失地层封堵。堵漏材料是经过高压、层压等特殊工艺制造而成，主要成分为酸溶性特种矿物质，其主要应用于裂缝、微裂缝目的层防漏、堵漏，大斜度定向井、水平井防漏及堵漏等。

（3）裂缝型暂堵技术。

利用高吸水、高分子材料控制井内自由水，并通过物理脱水作用在孔眼或井壁上形成暂堵层，并利用井下高温（120℃以上，可调）引起暂堵层的化学反应，使暂堵层形成胶质的人工井壁，阻断修井液在中低渗储层的渗漏，解决修井液渗漏问题。

二、压井方法

1. 选择考虑因素

（1）目前地层压力及井口压力：决定压井前是否需要泄压，降低施工泵压。

（2）产出流体性质：决定是否需要处理修井液，增加抗硫及防气窜能力。

（3）井内管柱：用于预测剩余强度能否满足压井时操作压力要求。

（4）完井管柱内通道情况：决定是否选择额外的管柱内清洁作业。

（5）油套管、井口装置腐蚀情况：用于施工安全压力控制。

2. 压井方法选择

高温高压高含硫气井压井可分为常规压井法和非常规压井法。常规压井法即井底常压法，是一种保持井底压力不变而排出井内气体的方法。司钻法和工程师法是常规的两种压井方法，实施时应具备以下两个条件：一是能安全压井，二是在不超过套管与井口设备许用压力条件下能循环修井液，其主要的、也是唯一的区别就是在压井过程中第一次循环所使用的修井液密度不同。非常规压井法主要针对油管腐蚀穿孔、油管内堵塞、井口装置承压能力有限等特殊情况而分别采用压回法、置换法、分段循环法等。根据单井井况不同，适时采取多种方法相结合，达到压井平稳的目的，压井方法选择流程如图6-1所示。

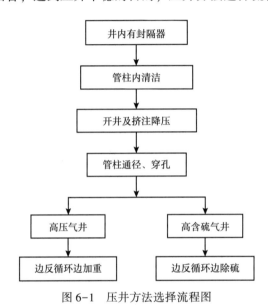

图6-1 压井方法选择流程图

第二节 永久式封隔器完井管柱处理技术

高温高压高含硫气井动管柱修井的难点主要在于永久式封隔器管柱处理。受永久式封隔器的结构、功能及井内综合因素的影响，往往无法根据封隔器处理技术指南实现在地面操作解封，并捞出封隔器，从而需要额外的工程措施作业，下入特殊工具，对封隔器进行套铣、磨铣、打捞等复合工艺施工。考虑封隔器完井管柱特点，可将完井管柱处理分为三个阶段，遵循"倒扣或切割封隔器以上管柱，套、磨永久式封隔器，打捞剩余管柱"技术方案。

一、封隔器上部管柱移除

封隔器上部管柱处理方法主要分为原井管柱倒扣以及切割后倒扣打捞两种方式，其选用方式流程如图6-2所示。

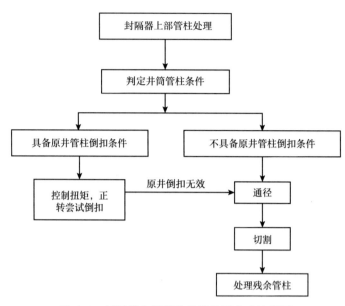

图 6-2　封隔器上部管柱移除选用方式流程图

1. 原井管柱倒扣

1）倒扣影响因素

常用的永久式封隔器通常具有左旋倒扣接头，当需要进行管柱更换作业时，采用原井管柱倒扣，具备一次性倒扣起出封隔器上部管柱的可能。但选择倒扣作业时要充分考虑油套环空清洁度、井下管柱剩余强度及倒扣管柱扭矩传递效率等因素。

2）倒扣扭矩控制

由于倒扣扭矩来源为井口转盘驱动，井口扭矩传递至倒扣点存在损失。若转盘扭矩太小，无法倒扣；若转盘扭矩过大，井下不正常卡钻，可能导致钻杆损坏，因此需要通过计算进行转盘扭矩精确控制。

（1）圆轴扭转变形扭转圈数计算公式，见式（6-2）：

$$n=\frac{\tau L}{\pi G D} \tag{6-2}$$

式中　n——转盘转动的圈数；

　　　L——钻杆总长，m；

　　　τ——转盘转动 n 圈时，钻柱的剪应力，MPa；

　　　D——钻杆外径，m；

　　　G——钢材的剪切弹性模量，$G=8\times10^4$ MPa。

（2）钻柱扭矩与钻柱截面剪应力关系式，见式（6-3）、式（6-4）：

$$\tau=\frac{M_k D}{2J_p}\times10^{-6} \tag{6-3}$$

$$J_{p}=\frac{\pi}{32}\ (D^{4}-d^{4}) \tag{6-4}$$

式中　τ——转盘转动 n 圈时，钻柱的剪应力，MPa；

　　　D——钻杆外径，m；

　　　d——钻杆内径，m；

　　　J_{p}——极惯性矩，m^4；

　　　M_{k}——转盘扭矩，N·m；

2. 管柱切割打捞

现有的管柱切割工艺较为成熟，主要包括电缆切割、机械切割以及水力切割三种。在切割封隔器上部管柱时，在常规井斜范围内，通常采用电缆切割即能够满足需要，若不具备电缆下入能力，可采用连续油管带切割工具入井切割，解决管柱到位问题。切割后若剩余的油管短接影响封隔器的后续处理，此时需要下入新的工作管柱对剩余的油管短接进行倒扣打捞。

1) 电缆切割

(1) 电缆聚能（爆炸）切割。

工艺通过电缆作业将聚能（爆炸）切割弹下至校深待切割点位置后，通过电信号引爆切割弹从而切断井下管柱。其切割工具是利用炸药面对称聚能效应，设计出合理的装药结构，将线切割转变为环切割。主要由电缆、电缆头、加重杆、磁性定位器、电雷管室及雷管、炸药柱、炸药燃烧室、切割喷射孔、导向头及脱离头组成。该作业方式优点在于使用电缆，可实现带压作业，速度快，成本较低，但受限于电缆下入能力，对井斜有要求，若装药不当可能存在多次切割，图6-3为聚能切割示意图。

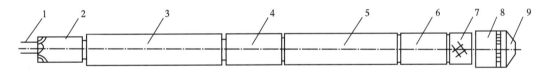

图6-3　聚能切割示意图

1—电缆；2—电缆头；3—加重杆；4—磁性定位器；5—电雷管控制室及雷管；

6—炸药柱；7—燃烧室；9—脱离头

电缆聚能（爆炸）切割后切割端口基本平整，图6-4为聚能（爆炸）切割后管柱图。

(2) 电缆化学切割。

电缆化学切割工具一般通过电缆下井，磁定位仪对油管柱进行校深如图6-5所示。校深后，切割头对准切割位置，电缆通电引爆点火头内的雷管，雷管引燃下端的气体推进火药，推进火药按一定速率燃烧，迅速在火药仓内产生高温、高压气体，压力瞬间可达到170 MPa。气体使锚体迅速张开，固定在管柱内壁上。推进火药产生的压力使化学药柱下端破裂盘破裂，化学药剂经过催化剂时产生反应，其化学反应方程式见6-5。

$$3BrF_{3}+4Fe\Longrightarrow 3FeF_{3}+FeBr_{3} \tag{6-5}$$

图 6-4　聚能切割后管柱图

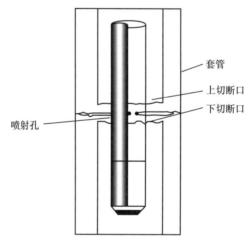

图 6-5　电缆化学切割示意图

过程反应产生的高温、高压推进切割头内的小活塞向下移动，打开切割头孔眼，使化学药剂以高温、高压的形式喷向管柱内壁，管柱被强烈化学腐蚀，继而形成弱点，在施加给油管柱上提力的作用下，油管柱从弱点处断裂。随着仓内压力等于井内流体静压力时，锚会自动收回，使仪器脱离井壁。

电缆化学切割工艺与聚能切割工艺相比，切割端更整齐，可减少后续打捞封隔器上部剩余管柱的修鱼顶作业。

2）机械切割

采用钻杆或连续油管下入井下螺杆钻具和机械割刀对管柱进行切割，作业优点在于可以在大斜度井或水平井使用，作业过程不使用化学药剂，但工艺需要油管内锚定装置，割刀所能切割的壁厚尺寸有限，工具易磨损失效，同时连续油管作业成本较高。

（1）机械式内割刀切割。

将机械式内割刀下入管柱内，伸出割刀由内向外切割管子以实现切割的目的，机械式内割刀的主要结构如图6-6所示，主要技术参数见表6-2。

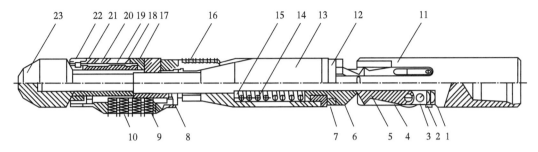

图6-6 机械式内割刀结构示意图

1—刀片座；2—螺钉；3—内六角螺钉；4—弹簧片；5—刀片；6—刀枕；7—卡瓦锥体座；8—螺钉；9—扶正块弹簧；
10—扶正块；11—芯轴；12—限位圈；13—卡瓦锥体；14—主弹簧；15—垫圈；16—卡瓦；17—滑牙片；18—滑牙套；
19—弹簧片；20—扶正块体；21—止动圈；22—螺钉；23—底部螺帽

表6-2 机械式内割刀主要技术参数表

型号规格		JNGD73	JNGD89	JNGD101	JNGD140	JNGD168
外形尺寸 直径(mm)×长度(mm)		55×584	83×600	90×784	101×956	138×1208
接头螺纹代号		1.900TBG	1.900TBG	2A10	230	330
使用规范及性能参数	切割范围(mm)	57~62	70~78	97~105	107~125	137~158
	座卡范围(mm)	54.4~65	67~81	92~108	104~118	137~158
	切割转速(r/min)	40~50	30~20	20~10	20~10	20~10
	给进量(mm)	1.2~2.0	1.5~3.0	1.5~3.0	1.5~3.0	1.5~3.0
	钻压(kN)	3	4	5	5	7
	更换件后扩大的切割范围(mm)	101油管		114套管	139，146套管	177.8套管

(2)机械式外割刀切割。

将机械式外割刀下入井内，从管柱的外面由外向内切割管子以实现切割的目的，机械式外割刀的主要结构如图6-7所示，主要技术参数见表6-3。

表6-3 机械式外割刀主要技术参数表

规格型号	割刀尺寸(mm)		使用规范及性能参数				
	外径	内径	允许通过尺寸(mm)	切割范围(mm)	双剪销强度(kN)	剪断滑动卡瓦销负荷(kN)	井孔最小尺寸(mm)
JWGD01	120	98.4	95.3	48.3~73	2.53	1.87	125.4
JWGD02	143	111.1	108	52.4~88.9	5.66	3.76	149.2
JWGD03	149	117.1	114.3	60.3~88.9	5.66	3.76	155.6
JWGD04	154	123.8	127.0	60.3~101.6	5.66	3.76	158.8
JWGD05	194	161.9	139.7	88.9~114.3	5.66	3.76	209.6
JWGD06	206	168.3	158.8	101.6~146.1	5.66	3.76	219.1

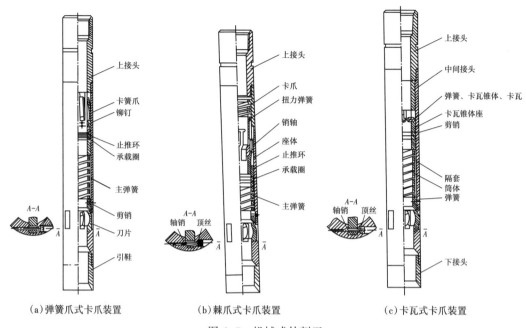

（a）弹簧爪式卡爪装置　　　　（b）棘爪式卡爪装置　　　　（c）卡瓦式卡爪装置

图 6-7　机械式外割刀

3）水力切割

使用钻杆或连续油管下入切割工具带研磨性质的流体对管柱进行切割。优点在于工艺可以在大斜度、水平井实施，可以进行过油管作业，一种工具尺寸可以满足多种不同尺寸壁厚的管柱切割作业，具备双层管柱切割作业能力。缺点在于同样需要锚定装置，同时需要配置研磨流体，作业成本高。

（1）水力式外割刀。

水力式外割刀靠液体的压差推动活塞，随着活塞下移，使进刀套剪断销钉，进刀套继续下移推动刀片绕刀鞘轴向内转动。此时转动工具管柱，刀片就切入管壁，实现切割。其主要结构如图 6-8 所示，主要技术参数见表 6-4。

表 6-4　水力式外割刀主要技术参数表

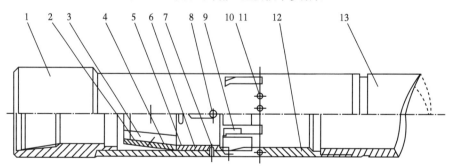

图 6-8　水力外割刀结构示意图

1—上接头；2—橡胶箍；3—活塞片；4—活塞"O"形圈；5—进刀片"O"形圈；6—进刀套；
7—剪销；8—导向螺栓；9—刀片；10—刀鞘；11—刀鞘螺丝；12—外筒；13—引鞋

规格型号	工具尺寸（mm）		使用规范及性能参数		
	外径	内径	切割外径（mm）	工作压力（MPa）	工作流量（L/min）
SWD95	95	73	33.4~52.4	137~275	7.57~12.62
SWD113	113	92	48.3~60.3	68~173	7.89~9.15
SWD116	116	97	48.3~73	68~206	7.89~12.62
SWD103	103	97	33.4~60.3	137~304	7.50~13.12
SWD119	119	98	48.3~73	68~173	7.89~8.08
SWD143	143	110	52.4~88.9	103~380	13.25~14.64
SWD154	154	124	60.3~101.6	103~275	8.52~12.62
SWD203	203	165	88.9~127	68~137	8.96~11.48

（2）水力式内割刀。

因喷嘴的限流作用，在活塞上下形成压力差，推动活塞及进刀杆下行，同时压缩复位弹簧，进刀杆推出刀头吃入落鱼内壁，钻具带动割刀旋转，完成切割。停泵后，循环压差消除，复位弹簧带动活塞、进刀杆、刀头复位。其主要结构如图6-9所示，主要技术参数见表6-5。

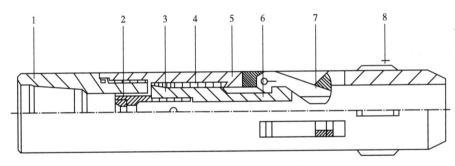

图6-9　水力内割刀结构示意图

1—上接头；2—喷嘴；3—活塞；4—复位弹簧；5—外壳；6—进刀杆；7—刀头；8—扶正块

表6-5　水力式内割刀主要技术参数

规格型号	接头螺纹	切割参数	
		排量（L/min）	转速（r/min）
ND-S73	1½in 油管螺纹	180~240	20~30
DN-S89	1½in 油管螺纹	240~360	20~30
ND-S114	2A10	300~420	20~30
DN-S127	2A10	360~480	30~40
DN-S140	210	480~600	30~40
DN-S178	310	600~900	30~40
DN-S245	410	900-1200	40~50
DN-S340	410	1200-1500	40~50

二、封隔器移除

永久式封隔器处理原则：一是要求低成本、高效套磨作业；二是要求作业过程中尽量避免井下复杂，不新增落鱼。目前，国内外常用封隔器处理工艺主要分为两种，一种是套、磨打捞一体工艺，另一种是套、磨加打捞工艺，其主要处理工艺流程如图6-10所示。

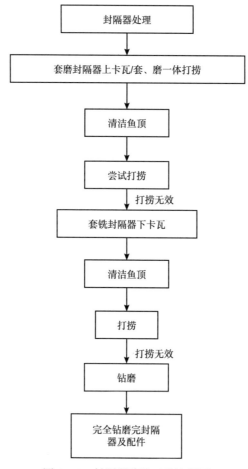

图6-10　封隔器移除工艺流程图

1. 套、磨打捞一体工艺

1) 封隔器套、磨打捞一体工艺

(1) 套铣打捞一体工具。

工具设计主要由破坏封隔器卡瓦的套铣鞋和用于套铣后捞获封隔器内腔的打捞矛组成。套铣鞋用于对封隔器上卡瓦进行破坏处理，上卡瓦被套铣后，封隔器在胶皮和下卡瓦作用下，不能往下移动，但在一定上提作用力下能够往上行。此时工具上的捞矛进入封隔器中心管，可以抓住破坏后的封隔器，达到处理封隔器目的，封隔器套铣打捞一体工具如图6-11所示。

处理永久式封隔器套铣工具，除套铣筒本身必须具备相应的强度外，还需要针对高耐

图 6-11　封隔器套铣打捞一体工具

磨封隔器材质具有较强的切削能力。贝克休斯公司常用的封隔器套铣工具的材质选用 AMT 优化合金齿技术，该材质合金齿具有磨损率低、耐冲击、刀刃锋利等特点，适用于铬镍合金等超难磨、耐磨金属材料钻磨。贝克休斯公司 AMT 优化合金齿如图 6-12 所示。

图 6-12　贝克休斯公司 AMT 优化合金齿

（2）磨铣打捞一体工具。

工具设计由破坏封隔器上卡瓦本体的磨鞋和用于捞获封隔器的打捞矛组成。其结构特点主要是，它由不同数量的硬质合金刀翼通过钻具施加磨铣作业，能将封隔器上卡瓦及以上部分全部磨铣掉，使封隔器解封，工具下部的捞取装置提前进入封隔器中心管，并抓住封隔器中心管，达到打捞封隔器的目的。封隔器磨铣打捞一体工具如图 6-13 所示。

图 6-13　封隔器磨铣打捞一体工具

2）套磨一体打捞管柱组合

套磨一体打捞管柱组合由套磨一体打捞工具+随钻捞杯+钻铤+震击器+钻铤+钻杆组成。

2. 套、磨加打捞工艺

1）封隔器套、磨工具

在处理完封隔器上部管柱后，采用工作管柱下入套铣鞋或磨鞋破坏封隔器上卡瓦、直接套磨铣掉整只封隔器，后再利用专用打捞工具捞获封隔器残体或封隔器下部管柱，其主要工具包括套、磨铣鞋，打捞工具及配合震击工具等，封隔器磨鞋如图 6-14 所示。

对封隔器实施磨铣作业，能有效地破坏封隔器的结构，达到使其解封的目的。但是磨

图 6-14　封隔器磨鞋

铣会产生大量的金属碎屑、金属碎块、胶皮碎块等脏物，并残留在井筒内，需要采用合理有效的随钻清洁工艺。

值得注意的是，针对 718 等高硬度材质合金封隔器处理，由于单只磨鞋或套铣鞋无法充分破坏封隔器，目前国内外越来越倾向于非一体化作业，即套磨与打捞分趟进行。

2）封隔器套、磨管柱组合

该组合由整体式套、磨鞋+随钻捞杯+钻铤+震击器+钻铤+钻杆组成。

3）打捞工具要求

（1）具备一定抗硫能力；

（2）具备处理封隔器材质能力的强度要求；

（3）工具结构设计合理，能有效防止卡钻及井下复杂情况。

3. 封隔器处理技术工艺推荐及技术要点

1）推荐不同套管及封隔器材质封隔器处理工艺

考虑材质及现有处理工艺适应性，结合现场作业经验，推荐不同材质封隔器处理工艺见表 6-6。

表 6-6　不同封隔器处理工艺优选推荐表

作业井筒	封隔器材质	作业井深（m）	优先推荐处理工艺	配合处理工艺	处理工具	推荐动力选择
φ139.7mm 及以上套管	9Cr1Mo 及以上	—	领眼磨铣/套铣为主	套铣/磨铣	领眼磨鞋、套铣工具、随钻清洁系统、打捞工具	转盘
	<9Cr1Mo	—	套磨一体打捞	单独套铣及领眼磨铣	套磨一体工具、随钻清洁系统、打捞工具	转盘
φ127mm 套管	—	>5000	领眼磨铣为主	套铣	领眼磨鞋、随钻清洁系统、打捞工具	转盘配合井下动力钻具
	<9Cr1Mo	<5000	套磨一体打捞	领眼磨铣	套磨一体工具、随钻清洁系统、打捞工具	转盘

2）封隔器处理技术要点

（1）对于封隔器材质 9Cr1Mo 及以上处理，不推荐采用套磨一体打捞工具；

（2）对于大套管内封隔器（材质9Cr1Mo及以上）处理，领眼磨铣与套铣工艺可有效结合；

（3）套、磨目标位置以破坏封隔器下卡瓦解封为主要打捞触发条件，但可在封隔器上卡瓦处理后尝试一次可退打捞；

（4）除随钻清洁外，打捞前建议进行一次专项鱼顶清洁作业；

（5）若套铣下卡瓦后打捞无效，则进行领眼整体磨铣完封隔器及延伸筒；

（6）深井、小井眼考虑扭矩及薄壁套铣筒强度，推荐采用磨铣处理封隔器为主，同时考虑井下动力钻具配合转盘作为处理复杂动力。

三、封隔器下部管柱移除

1. 封隔器下部管柱处理原则

在进行封隔器处理时，套、磨铣产生的碎屑可能会有部分未返出井口，掉落井下，同时由于封隔器下部管柱腐蚀断落，井筒出砂、结垢等情况造成的管柱遇卡，导致在封隔器套磨铣后无法正常起钻，此时往往只有采用反扣钻具倒出封隔器，后再对下部管柱进行处理，封隔器下部管柱移除流程如图6-15所示。

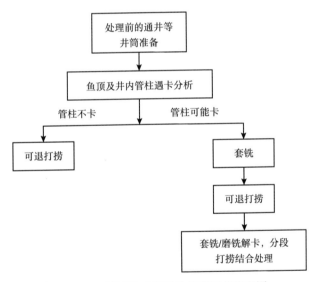

图6-15　封隔器下部管柱处理工艺流程图

2. 解卡工艺及配套工具

1）卡点的判断

常用的卡点预测方法有计算法和测卡仪方法。

（1）计算法。

$$L = \Delta L \frac{EF}{P} = K \frac{\Delta L}{P} \tag{6-6}$$

式中　L——卡点深度，m；

　　　　E——钢材弹性系数，$E = 2.1 \times 10^8 \text{kN/m}^2$；

F——被卡管柱截面积，m^2；

ΔL——管柱在上提拉力下的伸长量，m；

P——上提拉力，kN。

K——计算系数，见表6-7。

表6-7　常用 API 钻杆和油管的 K 值表

管柱	公称直径（mm）	壁厚（mm）	当拉力 $P=P_2-P_1$，K 值取以下数据						
			100	150	200	250	300	350	400
钻杆	73.02	9.2	3868	2579	1934	1547	1289	1105	967
	88.90	9.35	4902	3268	2451	1961	1634	1401	1226
油管	73.02	5.51	1453	1635	1226	981	818	701	613
	88.90	7.34	3952	2635	1976	1581	1317	1129	988

（2）测卡仪法测卡点。

测卡仪法是利用测卡仪实测卡点位置，测卡仪主要结构如图6-16所示，主要技术参数见表6-8。

图6-16　测卡仪结构示意图

1—爆炸杆；2—起爆器；3—安全接头；4—扶正器；5—应力感应器；

6—扶正器；7—震击器；8—加重杆；9—磁性定位器；10—绳帽

表6-8　测卡仪主要技术参数表

井下仪器		地面仪器	精度	适用范围
工作温度小于120℃	工作压力小于120MPa	工作温度 −40~70 ℃	±1.5m	内径为42~254mm的管柱

2）解卡工具

（1）润滑式下击器。

润滑式下击器主要结构如图6-17所示，主要技术参数见表6-9。

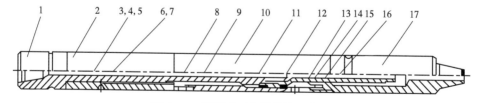

图6-17　润滑式下击器结构示意图

1—接头芯轴；2—上缸体；3，7，8，9，12，14，15—"O"形密封圈；

4，16—挡圈；5，17—保护圈；6—油塞；10—中缸体；11—上击锤；13—导管

表 6-9　润滑式下击器主要技术参数表

规格型号	工具尺寸		接头螺纹	性能参数		
	外径（mm）	内径（mm）		冲程（mm）	许用拉力（kN）	许用扭矩（N·m）
USJQ-95	95	32	NC26	394	170	11630
USJQ-108	108	50	NC31	394	186	21150
USJQ-117	117	50.8	NC31	394	227	23455
USJQ-146	146	71	NC38	457	292	52930
USJQ-159	159	54	NC46	457	364	68990
USJQ-197	197	89	NC46	457	598	137360

（2）开式下击器。

开式下击器主要结构如图 6-18 所示，主要技术参数见表 6-10。

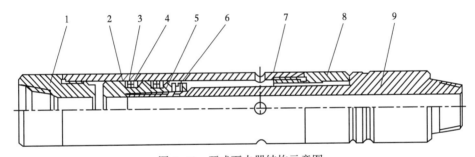

图 6-18　开式下击器结构示意图

1—上接头；2—抗挤压环；3—"O"形密封圈；4—挡圈；5—撞击套；
6—紧固螺钉；7—外筒；8—芯轴外套；9—芯轴

表 6-10　开式下击器主要技术参数表

规格型号	外形尺寸（mm×mm）	接头螺纹	使用规范及性能参数			
			许用拉力（kN）	冲程（mm）	水眼直径（mm）	许用扭矩（N·m）
XJ-K95	95×1413	230	1250	508	38	11700
XJ-K108	108×1606	210	1550	508	49	22800
XJ-K121	121×1606	210	1960	508	51	29900
XJ-K140	140×1850	410	2100	508	51	43766

（3）地面下击器。

地面下击器主要结构如图 6-19 所示，主要技术参数见表 6-11。

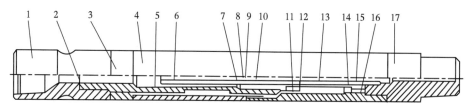

图 6-19　地面下击器结构示意图

1—上接头；2，7，8，9—"O"形密封圈；3—短节；4—上壳体；5—芯轴；6—冲洗管；10—密封座；
11—锁紧螺钉；12—调节环；13—摩擦芯轴；14—摩擦卡瓦；15—支撑套；16—下筒体；17—下接头

表 6-11　地面下击器主要技术参数表

型号	尺寸（mm）		接头螺纹	性能参数				
	外径	内径		冲程（mm）	极限扭矩（N·m）	极限拉力（kN）	最大泵压（MPa）	调节范围（kN）
DXJ-M178	178	48	139.7FH	1219	7100	3833	56.2	0~1000

（4）液压式上击器。

液压式上击器主要结构如图 6-20 所示，主要技术参数见表 6-12。

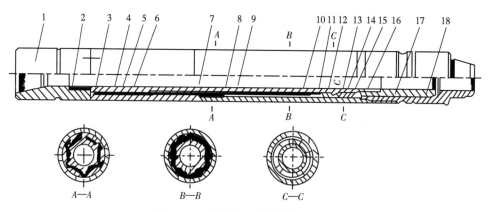

图 6-20　液压式上击器结构示意图

1—上接头；2—芯轴；3，5，7，8，11，16—密封圈；4—放油塞；6—上壳体；9—中壳体；
10—撞击锤；12—挡圈；13—保护套；14—活塞；15—活塞环；17—导管；18—下接头

表 6-12　液压式上击器主要技术参数表

规格型号	外径（mm）	内径（mm）	接头螺纹	冲程（mm）	推荐使用钻铤质量（kg）	最大上提负荷（kN）	震击时计算载荷（kN）	最大扭矩（N·m）	推荐最大工作负荷（kN）
YSQ-95	95	38	2A10	100	1542~2087	260	1442	15500	204.5
YSQ-108	108	49	210	106	1588~2131	265	1923	31200	206.7
YSQ-121	121	51	310	129	2540~3402	423	2282	34900	331.2

(5)液体加速器。

液体加速器主要结构如图 6-21 所示，主要技术参数见表 6-13。

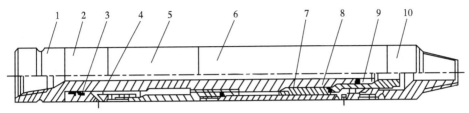

图 6-21 液体加速泵结构示意图

1—芯轴；2—短节；3—密封装置；4—注油塞；5—外筒；6—缸体；

7—撞击锤；8—活塞；9—导管；10—下接头

表 6-13 液体加速泵主要技术参数表

规格型号	外径 (mm)	内径 (mm)	冲程 (mm)	接头螺纹	推荐使用钻铤质量 (kg)	完全拉开负荷 (kN)	获得撞击最小拉力 (kN)	强度数据		配套上击器型号
								拉力 (kN)	扭矩 (N·m)	
YJ-95	95	38	200	NC26	1542~2087	1973	1973	1442	15500	YSQ-95
YJ-108	108	49	219	NC31	1588~2123	1950	1360	1923	31200	YSQ-108
YJ-121	121	51	257	NC38	2540~3402	2858	1950	2282	34900	YSQ-121

第三节 气井暂闭及弃置技术

一、暂闭及弃置井处理原则

暂闭/弃置作业包括暂闭(如作业暂停或生产暂停)和永久弃置(包含对井内某一层段永久性弃置)。相对于常规井，高温高压及高含硫井暂闭/弃置作业面临以下难题：(1)井深导致钻井周期长，技术套管和悬挂段油层套管可能存在磨损；(2)钻遇浅层气、地下水层位多，资源保护要求高；(3)高压油气层向较浅或低压层窜流，造成油气藏破坏和地下资源污染；(4)地层温度、地层压力高，井屏障需要长期承受高温高压环境的影响；(5)高含硫化氢和二氧化碳，腐蚀环境给井屏障部件完整性带来严峻挑战。为削减上述难题带来的井完整性风险，通过作业前井屏障评价和井完整性设计，对各井屏障进行科学的设计、严格的验证测试和有效的监控，保证各井屏障在整个弃置作业期间和弃置后的安全、可靠。

1. 暂闭井屏障设置原则

(1)暂闭井应建立至少两个封闭目的层(产层或渗透层)的屏障，若井筒内压井液可以定期监控并维持时，则压井液也可以作为一道临时井屏障。

(2)优先采用连续厚度大于 150m 的水泥塞作为屏障部件，桥塞上部加注一定厚度(不低于 50m)的水泥塞可作为一个屏障。

①若目的层在裸眼段内，则在目的层以上注一个水泥塞，再在套管内注一个水泥塞或采用桥塞+水泥塞封闭；

②若目的层在套管内，则在目的层顶界以上注一个水泥塞，再在上部注另一个水泥塞（回接筒位置）封闭；

③若目的层在尾管内，则在目的层顶界以上注一个水泥塞，再在尾管喇叭口上部注水泥塞或者桥塞+水泥塞封闭。

（3）暂闭期间井口应装好带有压力表的采油树，以监控井内是否起压；井内应留有一定长度的作业管柱，以便井内屏障失效时及时进行处理。

2. 弃置井屏障设置原则

（1）弃置井作业前应确定已知流动层和潜在流动层，在流动层上部应建立至少两道永久的井屏障。

第一井屏障应设置在已知流动层或潜在流动层上部。如果第一井屏障部件（如水泥塞）设置位置明显高于潜在流动层，则该位置地层破裂压力应大于井内该处可能出现的最高压力。

（2）第二井屏障是第一井屏障的备用，第二井屏障部件（如水泥塞）处的地层破裂压力应大于井内该处可能出现的最高压力。第二井屏障经验证合格，可以作为另外一个流动层的第一井屏障。

（3）在淡水层和浅油气储层均要求建立封隔井屏障，并在井口附近注一至少100m厚的悬空水泥塞封隔地面水进入井内，要求塞面距地面2~6m。

（4）若套管头和采油树等井口设备被移除，则应在井口设置第三个井屏障。

（5）若存在套管薄弱段（含尾管喇叭口、回接筒及腐蚀或破损套管等）则须建立井屏障以封隔薄弱段套管可能存在的渗流源。

（6）套管内连续厚度150m以上的水泥塞或桥塞加50m厚水泥塞和套管外至少25m连续良好封固性能的水泥环可作为一个有效屏障。

（7）对环空带压井，在弃置过程中需采取措施建立屏障，阻止流体上窜至地面，消除环空带压。

（8）特殊情况：

①井内存在多个已打开的不同类型储层（不同流体性质、不同压力系统），不同类型储层之间应采用水泥塞或者桥塞予以隔离，确保层间不互窜。

②若电测结果显示目的层及其上部的套管固井质量不合格（无连续25m优良的水泥环）或无水泥固结时，则考虑通过套管穿孔重新固井或是磨铣套管后，再打水泥塞形成井屏障。

③在大斜度井/水平井中，注水泥塞时应考虑最终水泥隔层的垂直厚度。

④储层上部井筒泄漏（分级箍窜漏、上部套管发生破损/腐蚀等），需要根据实际井况进行井筒修复（套管穿孔后重新固井、注水泥封隔泄漏点、套铣或割除套管后封固等）。

二、暂闭及弃置工艺技术

每口井井况不同，制定弃置处理方案也应具有针对性，作业前需要了解作业井的信息内容，主要包括：

(1)井身结构(原始结构和目前的结构)，包括套管柱、套管水泥环返高、井斜数据、侧钻井眼的深度和尺寸。

(2)每个井眼的地层层序、岩性，要说明储层以及与目前和将来生产潜力层相关的信息，并说明储层流体性质和压力(原始压力、目前压力和后期压力变化)。

(3)固井作业中获得的测井曲线、数据和评价。

(4)带有适当井屏障部件特征(如强度、非渗透性、没有裂缝或断层存在)的地层。

(5)具体的井筒内情况，如管柱结构、油套管磨损、油套管窜漏、流体类型、井内填充物及是否含 H_2S、CO_2 等酸性腐蚀流体。

(6)钻井过程中钻录井显示情况尤其是漏失和气侵情况；储层的试油试采情况、生产情况及邻井情况；沿井筒不同渗透层压力温度分布和邻井变化影响。

(7)井口装置完整情况及环空带压情况。

(8)构造的水文地质、周围环境情况。

(9)暂闭/弃置井作业前必须确认所有的流入源和潜在的流入源，以确定作业井需要进行封堵的层位和井段。

1. 暂闭/弃置井处理技术

1)目的层采用裸眼完井方式时的弃井工艺

(1)裸眼井段的封堵。

对于裸眼完井井段(即未下套管且与上部套管相连的井段)，如在裸眼井段不存在储层、注水层或处理层时，用下列方法之一进行封隔处置。

①注塞法。

如图 6-22 所示，水泥塞在套管鞋上下的长度至少各为 100m(距套管鞋有效厚度不少于 80m)。根据油藏性质和裸眼井段长度，也可以在整个裸眼井段内注一个水泥塞。

②桥塞封闭。

如图 6-23 所示，在套管鞋以上 10~20m 用桥塞进行封闭。桥塞坐封成功及试压合格后在桥塞上注水泥塞进行封堵，注塞厚度不少于 50m。

(2)裸眼井段多层的封堵。

如图 6-24 所示，在裸眼井段里对已开采的或未开采的可采储层、注水层或电测解释的疑似油气水层等要用水泥塞隔离，标准为封堵层上有连续厚度 150m 以上的水泥塞，套管鞋附近的封堵方法参见裸眼井段的封堵。

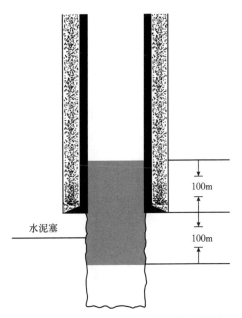

水泥塞

100m

100m

图 6-22 水泥塞封堵裸眼井结构示意图

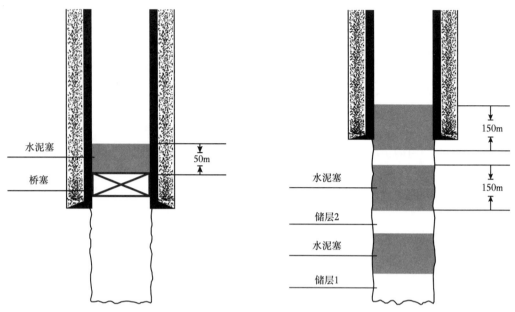

图 6-23　桥塞封堵裸眼井结构示意图　　　　　图 6-24　裸眼井段内封堵示意图

2）目的层采用射孔完井方式时的弃井工艺

为了防止地层流体进入井筒并通过套管运移，对已射孔的生产层或注水层（或层段）进行封隔或封堵。施工时应考虑井眼大小、地层特征和储层压力等。

（1）注水泥塞法。

如图 6-25 所示，对射孔井段，应从射孔井段以下 50m（或人工井底）到射孔井段以

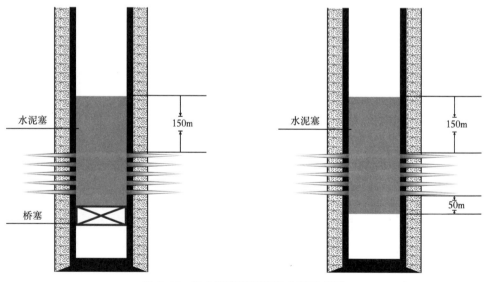

图 6-25　注水泥塞封堵射孔井段示意图

上150m，根据储层条件，确定是否在水泥塞下方使用桥塞。

（2）挤水泥法。

如图6-26所示，采用在炮眼以上至少50m处下入水泥承留器或可取式封隔器等挤注方法，向炮眼里挤水泥来封堵射孔井段，水泥塞面在射孔顶界以上至少150m。

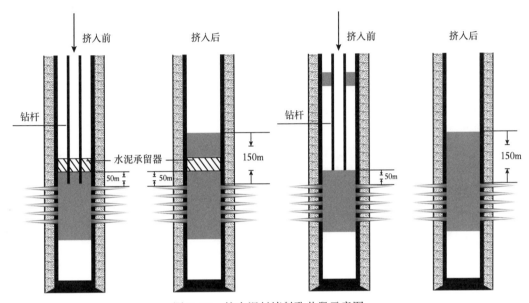

图6-26　挤水泥封堵射孔井段示意图

（3）桥塞法。

如图6-27所示，在炮眼以上10~20m处下一个桥塞（或封隔器等其他封隔套管的工具），并在桥塞上留50m的水泥塞。

3）目的层以上井筒的封堵

（1）套管外有水泥井段的封堵。

封堵前应弄清楚套管外的关键性层段（如淡水层、盐水层、已开采层、未开采层、注入层等），然后在套管中跨过已挤过水泥的关键性层段，打水泥塞进行封堵，要求水泥塞起止位置至少为关键性层段上150m下50m。

（2）套管外无水泥井段的封堵。

①一次挤水泥法。

在没有水泥固结的长井段，在关键层段射孔，向炮眼里挤水泥，施工时保证所需的足够钻井液和足够高的泵压，以能在套管内形成至少50m厚的水泥塞，同时满足套管外的漏失量和邻近地层表面的渗漏为宜。

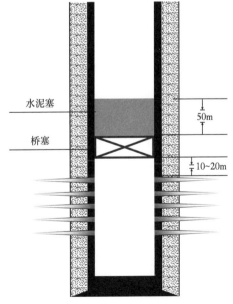

图6-27　桥塞法封堵示意图

②循环水泥法。

当井眼条件允许循环水泥法封堵时，在水泥返高顶部附近，没有水泥固结的套管处进行射孔，通过套管和井眼环空循环水泥进行封堵。

③分层挤水泥法。

在关键层段的上、下方分别射孔、挤水泥进行封堵。施工时保证所需的足够的水泥量和足够高的泵压。水泥浆的体积应保证在分层挤水泥作业后在套管内至少留50m的水泥塞。

（3）封堵套管鞋。

①套管外有水泥固结。

当生产套管外被水泥固结到表层套管鞋以上至少有30m时，在生产套管内，表层套管鞋以下50m到管鞋以上50m处打水泥塞。

②套管外无水泥固结。

当生产套管外没有水泥固结到表层套管鞋以上至少30m时，则管鞋的封堵可采用射孔挤水泥的方法封堵，挤水泥后在生产套管内留一个至少距管鞋以上50m厚的水泥塞。

（4）封堵分级箍、喇叭口。

在分级箍或喇叭口以下50m到分级箍或喇叭口以上50m处打水泥塞。

2. 暂闭/弃置井井屏障设置识别

针对暂闭/弃置井绘制井屏障示意图，明确各类井屏障部件状况，图6-28和图6-29所示分别为某典型高压气井暂闭及弃置过程中的井屏障示意图。

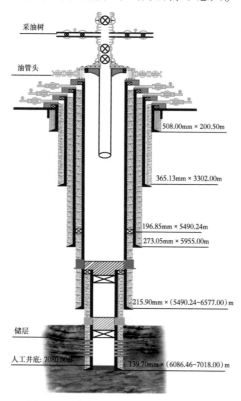

采油树

油管头

508.00mm × 200.50m

365.13mm × 3302.00m

196.85mm × 5490.24m
273.05mm × 5955.00m

215.90mm × (5490.24~6577.00)m

储层

人工井底：7080.00m   139.70mm × (6086.46~7018.00)m

图6-28　暂闭井有尾管井屏障示意图

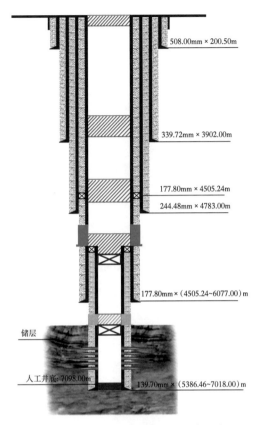

图 6-29　永久弃置井有尾管井屏障示意图

三、典型井例应用

川东池 X 井单井气质硫化氢含量自 2010 年起异常升高（达到 125.635g/m³），地质上无法分析出串漏层位，考虑到该井套管为普通抗硫材质存在较大安全隐患，实施永久性封堵。

1. 弃置封堵设计

该井早期为川东一口普通含硫气井，自 2010 年发现气质突变（硫化氢含量由 20.824g/m³ 升至 125.635g/m³），证实套管固井质量不好，产层已发生窜漏。

该井设计产层上部建立一道井屏障，注水泥塞封闭裸眼段产层后，采用桥塞加水泥塞加固封闭产层。结合套管腐蚀及固井质量检测情况在潜在流动层上部建立第二道屏障，采用锻铣工艺对井筒可能存在的窜漏处实施二次封闭。最后在井口附近注悬空水泥塞形成第三道屏障彻底封闭井筒流体。

2. 封堵工艺

根据压井液漏失情况封闭产层、套管腐蚀及固井质量检测，采用桥塞加水泥塞方式加固封闭产层，结合固井质量及套管腐蚀检测结果选择合适井段实施锻铣作业（封闭套损井段），注水泥塞封闭井筒及井口部分。实施封堵作业后的井身结构图如图 6-30 所示。

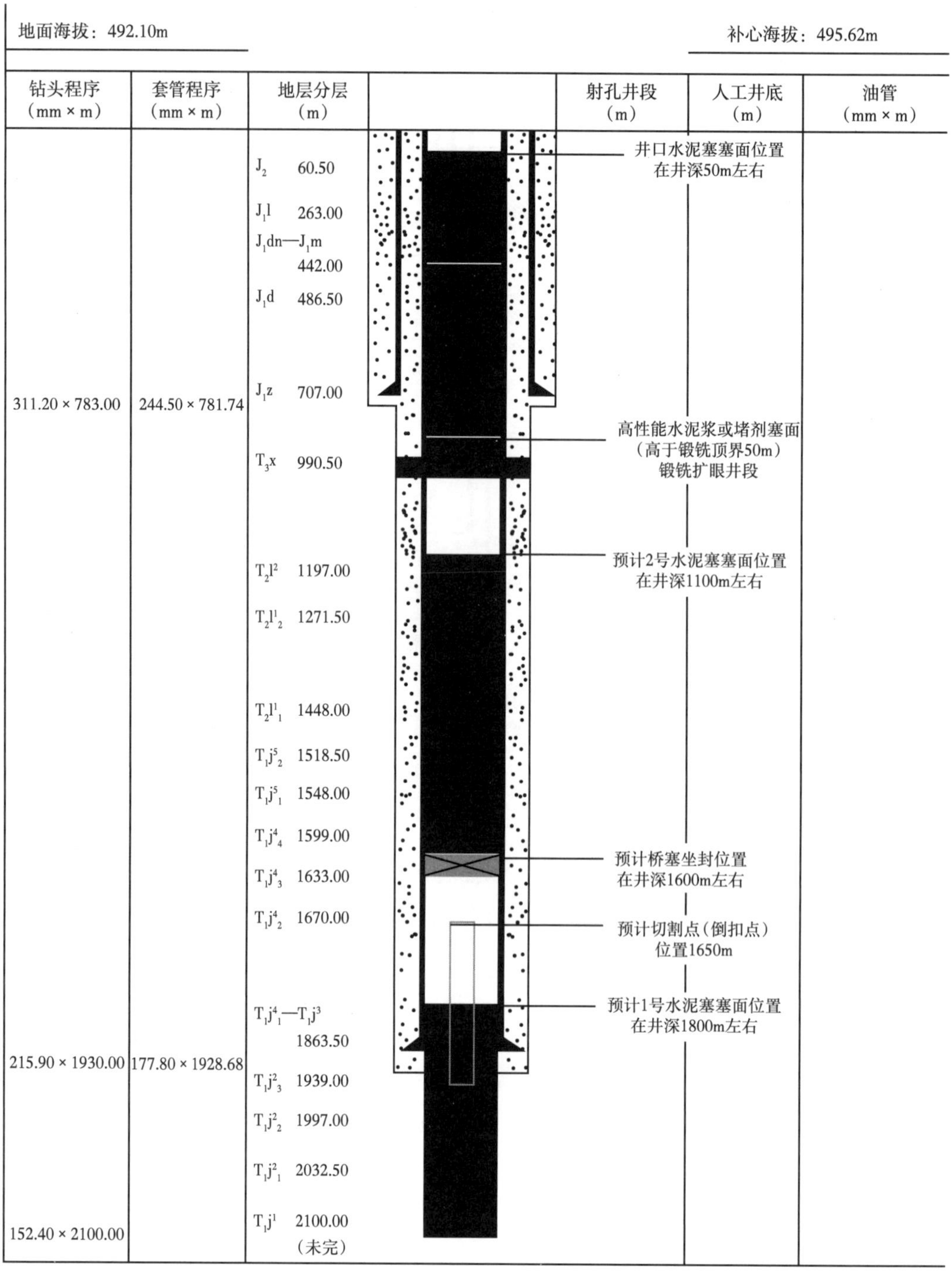

地面海拔：492.10m   补心海拔：495.62m

钻头程序 （mm×m）	套管程序 （mm×m）	地层分层 （m）		射孔井段 （m）	人工井底 （m）	油管 （mm×m）
		J_2 60.50		井口水泥塞塞面位置 在井深50m左右		
		J_1l 263.00				
		$J_1dn—J_1m$ 442.00				
		J_1d 486.50				
311.20×783.00	244.50×781.74	J_1z 707.00				
		T_3x 990.50		高性能水泥浆或堵剂塞面 （高于锻铣顶界50m） 锻铣扩眼井段		
		T_2l^2 1197.00		预计2号水泥塞塞面位置 在井深1100m左右		
		$T_2l^1_2$ 1271.50				
		$T_2l^1_1$ 1448.00				
		$T_1j^5_2$ 1518.50				
		$T_1j^5_1$ 1548.00				
		$T_1j^4_4$ 1599.00				
		$T_1j^4_3$ 1633.00		预计桥塞坐封位置 在井深1600m左右		
		$T_1j^4_2$ 1670.00		预计切割点（倒扣点） 位置1650m		
		$T_1j^4_1—T_1j^3$ 1863.50		预计1号水泥塞塞面位置 在井深1800m左右		
215.90×1930.00	177.80×1928.68	$T_1j^2_3$ 1939.00				
		$T_1j^2_2$ 1997.00				
		$T_1j^2_1$ 2032.50				
152.40×2100.00		T_1j^1 2100.00 （未完）				

图 6-30　川东池 X 井封堵后示意图

第七章　井筒完整性技术

高温高压高含硫气井的井筒内气体压力大，气体具有毒性和易燃易爆特性，一旦井筒发生气体不可控泄漏，人员和财产安全将受到巨大威胁。与其他类型油气井相比，高温高压高含硫气井面临的泄漏安全风险更大，更加需要避免井筒发生无控制泄漏，因此发展形成了针对高温高压高含硫气井的井筒完整性技术。

第一节　井筒完整性失效形式及屏障划分

一、井筒完整性概述

"井筒完整性"的概念来源于国外，至今仍没有统一的标准定义。哈里伯顿评估报告将井筒完整性定义为：对于一口自喷油/气井，当确认它在油气层与地面之间存在独立的阻挡层或隔断物时，这口油/气井就具有完整性；API RP90-2 对完整性的阐述是：在油气井生产过程中为降低地层流体失控流动的风险而应用的工艺技术、措施及管理手段；挪威NORSOK 标准 D-010《钻井和作业的油气井完整性》将井筒完整性定义为：应用技术、操作和组织措施来减少地层流体在井眼整个寿命期间无控制地排放的风险。目前，国际上广泛接受的井完整性概念是：综合运用技术、操作和组织管理的解决方案来降低井在全生命周期内地层流体不可控泄漏的风险。井完整性贯穿于油气井方案设计、钻井、试油、完井、生产、修井、弃置的全生命周期，核心是在各阶段都必须建立两道有效的井屏障。井喷或严重泄漏都是由于井屏障失效导致的重大井完整性破坏事件。

油气井完整性管理是一种新的管理理念。油气井完整性管理指对所有影响油气井完整性的因素进行综合的、一体化全过程全方位的管理。油气井完整性管理贯穿在整个油气井生命周期。实施完整性管理的目标是有效防止地层流体无控制流动，其基本理念是防患于未然，以保证油气井、人员和环境安全。目前，油气井完整性管理是国际油公司普遍采用的管理方式，通过测试和监控等方式获取与井完整性相关的信息并进行集成和整合，对可能导致井失效的危害因素进行风险评估，有针对性地实施井完整性评价，制定合理的管理制度与防治技术措施，从而达到减少和预防油气井事故发生、经济合理地保障油气井安全运行的目的，最终实现油气井安全生产的程序化、标准化和科学化的目标。

二、井筒完整性典型失效形式

随着高温高压高含硫天然气井数量的增加，管柱与油层套管环空和技术套管环空异常带压现象逐渐增多，已成为影响气井安全生产的重要问题。自 2009 年龙岗气田投产以来，龙岗1井、龙岗 2 井和龙岗 001-6 井等气井相继出现了油套环空、技套环空异常带压现象。严重时甚至会失去井筒的完整性。已有现场经验和文献资料表明，高温高压高含硫气井井筒失效主要有井口失效、油套管腐蚀、套管磨损、环空带压等形式。

1. 井口失效

四川盆地高温高压酸性气井普遍采用材质为 EE 级–HH 级、温度为 P–U 级的采气树，部分井存在井口装置严重腐蚀、井口处泄漏的问题，表 7-1 列举了部分气井井口失效情况。

在新场气田也出现过气井井口失效的情况，新场早期开发的新 851 井，采用 35CrMo 低合金钢采气树、悬挂器及双公短节。由于双公短节断裂，井筒安全的最后一层隔断失效，井筒出现险情，试采 480 天后被迫封井。封井后发现，除双公短节断裂外，$\phi177.8mm$ 套管悬挂器和套管连接处泄露、套管悬挂器副密封失效，油管悬挂器、阀门体、接头等内壁均有不同程度的腐蚀，最大深度达 6mm。分析认为，高速流动的气、液相作用下，35CrMo 抗 CO_2 腐蚀能力差、35CrMo 与 HP1–13Cr 电偶腐蚀严重是井口失效的主要原因。如表 7-2 所示，川西高温高压气井井口失效的主要潜在风险为 CO_2 腐蚀失效、密封失效和冲蚀失效。

表 7-1　部分气井井口失效情况统计表

井号	发现问题
X1 井	2 号阀门尾杆进口密封圈渗漏
	7 号阀门尾杆进口密封圈渗漏
X2 井	技术套管右翼阀门开关困难，打开检查后发现阀腔中水泥砂浆堵死
	1 号、4 号、7 号、9 号阀门尾盖观察孔国产密封圈渗漏
X3 井	1 号阀与大盖联接处出现轻微渗漏
	1 号阀尾杆国产密封圈渗漏；4 号阀上部法兰与小四通法兰连接处轻微渗漏
X4 井	小四通下法兰渗漏
	7 号阀门尾杆国产密封圈渗漏
X5 井	1 号、4 号、7 号阀门上盖进口密封圈漏；更换进口密封圈后 4 号、7 号阀门再次出现漏失，后全部密封圈更换为国产后未出现漏失

表 7-2　川西高温高压气井井口失效风险评价

区块	CO_2 腐蚀失效	密封失效	冲蚀失效
新场须二	CO_2 腐蚀失效高	高温老化、密封失效风险较高	高产井替喷冲蚀风险大
大邑须二	有 CO_2 腐蚀环境	高温老化、存在密封失效风险	高产井替喷冲蚀风险低

2. H_2S 和 CO_2 等腐蚀介质对油套管的腐蚀

四川盆地高含硫气藏，H_2S 含量最高达 $493g/m^3$，最大埋深 7000m，地层最大压力 130MPa 左右，最高温度 175℃。20 世纪 70 年代，四川地区某 7000 米深井在钻探过程中钻杆于 400 米处突然断裂，造成停钻，严重影响生产。调查与分析认为这次事故是由于泥浆处理剂在 150℃左右高温分解放出 H_2S，导致发生硫化物应力腐蚀开裂所致。据分析，1966 年四川南部某井高产气井受损破裂，引起大火，造成重大人员伤亡的原因也是 H_2S 腐蚀造成管道破裂，高压天然气喷出起火。

近10多年来，川东气田在开发含酸性气体腐蚀介质的油气构造中，相继发现油管腐蚀穿孔、挤扁、断落等现象，给试修作业带来挑战，也严重影响到气井正常生产。根据不完全统计，近年来川东气田修井作业中，有80%左右均与油管腐蚀有关；生产油管1~2年就会发生腐蚀破坏，最短的还不到10个月。每年仅油管腐蚀一项就会造成上百万元的损失。

川西须二气井腐蚀情况表明，CO_2是造成川西须二气井失效的主要因素。如表7-3所示，川西高温高压含CO_2气井发生腐蚀失效共4口井，占失效井总数的23.5%，腐蚀失效部位有油管、油层套管和井口。CO_2腐蚀主要受到含水量、温度、CO_2分压等多种因素影响。新场须二气井生产过程中普遍产水且Cl^-浓度超过10000mg/L、CO_2浓度处于中度至高度腐蚀区，具有显著CO_2腐蚀环境条件，普遍材质的油井管腐蚀破坏风险较大；大邑须二气井产水量及CO_2分压相对较小，但生产过程也需采用防腐措施保证气井长期生产安全。

表7-3　CO_2腐蚀失效井统计

井号	失效情况
CH100	1988年7月生产，1992年3月1200m处油管断落
CH127	1991年5月试采，1995年更换油管，2004年修井发现油管断裂
CH137	1992年投产，1997年测井发现1140~1170m段油管穿孔，2004年1月油层套管成像测井发现3545~4580m段腐蚀严重
X851	35CrMo材质井口装置腐蚀失效

2004年，重庆气矿展开井下油管腐蚀检测工作，截至2011年底，共检测气井38井次，回注井15井次。由表7-4可以看出，由于H_2S、CO_2和Cl^-等腐蚀介质的存在，部分气井油管腐蚀及结垢严重，严重的在10年内已经腐蚀穿孔、溃烂，气井不能长期保持稳产，修井打捞等作业困难，甚至会导致气井报废。

表7-4　重庆气矿部分取样油管腐蚀评价结果表

井号	腐蚀原因			失效形式	腐蚀部位	腐蚀程度	腐蚀速度（mm/a）
	H_2S（%）	CO_2（%）	Cl^-（mg/L）				
龙会2	1.28	3.04	494~32946	电化学腐蚀	中上部	轻微	0.042
罐2	0.66	1.26	215~24560	电化学腐蚀 / SSC破裂	中上部	严重	0.534
罐3	0.67	1.63	23~8169	电化学腐蚀	中上部	严重	0.690
罐7	0.38	1.46	微量	电化学腐蚀 / SSC破裂	中上部	严重	0.792
卧93	0.18	2.99	3~1166	电化学腐蚀	中下部	严重	0.607
成18	0.25	2.78	1~28	电化学腐蚀	中下部	严重	0.327
成32	0.33	2.87	4~830	电化学腐蚀	中下部	严重	0.386
七里4	0.33	2.67	27396	电化学腐蚀	中下部	严重	0.696
七里9	0.34	2.43	19122	电化学腐蚀	中下部	严重	0.411
天东67	0.06	1.72	4~12386	电化学腐蚀	下部	轻微	0.250
天东12	0.06	2.18	50400	电化学腐蚀	中上部	轻微	0.020

3. 套管磨损

深井、超深井套管磨损问题严重影响了井筒质量。套管的严重磨损，减小套管壁厚，降低套管强度，甚至会导致破裂或挤毁。套管磨损是多种因素相互作用相互耦合的结果，影响因素主要包括钻杆受力状态、转数、井眼轨迹狗腿度、管体结构及硬度等。表7-5为川西须二气藏勘探开发中磨损失效井的情况，共有6口井由于磨损失效，占所有失效井的35%。磨损是井筒失效最主要的因素之一，磨损形式总体表现为偏磨，磨损缺陷以月牙形为主。

表7-5　套管磨损失效井统计

井名	失效情况
DY101	井口段、井斜及全角变化率大井段变形破损，ϕ139.7mm尾管回接至1602.3m
DY4	油层套管磨损，ϕ127mm尾管回接至井口
DY7	油层套管磨损
X101	油层套管0~50m窜漏、多处变形
X201	油层套管多段轻度磨损，形成连续磨损槽
X202	测试试压期间，发现油层套管窜漏与变形
X203	测井检测发现油层套管多处变形、磨损严重

4. 环空异常带压

2001年，美国矿业管理局统计了8122口井，发现11498层套管产生了持续套压，随开采期的延长，环空带压井增加近60%。2004年，挪威石油安全管理局统计了406口井，18%的井有完整性失效的问题，其中7%的井因此关井。根据路易丝安那州立大学研究报告《防止及管理持续环空压力的最佳做法（2001年）》，生产套管异常带压的主要原因是油管渗漏，其次是固井质量较差。据中国石油塔里木油田高压气井完整性失效情况统计，完整性失效总井数14口，占47口已投产及待投产井的29.8%，评估后对安全风险较大的3口井进行了治理，单井治理费用超过2000万元。

三、井筒完整性屏障及其划分

1. 井屏障的概念

有效的井筒完整性屏障（简称为井屏障）是保证油气井完整性的关键。井屏障指的是一个或几个相互依附的屏障组件的集合，它能够阻止地下流体无控制地从一个地层流入另一个地层或流向地表。井屏障可以分为第一井屏障（初次屏障）和第二井屏障（二次屏障）。第一井屏障是指直接阻止地层流体无控制向外层空间流动的屏障，第二井屏障是指第一井屏障失效后，阻止地层流体无控制向外层空间流动的屏障。

2. 井屏障的划分

图7-1为高温高压高含硫气藏生产井典型的井屏障示意图，该图展示了井屏障的划分。井屏障示意图主要是在井身结构图上显示针对防止地层流体外泄的第一井屏障、第二井屏障及其包含的井屏障部件完整性状态和测试要求。

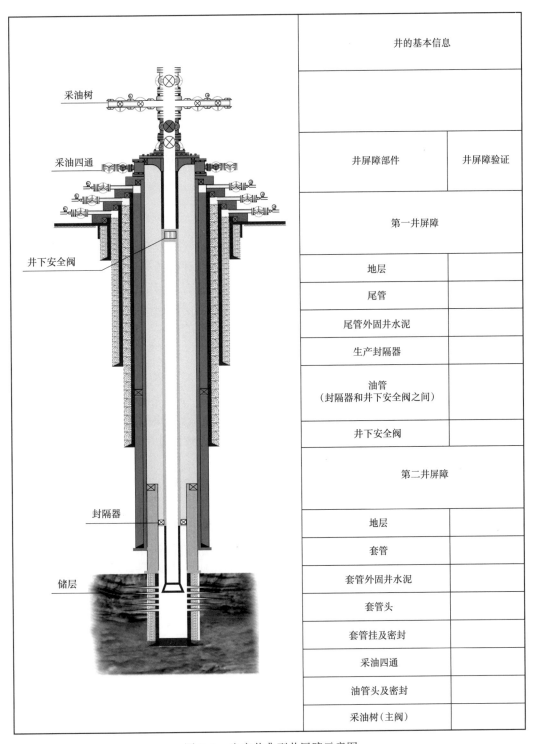

井的基本信息	
井屏障部件	井屏障验证
第一井屏障	
地层	
尾管	
尾管外固井水泥	
生产封隔器	
油管 （封隔器和井下安全阀之间）	
井下安全阀	
第二井屏障	
地层	
套管	
套管外固井水泥	
套管头	
套管挂及密封	
采油四通	
油管头及密封	
采油树（主阀）	

图 7-1　生产井典型井屏障示意图

第二节　井筒完整性评价

井筒完整性评价是根据维护、测试和监控结果以及日常操作中发现的故障来开展的综合性评价，确定井屏障是否满足要求，或制定相应的井屏障部件维修和失效减缓措施，以确保井作业和生产安全。井筒完整性评价应做到内容全面，逻辑清晰，反映井筒客观情况，参考的资料数据、依据的规范标准、评价的时效、评价中的推断等评价情况应特别注明。采气工程中的井筒完整性评价以气井完井投产和生产期间的评价为主，包括的内容有：井屏障评价，环空压力评价，井筒完整性分级及风险分析。

一、井屏障评价

1. 地层评价

地层评价的主要对象是目的层上部的盖层，若上覆地层有复杂岩性地层，则还应评价上覆复杂岩性地层对井筒安全的影响。上覆复杂岩性地层评价结果要列出复杂岩性地层分布井段及岩性、复杂岩性地层段是否被固井水泥环及套管有效封隔、上覆复杂岩性地层是否存在管外窜及套管挤毁变形的可能。地层评价应结合盖层地层破裂压力梯度，考虑目的层或井筒内流体不压破盖层。

2. 固井水泥环评价

固井水泥环评价内容主要包括：固井期间是否发生漏失；塞面位置是否正常；钻塞是否出现放空；钻塞期间是否有后效显示；根据电测结果，分析关键位置(如尾管喇叭口位置、封隔器坐封井段、复杂岩层井段)固井质量。固井质量评价时参照以下要求：

(1)各层套管固井水钻井液应设计返至地面。生产套管固井不应使用分级箍，需要分段注水泥时，可采用尾管悬挂再回接的方式；

(2)对于封固盖层的套管，盖层段固井质量连续优质水泥段不小于25m，且泥胶结中等以上井段不小于70%；

(3)对于生产套管固井，水泥胶结质量中等以上井段应达到应封固段长度的70%；

(4)油气水层段、尾管重合段、上层套管鞋处、上层套管分级箍处及其以上25m环空范围内应形成具有密封性能的连续胶结中等以上的水泥环，其余井段环空至少应形成纵向上比较连续的、其声幅值不超过无水泥井段套管声幅值50%的水泥环；

(5)采用尾管固井方式封固气层时，重叠段长度应不少于100m，尾管悬挂器位置距离气层顶部应不少于200m，水泥上塞段应不少于150m。若主要气层距离上层套管鞋不足200m时，增加重叠段到400~600m。

3. 套管评价

从配置合理性、强度、密封性、腐蚀四方面进行套管评价。

套管配置合理性评价主要指对套管的钢级、壁厚、尺寸、下深等是否满足设计及现场工况要求进行分析。

套管强度评价主要指分析套管强度是否满足实际受力要求。根据钻井井史提供的井斜、钻具组合、起下钻次数、钻进参数、钻井液类型，定量计算井下套管磨损程度，然后根据磨损程度计算套管的剩余抗内压、抗外挤强度。射孔段套管宜根据射孔孔眼直径、孔密、相位、套管直径、壁厚、管材屈服强度等参数，采用室内实验方法或理论分析获得射孔段套管剩余强度。

套管密封性评价是指分析套管柱是否能够实现密封要求，主要通过试压和环空带压分析确定，试压结果应满足设计要求。

套管腐蚀评价是指结合地层流体中酸性气体含量、地层温度和套管材质，进行套管抗腐蚀性能评价，以判断套管能否满足抗腐蚀性能要求，此外可以通过现场套管检测确定。

4. 油管评价

从配置合理性、强度、密封性、腐蚀四方面进行油管评价。

油管配置合理性评价主要指对油管的钢级、壁厚、尺寸、下深等是否满足设计及现场工况要求进行分析。

油管强度评价主要指分析油管强度是否满足实际受力要求。

油管密封性评价是指分析油管柱是否能够实现密封要求，主要通过分析现场油管操作和环空带压情况确定。现场油管操作时，使用液压管钳(定期校核)按设计扭矩上扣，对上扣扭矩数据进行存档。采用气密封扣油管的井，推荐在入井时对封隔器以上的每个连接扣进行气密封检测。

油管腐蚀评价主要通过室内腐蚀评价实验和现场油管检测确定油管腐蚀情况。

5. 井口评价

从配置合理性、密封性、腐蚀三方面进行井口评价。

井口配置合理性评价主要指对井口的压力等级、温度等级、材质等级、性能等级等是否满足设计及现场工况要求进行分析。

井口密封性评价包括现场试压评价和泄漏分析。现场试压是在安装井口装置后，用清水(冬季用防冻液体)进行试压，外观无渗漏，稳压30min，压降不大于0.7MPa为合格。

井口腐蚀评价包括井口材质的室内评价和现场腐蚀检测。腐蚀检测可以采取超声波测厚和内壁腐蚀坑槽扫查。

6. 完井封隔器评价

从配置合理性、受力状态、密封性三方面进行完井封隔器评价。

完井封隔器配置合理性评价是指对完井封隔器的压力等级、温度等级、材质、坐封位置等是否满足设计及现场工况要求进行分析。完井封隔器坐封位置优先选择在套管外固井质量连续中~优，应避开套管接箍2m以上。采用悬挂尾管完井方式时，封隔器坐封位置优先选择坐在尾管悬挂器上部。

完井封隔器受力状态评价是指分析完井封隔器强度是否满足实际受力要求，在进行三轴力学校核时，完井封隔器受力状态应在信封包络曲线内。

完井封隔器密封性评价是指分析完井封隔器是否出现胶筒微渗或完全失效，主要通过环空带压分析和井下漏点分析确定。

7. 井下安全阀评价

从配置合理性、受力状态、密封性三方面进行井下安全阀评价。

井下安全阀评价的配置合理性评价是指对井下安全阀的压力等级、温度等级、材质等是否满足设计及现场工况要求进行分析。

井下安全阀评价的受力状态评价是指分析井下安全阀强度是否满足实际受力要求。

井下安全阀评价的密封性评价是指分析井下安全阀关闭后是否出现渗漏，主要通过井下安全阀开关测试确定。在送井前进行地面功能测试、操作压力测试和通径检查，空气中关闭时间不超过 5s，试压使用液体按额定压力进行，稳定 15min，压降不大于 0.7MPa 且表面无渗漏为合格。井下安全阀开关测试时，应能正常开启和关闭，关闭后气体渗漏速率不大于 0.14m³/min。

二、环空压力评价

1. 环空带压原因分析

近年来，国内外众多学者针对环空带压问题开展了大量研究工作，但是固井后环空带压及生产过程中油套环空带压问题仍然较突出。环空压力来源主要有井筒"物理效应"、流体泄漏形成的持续环空压力、人为施加压力等三个方面。井筒"物理效应"是由环空流体热膨胀及管柱鼓胀引起，高压气井投产初期，几乎所有井都会显示热致环空压力；流体泄漏形成的持续环空压力是指由地层或井内压力流体通过井口、油管、套管、水泥环、封隔器等屏障进入环空形成的持续压力。人为施加压力是指作业者为了一定目的人为主动施加的环空压力，包括打平衡压、气举、热管理、协助监控环空等施工作业或操作。

1）井筒"物理效应"引起的环空带压

（1）环空流体热膨胀引起的环空带压。

对于带有永久式封隔器的油套环空，环空带压可能是环空保护液或油套环空内完井液受热膨胀引起的，可通过环空压力测试判断环空带压是否为温度所致。

（2）鼓胀效应引起的环空带压。

对于带有封隔器的油套环空，油管内压力使油管发生膨胀的现象称为鼓胀效应。鼓胀效应可导致环空稍有带压，其压力值小于环空流体膨胀引起的环空带压。

2）完井管柱或井口泄漏引起油套环空带压

完井管柱泄漏或渗漏引起的油套环空带压：

（1）封隔器胶筒或密封圈泄漏或渗漏；

（2）油管螺纹泄漏或渗漏；

（3）完井管柱腐蚀穿孔；

（4）井下安全阀、滑套、伸缩节等密封失效；

（5）油管挂螺纹或油管挂双公短节螺纹密封失效；

（6）井下安全阀泄漏或渗漏。

3）油管挂密封失效

油管挂密封失效将导致油管头内油压窜漏到生产套管内油套环空，导致油套环空带压。

4）套管泄漏引起的环空带压

（1）生产套管带注水泥分级箍密封失效，生产套管外非产层气体经分级箍与油套环空连通；

（2）生产套管螺纹密封失效，生产套管外非产层气体与油套环空连通；

（3）生产套管外水泥环密封失效，套管与水泥环间产生微环隙，同时生产套管螺纹丧失密封或套管管体腐蚀穿孔导致产层气体与油套环空窜漏。

2. 环空压力测试及评价

1）井筒"物理效应"导致环空带压诊断分析

气井开采过程中，随着产量的增加，井筒的温度会不断升高，从而引起热膨胀环空带压值，尤其是存在自由段套管的环空，带压值会很大。目前，国内已有相关文献针对水泥未返到井口的环空热膨胀效应引起的环空带压进行了相应的计算及评估。热膨胀导致的环空压力随着井筒平均温度的升高而线性升高。

计算时作如下假设：（1）假设环空完全密封，不存在流体或气体的渗入或泄漏；（2）只考虑热膨胀效应导致的环空压力，不考虑由于油气从地层经水泥环和环空液柱向上窜流引起的环空压力。

将环空看作是一段密闭的环空，一段密闭在环空中的流体或气柱的压力取决于该段环空的平均温度、密闭环空的体积、密闭流体的质量、密闭环空的压力是三者的函数，其偏微分公式为：

$$\Delta p = \frac{\alpha_1}{k_T} \Delta T - \frac{1}{k_T \cdot V_{ann}} \Delta V_{ann} + \frac{1}{k_T \cdot V_1} \cdot \Delta V_1 \tag{7-1}$$

式中　Δp——环空中压力的变化量，MPa；

　　　　V_{ann}——密闭环空的体积，m^3；

　　　　k_T——环空流体等温压缩系数，MPa^{-1}；

　　　　α_1——环空中流体的热膨胀系数，℃$^{-1}$；

　　　　V_1——环空中流体或是气体的体积，m^3；

　　　　ΔV_1——环空中流体或是气体的体积变化量，m^3；

　　　　ΔV_{ann}——环空体积的变化量，m^3；

　　　　ΔT——套管平均温度差，℃。

对于密闭环空，$\Delta m = 0$，并假设套管壁是绝对刚性，得出密闭环空压力的计算式为：

$$\Delta p = \frac{\alpha_1}{k_T} \cdot \Delta T - \frac{1}{k_T \cdot V_{ann}} \cdot \Delta V_{ann} \tag{7-2}$$

式（7-2）整理后得出：

$$\Delta p = \left(1 + \frac{C_{tot}}{k_T}\right)^{-1} \cdot \frac{(\alpha_1 - \alpha_{steel})}{k_T} \cdot \Delta T \tag{7-3}$$

式中　C_{tot}——套管总的变形系数，MPa^{-1}；

　　　　α_{steel}——钢的热膨胀系数，℃$^{-1}$。

其中

$$C_{tot} = \frac{L_{tot} - C_{cem}}{L_{tot}} \cdot \frac{D}{E \cdot h} \tag{7-4}$$

式中 L_{tot}——套管的总长，m；

  L_{cem}——被水泥固结的套管段长度，m；

  D——套管的直径，mm；

  h——壁厚，mm；

  E——套管的弹性模量，MPa。

式（7-3）即为在假设密闭环空绝对密封，不存在漏失情况下，热膨胀效应（井筒温度升高）导致的环空压力计算公式。根据该式，热膨胀导致的环空压力随着井筒平均温度的升高而线性升高。对于高产气井，随着产量的升高其井筒温度也会升高，此时对气井进行热膨胀效应导致的环空带压的评估就显得尤其重要。

井筒"物理效应"引起的油套环空带压诊断方法为：

（1）从油套环空放出少许流体，如果全为液相，说明环空带压可能是因为流体不可压缩，热膨胀引起的环空带压。按环空全为水相计算流体膨胀及鼓胀的"物理效应"引起的环空带压值，应与观测值基本相近。

（2）从油套环空放出少许流体，如果全为气相或气液混相，按环空全为水相计算流体膨胀及鼓胀引起的环空带压计算值，不能作为"物理效应"引起的环空带压的判据。"物理效应"引起的环空带压计算值应大于环空压力表的表现值。

（3）从油套环空放出少许流体，如果全为气相或气液混相，按环空全为水相计算流体膨胀及鼓胀引起的环空带压计算值大于环空带压表的压力值，说明有泄漏或渗漏。

（4）调整油压，如果油套环空压力变化基本与油压变化同步，说明不是"物理效应"引起的环空带压，而是某处有泄漏或渗漏。

2）环空泄压及压力恢复测试

环空泄压及压力恢复诊断测试主要流程为：

（1）安装½in针型阀，用于控制环空缓慢卸压。卸压过快会导致压力变化很快，加剧井下泄漏。

（2）通过卸压、压力恢复来诊断泄漏或渗漏引起的油套环空带。测得油套、技套、表套的环空压力、温度、气量随测试时间的变化情况。根据压力—时间曲线变化趋势判别各个环空压力来源。

（3）泄压时，不应将环空压力降至过低值，否则可能"扩大"或者"疏通"泄漏通道。建议先将油套环空压力降低20%~30%后关闭环空，观察24h。

（4）压力恢复测试：如果在卸压后24h压力没有回升，应考虑为井筒"物理效应"引起的环空带压；如果在一周内压力有回升，且十分缓慢，并稳定在某一允许值，说明在完井管柱有微小渗漏；如果缓慢卸压，压力不降低或降低十分缓慢，说明井口或靠近井口处有微小渗漏。在开展环空泄压及压力恢复诊断测试时，通常还进行环空流体取样分析。如果环空返出的流体组分和油管中产出的流体组分一致，则表明气源来自产层。如果环空返出的流体组分既不同于油管产出的组分，也不同于井初始投产时井内流体的组分，则应进一步分析以确定气源层位。

3）技套、表套环空带压评价

（1）技套环空带压的可能路径。

①油套环空带压，且生产套管螺纹密封失效、套管管体破裂或腐蚀穿孔，生产套管回接插管密封失效，压力窜到技套环空。

②技术套管带注水泥分级箍，分级箍密封失效，导致技术套管外非产层气体与技套环空窜通。

③油管挂及生产套管挂的密封失效，油套环空压力窜到技套环空。

④生产套管注水泥质量欠佳或后期作业（酸化压裂、测试、钻水泥塞或工具）诱发微环隙，产层气体或非产层气体的气窜。

（2）封闭型技套环空的环空带压评价。

水泥返到上层套管鞋之上形成的环空称为封闭型技套环空。对环空气体取样并开展组分分析，判别气体源于产层还是非产层。查固井施工报告固井质量测井报告，确认技套环空水泥返深，水泥面之上流体类型（完井液、注水泥前置液或冲洗液），以评估环空滞留流体的腐蚀性。查固井质量测井报告，以评估环空窜槽情况。查井下作业史，以评估酸化压裂或测试对环空水泥环损坏或诱发微环隙或套管变形的影响。如果技套环空压力低于该环空最大允许压力值，不推荐对技套环空卸压测试。

对于封闭的技套环空，用$\frac{1}{8}$in 针型阀控制卸压。如果压力不能持续降低到某一值或调整针型阀开度可使卸压压力基本稳定到某一值，提示技套环空与油套环空或表套环空有连通，应停止卸压测试。环空卸压到一定程度后关闭技套环空，如果在 24h 内观察不到压力恢复，或在一周内压力仍不能恢复到放压前水平，环空带压可能是井筒"物理效应"引起的，或叠加油层套管螺纹渗漏、水泥环渗漏。

（3）开式技套环空的环空带压评价。

水泥未返到上层套管鞋之上形成的环空称为开式技套环空。对环空气体取样并开展组分分析，判别气体源于产层还是非产层。查固井施工报告、固井质量测井报告，确认技套环空水泥返深。查裸眼井段地层油气水层情况及盐、膏层情况，为潜压生产套管损伤及技套环空带压分析提供参考。

开式技套环空的环空带压一般不会损坏套管，过大的压力可能从裸眼井段释放。保留适度稳定的开式技套环空压力有助于防止裸眼井段油气水流入井眼环空，阻止或降低通过水泥环的产层或非产层流体窜流。应关注技套环空顶部气相段中硫化氢/二氧化碳组分和液相中氯离子或其他有害组分对生产套管的腐蚀。生产套管腐蚀穿孔或破裂可能诱发技术套管随之破裂，导致油气在井口或井周窜出地表，或从高压层窜入低压层。应评估技套套管鞋之下地层破裂压力，防止技套环空压力过高造成井漏。严重井漏可导致地下窜流或地下井喷等严重后果。

（4）技套环空水泥返到井口的环空带压评价。

水泥返到井口的环空带压为技套环空最严重带压工况，可判定为井口或水泥环泄漏。对环空气体取样并开展组分分析，判别气体源于产层还是非产层。

井口泄漏测试：将技套环空压力缓慢卸压，如果压力降十分缓慢或降不到零，说明井口或井口段套管泄漏。将技套环空关闭，如果起压快，进一步证明井口或井口段套管泄漏。

水泥环泄漏测试：将技套环空压力卸压至零，如果压力下降快或可降到零，说明是水泥环泄漏。但不能判别是技术套管管鞋处水泥环泄漏，还是生产套管中某处泄漏，油套环空压力窜到技套环空。将技套环空关闭，如果起压缓慢，进一步证明水泥环泄漏。

（5）表套环空带压的路径及诊断。

表套环空带压的路径一是技术套管技套环空带压，并窜入表套环空；二是表层套管固井质量差，浅层气气窜。表套环空带压的诊断可参考技套环空带压的方式。

4）油套环空带压评价

（1）油套环空带压诊断分析原则。

当油套环空带压值低于该环空最大允许压力值时，不宜进行环空压力测试，多次卸压/压力恢复可能带来更复杂的情况。进行环空卸压/压力恢复测试将干扰已形成的平衡状态，可能加剧渗漏或形成新的渗漏通道，适当环空带压有利于降低油管系统应力与位移和降低渗漏压差。多次放压将加速腐蚀介质（二氧化碳，硫化氢、氧气）更新，加剧管材腐蚀。

重点监控和诊断的油套环空带压情况有：油套环空含硫化氢和二氧化碳；油套环空泄漏；油套环空带压值高于其环空允许带压值。

（2）油套环空带压评价方法。

对环空气体取样并开展组分分析，判别气体源于产层还是非产层。开展环空泄压及压力恢复诊断测试。如果在卸压后24h压力没有回升，应考虑为井筒"物理效应"引起的环空带压；如果在一周内压力有回升，且十分缓慢，并稳定在某一允许值，说明在油管或封隔器有微小渗漏；如果缓慢卸压，压力不降低或降低十分缓慢，说明井口或靠近井口处有微小渗漏。如果压力卸不掉，说明油套环空有较大的泄漏点。

如果确认油套环空带压是井下管柱或工具泄漏引起的，可通过关闭井下安全阀测试来寻找漏点。在关闭井下安全阀测试前应充分论证，因为这可能降低井下安全阀的密封可靠性，或关闭后再打开的困难。井下安全阀关闭后，卸掉井口油压，油套环空带压值无降低，说明泄漏点在井下安全阀之下。反之，泄漏点在井下安全阀之上。

对于重点井，可实施以下针对泄漏位置的不停产过油管测井：被动超声波检测技术，指对多层套管监听泄漏点和水泥环的纵向窜流剖面；主动超声波检测技术，指对多层套管声发射和反射监测腐蚀和变形；电磁检测技术，指对多层套管腐蚀、沟槽和裂缝采用电磁探伤的手段进行检测。环空带压往往是连接处密封先失效，而本体腐蚀或腐蚀穿孔在后，应优先考虑采用被动超声波检测技术。

三、井筒完整性分级及风险分析

1. 井筒完整性分级

根据井屏障实际情况对生产井进行分析和井屏障分级，分级原则如表7-6所示，以反映井筒完整性总体状态和进行响应。

2. 风险分析

应在井的全生命周期内开展与井完整性相关的风险识别和评价，重点针对井屏障失效和井控事故的风险进行识别和评价。风险评估应遵循以下原则：先开展定性风险评估或半定量风险评估，识别出风险井，再针对风险井开展定量风险评估或专项风险评估。应建立明确的风险评估准则和决策依据，并根据风险评估结果来制定井完整性管理相关活动规划及其优先顺序。

表7-6 井屏障分级原则

类别	原则	措施	管理原则
红色	一道井屏障失效，另一道井屏障退化或失效，或已经发生泄漏至地面	立即开展详细的风险评估，立即实施降低风险的措施或修井作业	立即上报油田公司
橙色	一道井屏障失效，另一道井屏障完好，或单个失效可能导致泄漏至地面	加强对井屏障完整性的监控，开展风险评估，开展维护保养或降低风险的措施及相关作业	油田公司备案，油气生产部门自行监控，并采取相应措施，一旦井况恶化立即上报油田公司
黄色	一道井屏障退化，另一道井屏障完好	加强对井屏障完整性的监控，开展维护保养作业	油气生产部门自行监控，并采取相应措施
绿色	两道井屏障完好，或有轻微的问题	正常监控和维护	油气生产部门自行监控

井完整性风险评估推荐方法见表7-7。如果发生井屏障退化或失效，风险评估还应着重考虑以下方面：

(1)井屏障退化或失效的原因；

(2)该退化或失效继续恶化的可能性；

(3)第一井屏障的可靠性和失效方式；

(4)第二井屏障的可用性和可靠性；

(5)恢复或更换的计划。

表7-7 井完整性风险评估推荐方法

阶段	危险源识别	故障模式、影响及危害性分析	井分级	定量风险分析
设计准备	√	√		√
钻井作业	√			√
试油作业	√			√
完井作业	√			√
生产	√	√	√	√
弃置作业	√			√

应建立风险分析所使用的风险矩阵和可接受准则，确保分析的一致性，并提供决策依据。风险矩阵应至少考虑安全风险、环境风险和经济风险，并对失效可能性和失效后果进行定性和量化描述，以确保定性和定量分析的需要。风险矩阵示意图和可接受准则见图7-2和表7-8。

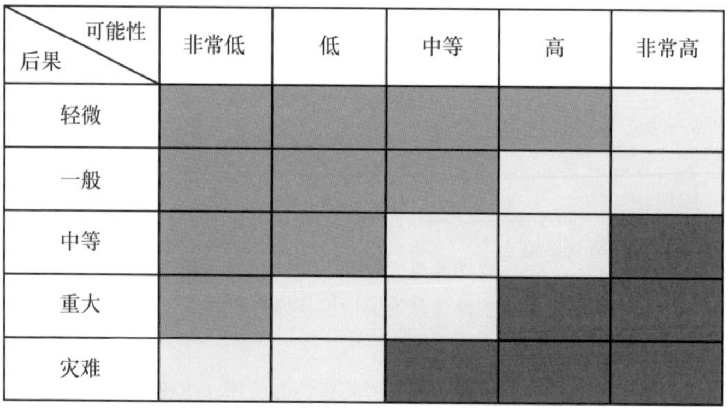

图 7-2　风险矩阵示意图

表 7-8　可接受准则

风险等级	处理措施
高风险	风险不可接受，要提供处理措施，验证处理措施实施的效果，残余风险评估及定期追踪
中风险	开展 ALARP 分析，应考虑适当的控制措施，持续监控此类风险
低风险	风险可接受，只需要正常的维护和监控

风险等级为中风险时，应开展最低合理可行（ALARP）分析，识别所有在技术和时间上可行的风险削减措施，综合考虑削减风险措施带来的额外风险（包括作业风险，作业成本等）和不采取措施的风险。若风险削减措施技术上不可行或削减效果不经济，则该中风险等级可接受，否则应采取措施来降低风险。

第三节　井筒完整性管理

采气工程中的井筒完整性管理以气井完井投产和生产期间的管理为主，以确保气井安全稳定生产为目标，包括井屏障管理和环空压力管理，可以采取软件系统线上管理的方式提高管理效率和水平。

一、井筒完整性管理原则

井筒完整性管理应遵循如下原则：结合油气井的特点，对油气井实施动态的完整性管理；建立专门的油气井完整性管理机构，制定管理流程，并辅以必要的手段；对所有与油气井完整性管理有关的信息进行分析整合；必须持续不断地对油气井进行完整性风险分析评估和隐患排查，制订预防、排减方案与治理措施并实施；在油气井完整性管理过程中不断采用各种新技术。

二、井屏障管理内容

现行井控规定与标准只局限于钻井和完井作业，完整性管理则贯穿于油气井整个寿命周期的全过程管理，包括从钻前工程到弃井的各个作业环节，如基础资料收集、井口装置和井筒完整性评估、气井完整性屏障建立、井口装置完整性管理、泄压管线完整性管理、环空压力控制、油管腐蚀监测/检测、井下安全阀管理、井下封隔器管理等。油气井完整性管理是更全面、更系统的管理理念，应用完整性管理体系，可有效地减少地层流体在井眼整个寿命期间无控制排放的风险，使油气井各项作业与生产安全进行。

1. 基础资料收集

建立完整的气井基础资料数据库，主要包括气井基础资料、钻井资料、试油资料及生产资料。

2. 井口装置、井筒评估

探井、开发井交井后，应在气井投产前和生产期间进行完整性静态评估和动态评估，利用气井静态评估和动态评估数据，划分井口装置、井筒完整性等级，并且根据完整性评估结果制定相应的处理措施和应急预案。当气井在生产过程中出现异常情况，应重新组织相关部门对井筒完整性进行评估。根据风险评估结果，确定气井监控、维护类型及频率，以及制定下步管理措施、响应时间和应急方案。

3. 完整性屏障说明

气井通常包括两级完整性屏障，一级完整性屏障包括油管、封隔器、井下安全阀等，二级完整性屏障包括地层、水泥环、套管、井口装置等。建立气井完整性屏障划分示意图，对两级完整性屏障单元参数及工作状态进行详细说明。

4. 井口装置完整性管理

在气井生产过程中，应对气井井口装置进行测温记录、采气树内腐蚀/冲蚀检测、阀门内漏/外漏检测、标高测量、阀门维护等作业，在作业过程中要进行详细记录，检测到异常情况要报告相关主管部门，并对异常情况开展二次评估，制定相应处理方案。

5. 油管腐蚀检测

针对碳钢油管完井，结合室内油管腐蚀评价试验结果和气井生产状况适时开展井下油管腐蚀检测工作。

6. 井下安全阀管理

井下安全阀系统是用于阻止井内失控流体的装置，它包括地面控制系统和井下安全阀组件，应定期对地面控制系统和井下安全阀可靠性进行测试。

7. 完井封隔器管理

应控制完井封隔器承受压差在封隔器额定工作压差80%范围内，计算出的完井封隔器受力状态应在信封包络曲线内，及时对环空压力进行泄压或补压。

8. 完整性档案建立

建立并保存完整的记录档案，以便管理者可以快速、准确地掌握气井完整性现状。所建立的气井完整性档案应包括气井基础信息、气井完整性屏障数据、气井维护、气井腐蚀监测、检测资料、完整性评价资料及评价报告等。

三、环空压力管理内容

环空压力管理内容主要包括计算环空压力最大允许值并制定管理制度，现场监测，出现异常情况上报并采取环空放压等措施，实现环空带压情况始终处于安全可控状态。

1. 环空压力最大允许值计算

结合现场环空压力管理需求和数据获取途径，环空压力最大允许值计算主要参考 ISO16530-2 推荐的方法，考虑了各层套管强度、油管强度、井下工具、井口装置、地层对环空压力许可值的影响。

1）A 环空压力最大允许值

A 环空是指有油管和油层套管组成的环空，影响 A 环空压力最大允许值的因素主要有油管抗外挤、油层套管抗内压、安全阀抗外挤、封隔器抗外挤、尾管重叠段的抗内压等。A 环空主要包括图 7-3 所示的两种类型，最大压力允许值计算公式见表 7-9。

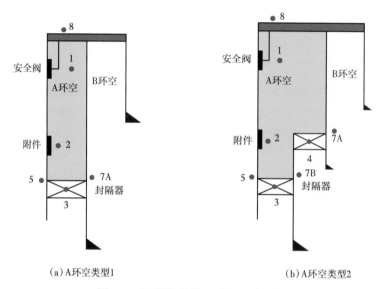

（a）A 环空类型1　　　　　　　（b）A 环空类型2

图 7-3　两张类型的 A 环空组成要素

表 7-9　A 环空压力最大允许值计算公式

位置	单元	类型	MAASP 计算
1	安全阀抗外挤	1 和 2	$P_{MAASP}=P_{PC,SV}-[D_{TVD,SV}\ \nabla P_{MG,TGB}]$
2	气举工具抗外挤	1 和 2	$P_{MAASP}=P_{PC,ACC}-[D_{TVD,ACC}\ (\nabla P_{MG,A}-\nabla P_{MG,TBG})]$
3	封隔器抗外挤	1 和 2	$P_{MAASP}=P_{PC,ACC}-[D_{TVD,ACC}\ (\nabla P_{MG,A}-\nabla P_{MG,TBG})]$
3	封隔器单元等级	1 和 2	$P_{MAASP}=(D_{TVD,FORM}，\nabla S_{FC,FORM})+P_{PKR}-D_{TVD,pp}\cdot P_{MG,TBG}$
4	尾管挂的抗内压	2	$P_{MAASP}=P_{PB,LH}-[D_{TVD,LH}\ (\nabla P_{MG,A}-\nabla P_{BF,B})]$
5	油管抗外挤	1 和 2	$P_{MAASP}=P_{PC,TBG}-[D_{TVD,pp}\ (\nabla P_{MG,A}-\nabla P_{MG,TBG})]$
6	地层强度	2	$P_{MAASP}=D_{TVD,SH}\ (\nabla S_{FS,A}-\nabla P_{MG,A})$
7A	外层套管抗内压	1	$P_{MAASP}=P_{PB,B}-[D_{TVD,LH}\ (\nabla P_{MG,A}-\nabla P_{BF,B})]$
		2	$P_{MAASP}=P_{PB,B}-[D_{TVD,pp}\ (\nabla P_{MG,A}-\nabla P_{BF,B})]$
7B	尾管重叠段的抗内压	2	$P_{MAASP}=P_{PB,B}-[D_{TVD,pp}\ (\nabla P_{MG,A}-\nabla P_{EF,B})]$
8	套管头	1 和 2	MAASP 等于套管头的工作压力

2）B、C环空压力最大允许值

B、C环空是指油层套管与技术套管、技术套管与技术套管组成的环空，影响B环空压力最大允许值的因素主要有油层套管抗外挤、技术套管抗内压、套管头等，C环空则依次外推，B、C环空计算示意图如图7-5所示，压力最大允许值计算公式见表7-10。

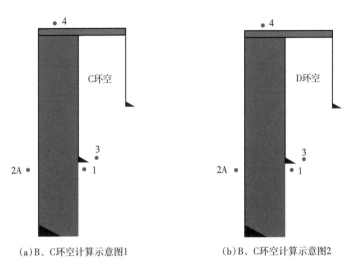

(a)B、C环空计算示意图1　　　　　(b)B、C环空计算示意图2

图7-4　两种B、C环空计算示意图

表7-10　B、C环空压力最大允许值计算公式

位置	单元	类型	MAASP 计算
1	地层强度	1 和 2	$P_{MAASP}=D_{TVD,SH,B}\left(\nabla S_{FS,B}-\nabla P_{MG,B}\right)$
2	内部套管抗外挤	1 和 2	$P_{MAASP}=P_{PC,A}-\left[D_{TVD,TOC}\left(\nabla P_{MG,B}-\nabla P_{MG,A}\right)\right]$
3	外层套管抗内压	1 和 2	$P_{MAASP}=P_{PB,B}-\left[D_{TVD,SH}\left(\nabla P_{MG,B}-\nabla P_{BF,C}\right)\right]$
4	套管头	1 和 2	MAASP 等于套管头的工作压力

表中　D_{TVD}——气井垂直深度，m；

∇P_{BF}——环空流体压力梯度，MPa/m；

∇P_{EMM}——最大的钻井液压力梯度，MPa/m；

P_{MAASp}——环空压力最大允许值，MPa；

∇P_{MG}——钻井液或盐水的压力梯度，MPa/m；

P_{PC}——套管抗挤强度（在进行最大环空压力计算的时候必须考虑安全系数），MPa；

P_{PB}——套管抗内压强度（在进行最大环空压力计算的时候必须考虑安全系数），MPa；

P_{PKR}——封隔器的压力等级，MPa；

ΔS_{FS}——地层强度梯度，MPa/m；

ΔP_{FP}——地层压力梯度，MPa/m；

G——重力加速度，9.8m/s²。

2. 环空压力现场管理

气井环空带压的主要原因是井下油套管丝扣、封隔器等井下工具以及固井水泥环等屏障部件存在渗漏或泄漏，从而导致地层流体进入各个环空。环空带压不仅使 CO_2 和 H_2S 等腐蚀性气体进入油套环空腐蚀套管，而且会导致套管长时间承受高压，存在天然气窜漏至地面的风险，甚至引发灾难性事故。因此，对于高温高压酸性气井，应形成规范的环空压力监测技术和管理办法。

为了对环空压力进行定量管理，可根据压力大小，将环空压力分为可接受和不可接受的两种压力。环空压力小于 0.7MPa 时，表明危险不大，对工作人员、设备、环境来说是一个可以接受的危险水平，至少需要每半年监测一次环空压力并记录。若环空压力无法卸压至 0.7MPa 以下时，认为是不可接受的危险，需要纳入环空带压的管理范围，计算环空压力控制范围，环空压力超过许可值时，应进行环空泄压作业。

现场的环空压力管理主要包括环空页面监测、环空流体检测、环空放压管理等工作。

1）环空液面监测

（1）环空液面监测前应制定相应的技术方案和安全预案。

（2）对环空泄漏井，推荐测环空液面。在补注环空保护液时推荐同时监测动态液面，避免注入压力过高压漏环空。

（3）对环空带压的井，放出流体为气相时，推荐测环空液面。定量注入环空保护液，以便核对所测液面深度是否正确。

2）环空流体检测

（1）定期开展环空流体检测，主要包括气体组分、液体密度、液体 pH 值、水化学分析等，依据检测结果分析气体来源和腐蚀环境。

（2）若环空流体含硫化氢或二氧化碳组分，应将水蒸气相列入检测内容，分析硫化氢或二氧化碳溶于凝析水的小孔腐蚀。

（3）根据需要开展同位素分析，依据检测结果分析气体来源。

3）环空放压管理

（1）制定环空放压制度，根据环空控制压力范围开展环空放压。

（2）油套环空接一条泄压管线，技套环空和表套环空共用一条泄压管线。对管线安装时间、试压情况进行记录，同时要求每年一次测厚检测。如果检测到放空管线存在壁厚减薄的情况，要对其力学性能进行评价，结合气井放空压力进行试压，确保放压操作安全可控。

（3）环空卸压诊断时应严避免空放到零，避免负压导致倒抽空气。

（4）放压期间应对初始放出液样和终止时放出液样进行 pH 值测定，环空卸压放出流体后，应补注相同或 pH 值略高的环空保护液，确保环空取样流体的 pH 值在 7.5 左右。

四、井筒完整性管理系统

1. 国内外井筒完整性管理系统概况

埃及的 GOS 公司联合 BP 石油公司开发了一个井筒完整性安全管理系统（Well Integrity Safety Management System），用于管理和评价 Brown 油田中"高风险"和"相对低风险"井的作业。该系统主要包括井口温度压力监测、环空压力管理、井下油管完整性、地面和地下安全阀操作、维护和测试、井口装置测试、维修和冶金技术以及结垢管理和修复。

Statoil，Norsk Hydro，Total E&P UK Ltd 联合 ExproSoft 等公司建立了一个井筒完整性管理软件系统（Well Integrity Management System，WIMS）。该软件能对作业井历史和实际的完整性状况进行系统的描述以及井数据收集、处理并报告井筒的完整性。通过对测试数据、连续的温度压力数据、环空压力恢复及泄压数据进行分析，对井筒泄漏进行诊断、风险评估并制定正确的控制措施。

Expro Well Services（EWS）公司也是较早针对井筒完整性问题开展研究的一家单位，从井的概念设计、建井、作业、到弃井各个阶段，EWS 开发的井筒完整性管理系统能提供相关的服务和功能，让井眼发挥其最大的利用率并降低作业风险。该系统依据 ISO 009 系列标准，包括了井筒诊断、屏障划分、井作业、井管理、人员管理和安全管理等方面的功能。

WG Intetech 公司是一家向全球公司提供专业井筒完整性分析与管理的公司。WG Intetech 与油气生产商合作已有 20 多年的历史。其开发的井筒完整性评价系统能在井完整性管理，腐蚀监测和材料工程方面为油气生产商们提供帮助，提高了井的安全和操作效率。

国内有如北京奥合达森（AOHEDS）石油技术服务公司，包括 ExpoSoft 井完整性管理、CS 完井信息可视化管理、ScanWell 泄漏监测系统等模块。其中 ExpoSoft 模块建立于 2000 年，是井完整性和分析方面的全球领先者，与全球 50 个油气公司进行过合作 300 个项目，拥有全球 5000 口井 30000 条有关可靠性和完整性数据，建立了世界上最大的井完整性数据库 WELLMASTER。该公司开发的 WIMS 系统包括数据管理（完整性历史、部件的流程、测试等）、设备和井的特征（井测试、完井、环空、生命周期跟踪）、监控（MAASP 管理、温度压力监控、SCP 监控、泄漏等）以及分析（失效记录、风险评价、WI 状态与管理措施、作业施工等）几个方面。

此外，Centrica Energy、Chevron、ExxonMobil、Marathon、Shell、Star Energy 等公司也都相继开展了井筒完整性管理的应用系统研究。国内目前尚未见关于井筒完整性管理系统的相关报道。

2. 西南油气田公司井筒完整性管理系统

西南油气田公司大多数气井都含有硫化氢及二氧化碳，随着勘探开发的快速发展，气井的完整性越来越重要，对气井的完整性管理提出了更高要求。为全面提升西南油气田公司井筒完整性管理水平，实现井筒完整性实时在线管理，西南油气田公司在不断吸收国内外先进的管理技术和理念的基础上，针对川渝地区气井高温、高压、含硫的特点，形成了一套具有特色的井筒完整性评价和管理技术，并配套研发了井筒完整性管理系统。该系统是国内首款集井筒完整性管理数据采集、检测、评价、预警、决策、业务流程管理、维护一体化的井筒完整性管理在线平台，囊括了完整性概况、完整性评价管理、预警管理、维护措施跟踪及系统管理 5 大模块 12 个应用功能，如图 7-5 所示。通过专业处室、研究院、生产单位对井筒完整性的协同管理，现已初步实现油气田各级生产单位对油气井井筒完整性全面管控。

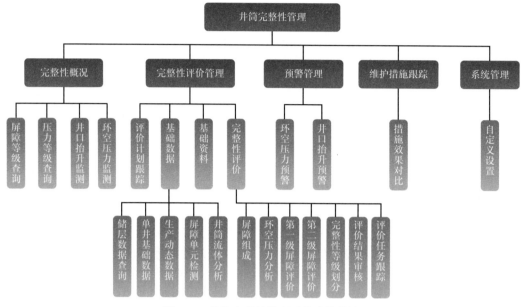

图 7-5　井筒完整性管理系统功能模块

1）完整性概况模块

完整性概况模块主要包括屏障等级查询、压力等级查询、井口抬升监测、环空压力监测四个功能模块，可实现对所有井的完整性等级和环空压力等级的全面掌控，实现对井口抬升和环空压力实施监控跟踪管理，如图 7-6 所示。

图 7-6　完整性概况模块界面

2) 完整性评价管理

完整性评价管理主要包括评价计划跟踪、基础数据、基础资料及完整性评价四个功能模块，可实现对井完整性评价任务的跟踪，基础数据和资料的完整性管理，结合基础资料、检测资料、实验评价资料对单井环空压力分析及控制、完整性等级评价及措施建议的在线实时评价，如图7-7所示。

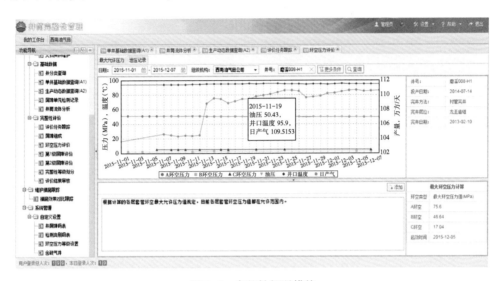

图 7-7 完整性概况模块

3) 预警管理模块

预警管理模块主要包括井口抬升预警和环空压力预警两个功能模块，可实现对单井井口抬升状态和各环空压力变化的实时监测预警，提前采取相应措施，有效降油气井安全风险，如图7-8所示。

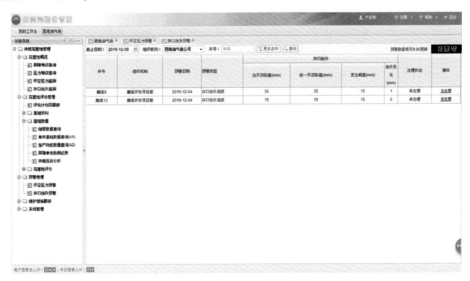

图 7-8 预警管理模块界面

4）维护措施跟踪模块

维护措施跟踪模块主要包括措施效果对比一个模块，实现对不同等级的油气井的相应现场管理措施的跟踪评价管理，实现对气井整个生命周期的一个闭环管理，如图 7-9 所示。

图 7-9 维护措施跟踪模块界面

5）系统管理模块

系统管理模块主要包括自定义设置功能模块，主要功能是针对系统管理员对系统功能进行完善设置。

第四节 井筒完整性现场检测技术

井筒完整性评价及管理过程中需要有能够反映井筒状态的各类相关资料数据。工程设计资料、施工数据、实时生产数据通过资料数据查阅或导入通常能够直接获取。反映生产期间井屏障状态的数据则通常需要开展现场检测作业获取，根据实际井筒完整性评价及管理的需要，可以开展井口腐蚀检测、井下腐蚀检测、井下漏点检测等现场检测作业。

一、井口腐蚀检测技术

1. 井口腐蚀检测设备

井口检测主要采用高精度超声波测厚仪和超声波相控阵检测仪对井口流动通道进行壁厚和内壁检测，其中相控阵超声波检测仪采用手动超声波探头扫描，采用数据处理软件对扫描数据进行处理后实现内壁扫描成像，如图 7-10、图 7-11 所示。检测可在不关井、不破坏采气树表面涂层的情况下进行无损检测，并能通过二次回波技术，检测合金敷焊层与本体之间的熔合及熔焊层状况，入厚薄变化、熔焊面、脱层、气泡等。

相控阵超声波检测仪具有 A 扫描、B 扫描、C 扫描三种检测模式及自动存储管理功能，能同时进行多点检测，并能进行大厚度检测，最大厚度为 300mm。超声波相控阵检测仪配套的数据处理软件以差值模型为基础，内建数值无损还原及补偿、2D 图像及动画等多个先进引擎，能精确的计算出检测部位的减薄量、减薄速率、高仿真地模拟出采气树内壁 2D 图像。

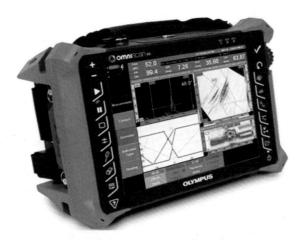

图 7-10　超声波相控阵检测仪

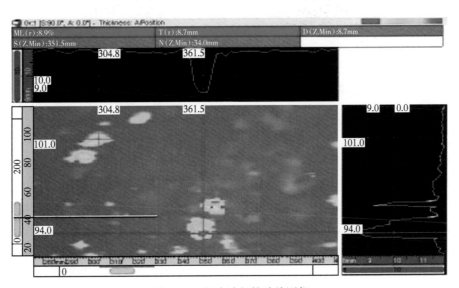

图 7-11　超声波相控阵检测仪

2. 井口腐蚀检测现场应用

采用高精度超声波测厚仪和超声波相控阵检测仪，在四川盆地 80 余口井进行了井口检测现场应用，检测内容包括 1 号阀门~9 号阀门脖颈和特殊四通上法兰脖颈等易冲蚀、腐蚀部位的超声波相控阵扫描和定点测厚检测，如图 7-12 所示。通过检测确定了个别井存在明显坑蚀，同时建立了井口腐蚀基础数据库，为后期再次检测后作对比分析提供基准数据。

图 7-12　井口装置检测位置

二、井下腐蚀检测技术

井下腐蚀检测的技术种类较多，目前国内外成熟的井下腐蚀检测技术主要包括：井下光学成像测井类技术、井径测井类技术、声波测井类技术、电磁测井类技术。

较成熟的井下光学成像测井工具主要有 Hawkeye、Fiber-Optic、EyeDeal 等产品。检测时将仪器下入井筒中，对管壁进行扫描成像，获取连续的高质量图像。在井下流体透明度较好时可清楚记录井下情况。但是仪器对井下环境有较高要求，适用于清洁液体和气体环境，因此井下光学成像测井类应用相对较少。

井径测井类、声波测井类、电磁测井类的相关技术及产品较多。声波类检测技术受检测原理限制，难以应用于充满气体的井筒腐蚀检测。机械类检测技术只能检测内壁，但是检测精度相对较高。电磁类可检测多层管柱，功能较丰富。6 种成熟应用的井径、声波、电磁类检测工具的对比分析情况见表 7-6，包括：MIT、MTT、MID-K、CAST、EM、XE-CT，其中前 4 个应用较广泛，川庆钻探、青海油田、长庆油田等多家单位进行了引入和应用。针对高温高压高含硫气井的井下腐蚀检测，应结合井筒条件、检测精度要求、检测重要性等进行多方面分析以确定适合的检测技术。

表 7-11　井下腐蚀检测技术对比分析

仪器类型	主要参数	主要特点
MIT	MIT24 最大外径 43mm，MIT60 最大外径 102mm，耐温 177℃，最大耐压 139.7MPa，检测精度最高为 0.64mm	机械类，检测管内壁，技术成熟，应用广泛
MTT	最大外径 43mm，最高耐温 150℃，最大耐压 105MPa，无损伤油管检测精度为壁厚的 15%（精度与缺陷尺寸有关）	电磁类，多管柱检测，技术成熟，应用广泛
MID-K	最大外径 42mm，耐温 175℃，耐压 150MPa，单层管柱检测精度为 0.5 mm，过油管套管检测精度为 1.5 mm	电磁类，多管柱检测，技术成熟，应用较广泛
CAST	最大外径 69.85mm（CAST-M），耐温 177℃，耐压 138MPa，检测精度 1.27mm	声波类，难以用于气体介质的检测，检测管内壁及本体，可检测水泥环，技术成熟，应用较广泛
EM	最大外径 55.9 mm，耐温 150℃，耐压 103MPa，检测精度 1.27	电磁类，可过油管检测，对井内流体无特别限制
XECT	最大外径 43mm，耐温 175℃，耐压 100MPa，单层管柱检测精度 0.5mm	电磁类，多管柱检测

三、井下漏点检测技术

1. 井下漏点检测技术概述

井下漏点检测方法主要有机械验套法与测井法。机械验套法作业周期长、成本高，现场实际多采用测井的方法。测井方法包括多臂井径测井、同位素示踪测井、流量测井、硼中子寿命测井、噪声测井、井温测井等。

多臂井径测井受机械测量原理的局限，对于套管内壁损坏不严重而外壁损坏严重的套漏井测量效果不佳。同位素测井受沾污影响严重（管壁沾污、接箍沾污），使得测井结果具有多解性，其只起到进一步证实套漏的作用。流量测井可以找漏，但不能反映管外流体窜槽。注硼中子寿命测井受窜槽部位的高压水层等因素影响使其测井准确性及成功率降低。井温测井、噪声组合测井方法由于其找漏的精度和成功率较高，受到国内油气田的重视。

2. 井温和噪声测井漏点检测原理

井温测井的测量对象是地温梯度和局部温度异常。当井处于相对稳定状态时，其温度场也相对稳定。当井筒内或井筒外有流体产出时，原始温度场受到干扰而发生变化，这时井温曲线能真实地反映出变化情况。井温测井原理是在原始状态下，地温与深度的关系基本呈线性关系，其斜率为地温梯度。当井筒内有流体加入时，原始地温场受到扰动破坏，偏离正常地温而形成井温异常。在生产井中，产出流体的井温曲线在产出层上部出现正异常，即井温高于地热温度。若产气时，由于气体膨胀吸热冷却，使温度下降，测井曲线通常产生负异常。井温测井曲线反映的是整个井筒生产剖面，对各个产出层段来说，能反映井的各层生产状态。

噪声测井仪的井下声系只有接收声波的换能器，而无声波发射器。换能器接收到的噪声信号经放大滤波产生 200Hz、600Hz、1000Hz、2000Hz 等噪声曲线，通过分析噪声曲线的突变特征确定漏点位置及特征。噪声测井原理：（1）井眼及其附近的单相流体或多相流体通过阻流位置时将产生压力降，流体的动能在阻流部位转换成热能和声能，因此在阻流位置附近可探测到声音，这种声音称为噪声。（2）通过对噪声特征——噪声幅度及频率的测量可判断流体的流动位置以及流体类型。（3）与大多数地面设备有关的噪声，如电缆振动、地面施工、马达噪声等，其频率低于 200Hz，200Hz 以下的噪声信号在解释时不选用，由地面设备引起的干扰噪声不会影响其测量结果。（4）对于单相流动的流体，噪声最大幅度出现在 1000Hz 的范围内，随压差的增大向 2000Hz 的方向发展。（5）对于气液两相流动的流体，噪声能量主要集中在 200~600Hz 的频带。

3. 井下漏点检测技术应用

井温和噪声测井漏点检测技术在四川盆地进行了应用。为了获得较好的检测效果，通常将井温、噪声、流量、压力等测量短节进行一定组合后检测。以 X 井为例说明井下漏点检测技术的现场应用。X 井基本情况：井深 4300m，最大井斜角为 54°，下入完井封隔器和井下安全阀完井，关井油压 24MPa。A 环空多次泄压后均重新带压，存在异常带压现象，稳定后的带压值为 17MPa。检测时组合了压力流量短节、温度短节、接箍定位短节，如图 7-13 所示。

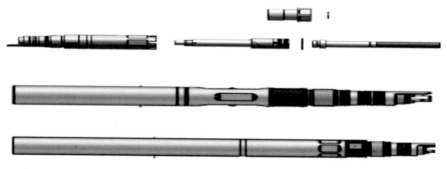

图 7-13　井下漏点检测工具（上：压力流量短节，中：温度短节，下：CCL 短节）

采用钢丝作业方式下入和上起工具，下入和上起过程中检测工具保持 5 次/s 的频率测量数据。下入工具时，保持油管通道和 A 环空在关闭状态下进行检测，以 6m/min 的速度匀速下放，下放至完井封隔器以下 60m 处。然后 A 环空进行泄压，A 环空压力降至 0MPa 后，再以 6m/min 的速度匀速上起工具进行上行检测。

起出工具，对温度数据进行处理后表明，井深 1350m 处有温度突变，存在疑似漏点，如图 7-14 所示。对流量数据、压力数据处理后未发现有数据突变现象，说明漏点泄漏速率较小，低于检测工具的灵敏度，检测工具未测量到流量和压力变化。结合接箍定位数据分析后，认为井深 1350m 处是油管接箍位置，该处接箍螺纹丝扣存在疑似渗漏。

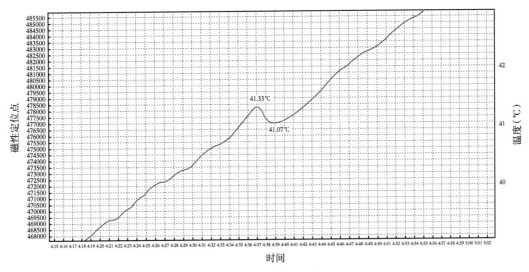

图 7-14　井深 1350m 处温度曲线局部放大图

参 考 文 献

[1] 郑新权，陈中一．高温高压油气井试油技术文集［M］．北京：石油工业出版社，1997．

[2] 万仁溥．现代完井工程［M］．北京：石油工业出版社，2008．

[3] 戚斌，龙刚，熊昕东．高温高压气井完井技术［M］．北京：中国石化出版社，2011．

[4] 何生厚．高含硫化氢和二氧化碳天然气田开发工程技术［M］．北京：中国石化出版社，2008．

[5] 李相方．高温高压气井测试技术［M］．北京：石油工业出版社，2007．

[6] 窦益华，许爱荣，张福祥，等．高温高压深井石油完井问题综述［J］．石油机械，2008（9）：140-142．

[7] 伍贤柱．川渝气田深井和超深井钻井技术［J］．天然气工业，2008（4）：1-5．

[8] 李玉飞，佘朝毅，刘念念，等．龙王庙组气藏高温高压大产量气井完井技术难点及对策［J］．天然气工业，2016，36（4）：60-64．

[9] 高连新，史交齐．油套管特殊螺纹接头技术的研究现状及展望［J］．石油矿场机械，2008（2）：15-19．

[10] 杜志敏．国外高含硫气藏开发经验与启示［J］．天然气工业，2006（6）：35-37，193，194．

[12] 黄艳，马辉运，蔡道钢，等．国外采气工程技术现状及发展趋势［J］．钻采工艺，2008（6）：52-55，168．

[13] 吴康，马发明，等．四川盆地采气工程技术现状及发展方向（下）［J］．天然气工业，2005（4）：19-20，119-124．

[14] 李鹭光．高含硫气藏开发技术进展与发展方向［J］．天然气工业，2013，33（1）：18-24．

[15] 宋治，冯耀荣．油井管与管柱技术及应用［M］．北京：石油工业出版社，2007．

[16] 黄黎明．高含硫气藏安全清洁高效开发技术新进展［J］．天然气工业，2005，35（4）：1-6．

[17] 魏风玲，赵宇新，曹言光，等．普光高含硫气藏开采配套工艺技术［C］．何庆华，张石峰，译．中国石油学会第二届油气田开发技术大会论文集．北京：石油工业出版社，2009．

[18] 徐艳梅，郭平，黄伟岗．高含硫气藏元素硫沉积研究［J］．天然气勘探与开发，2004（6）：52-55，59-84．

[19] 韩慧芬，桑宇，杨建．四川盆地震旦系灯影组储层改造实验与应用［J］．天然气工业，2016，36（1）：81-88．

[20] 卞小强，杜建芬，李明军，等．高含硫气藏元素硫沉积及其对储层伤害模型研究［J］．西安石油大学学报（自然科学版）2008（3）：43-46，119．

[21] MacDonald, D. D, Roberts B., Hyne J. B., The Corrosion of Carbon Steel by Wet Elemental Sulfur［J］. Corrosion Science, 1978, 18（5）：411.

[22] Maldonado-zagal, S. B. Boden P. J. Hydrolysis of Elemental Sulphur in Water and its Effect on the Corrosion of Mild Steel［J］. British Corrosion Journal, 2013, 17（3）：116-120.

[23] G. Schmitt. Effects of Elemental Sulfur on Corrosion in Sour Gas Systems. Corrosion, 1991（47）：285-308.

[24] H. Fang, D. Young, S. Nešić. Corrosion of Mild Steel in the Presence of Elemental Sulfur［J］. CORROSION/2008, paper no. 08637（Houston, TX：NACE, 2008.）

[25] 杨川东．采气工程［M］．北京：石油工业出版社，2001．

[26] 尹国君．气举排水采气优化设计研究［D］．大庆：东北石油大学，2012．

[27] 戚斌，龙刚，熊昕东．高温高压气井完井技术［M］．北京：中国石化出版社，2011．

[28] 何生厚，等．高含硫化氢和二氧化碳天然气田开发工程技术［M］．北京：中国石化出版社，2008．

[29] 李相方．高温高压气井测试技术［M］．北京：石油工业出版社，2008.

[30] 窦益华，许爱荣，张福祥，等．高温高压深井试油完井问题综述［J］．石油机械，2008（9）：140-142.

[31] 伍贤柱．川渝气田深井和超深井钻井技术［J］．天然气工业，2008（4）：1-5.

[32] 李玉飞，佘朝毅，刘念念，等．龙王庙组气藏高温高压酸性大产量气井完井难点及对策［J］．天然气工业，2016（4）：60-64.

[33] 王哲金．电子式井下压力计现行标准讨论［J］．石油工业技术监督，2001（3）：2.

[34] 赵宏敏，关建庆，吴信荣．综合测试工艺及应用研究［J］．油气井测试，2003，12（5）.

[35] 李相方，高温高压气井测试技术［M］．北京：石油工业出版社，2007.

[36] 李子丰．油气井杆管柱力学及应用［M］．北京：石油工业出版社，2008.

[37] 卢齐，林轶斌，赵益秋．永久式封隔器完井技术在龙王庙气藏开发中的应用［J］．钻采工艺，2016（2）.

[38] 卢齐，蔡佳成，张文斌．APR测试技术在震旦系灯影组勘探井中的应用［J］．油气井测试，2016（6）.

[39] 埃克诺米德斯，张保平．油藏增产措施［M］．北京：石油工业出版社，2002.

[40] Schechter R S, Gidley J L. The change in pore size distribution from surface reactions in porous media［J］. AIChE Journal, 1969, 15(3)：339-350.

[41] Hoefner M L, Fogler H S. Pore Evaluation and Channel Formation During Flow and Reaction in Porous Media［J］. AIChE Journal, 1988, 34(1)：45-54.

[42] Wang Y, Hill A D, Schechter R S. The Optimum Injection Rate for Matrix Acidizing of Carbonate Formations［C］. SPE 68th Annual Technical Conference and Exhibition, 1993：1-3.

[43] Jones A T, Davies D R. Quantifying Acid Placement：The Key to Understanding Damage Removal in Horizontal Wells［J］. SPE Production & Facilities, 1996, 13(3)：163-169.

[44] Kalfayan L J, Martin A N. The art and practice of acid placement and diversion：history, present state and future［C］. SPE Annual Technical Conference and Exhibition, Louisiana, 2009, SPE-124141-MS.

[45] 马新华．创新驱动助推磨溪区块龙王庙组大型含硫气藏高效开发［J］．天然气工业，2016，36(2)：1-8.

[46] Taylor D, Kumar P S, Fu D, et al. Viscoelastic surfactant based self-diverting acid for enhanced stimulation in carbonate reservoirs［C］. SPE European Formation Damage Conference, Netherlands, 2003, SPE-82263-MS.

[47] Al-Ghamdi A H, Mahmoud M A, Wang G, et al. Acid diversion by use of viscoelastic surfactants：the effects of flow rate and initial permeability contrast［J］. SPE Journal, 2014, 19(6)：1203-1216.

[48] Zoback M D. Reservoir geomechanics［M］. Cambridge University Press, 2007.

[49] 郭建春，卢聪，肖勇，等．四川盆地龙王庙组气藏最大化降低表皮系数的储层改造技术［J］．天然气工业，2014，34(3)：97-102.

[50] Panga M K R, Ziauddin M, Balakotaiah V. Two-scale continuum model for simulation of wormholes in carbonate acidization［J］. AIChE Journal, 2005, 51(12)：3231-3248.

[51] Liu P L, Xue H, Zhao L Q, et al. Analysis and simulation of rheological behavior and diverting mechanism of In Situ Self-Diverting acid［J］. Journal of Petroleum Science and Engineering, 2015, 132(1)：39-52.

[52] 邹才能，杜金虎，徐春春，等．四川盆地震旦系—寒武系特大型气田形成分布、资源潜力及勘探发现［J］．石油勘探与开发，2014，41(3)：278-293.

[53] Bazin B, Roque C, Chauveteau G A, et al. Acid Filtration Under Dynamic Conditions To Evaluate Gelled

Acid Efficiency in Acid Fracturing [J]. SPE Journal, 1999, 4(4): 360-367.

[54] Coulter A W, Crowe C W, Barrett N D, et al. Alternate Stages of Pad Fluid and Acid Provide Improved Leakoff Control for Fracture Acidizing [C]. SPE annual meeting of the Society of Petroleum Engineers, New Orleans, LA, USA, 3 Oct 1976.

[55] 吴奇, 王峰. 水平井封隔器滑套分段压裂技术 [M]. 北京: 石油工业出版社, 2013.

[56] Paccaloni. Matrix stimulation planning. Part 1. New method provides value stimulation planning [J]. Oil Gas Journal, 1979, 77: 47.

[57] Prouvost L P, Economides M J. Applications of Real-Time Matrix-Acidizing Evaluation Method [J]. SPE Production Engineering, 1989, 4(4): 401-407.

[58] Behenna F R. Interpretation of Matrix Acidizing Treatments Using a Continuously Monitored Skin Factor [J]. SPE Formation Damage Control Symposium, 1994, 45(8): 796-802.

[59] Hill A D, Zhu D. Real-Time Monitoring of Matrix Acidizing Including the Effects of Diverting Agents [J]. SPE Production & Facilities, 1996, 11(2): 95-101.

[60] Zhu D, Hill A D. Field Results Demonstrate Enhanced Matrix Acidizing Through Real-Time Monitoring [J]. SPE Production & Facilities, 1998, 13(13): 467-476.

[61] Hurtado A L, Asadi M, Woodroof R A, et al. Long-Term Post-Frac Performance Analysis Based on Flowback Analysis Using Chemical Frac-Tracer [J]. SPE 1213806, 2009 SPE Latin American and Caribbean Petroleum Engineering Conference, 2009.

[62] 申贝贝, 胡永全. 酸液胶凝剂作用机理及其发展展望 [J]. 石油化工应用, 2012, 31(6): 1-4, 9.

[63] 曲占庆, 曲冠政, 齐宁, 等. 黏弹性表面活性剂自转向酸液体系研究进展 [J]. 油气地质与采收率, 2011, 18(5): 89-92, 96, 117.

[64] 曲占庆, 曲冠政, 齐宁, 等. 中低温 VES-BAT 自转向酸性能评价 [J]. 大庆石油地质与开发, 2013, 32(2): 130-135.

[65] MacDonald, D. D., Roberts B, Hyne J B. The Corrosion of Carbon Steel by Wet Elemental Sulfur [J]. Corrosion Science, 1978, 18(5): 411-425.

[66] Maldonado-Iagal S B, Boden, P J. Hydrolysis of Elemental Sulphur in Water and its Effect on the Corrosion of Mild Steel [J]. British Corrosion Journal, 2013, 17(3): 116-120.

[67] Schmitt. G. Effects of Elemental Sulfur on Corrosion in Sour Gas Systems [J]. Corrosion-Houston TX-, 1991, 47: 4(4): 285-308.

[68] Fang H, Young D, Nesic S. Corrosion of Mild Steel in the Presence of Elemental Sulfur [J]. NACE-International corrosion conference series, 2008.

[69] 杨川东. 采气工程 [M]. 北京: 石油工业出版社, 2001.

[70] 尹国君. 气举排水采气优化设计研究 [D]. 大庆: 东北石油大学, 2012.

[71] 蔡道钢, 陈家晓, 黎萌, 等. 威远气田二次开发水平井气举强排水初探 [J]. 钻采工艺, 2015, 38(1): 3.

[72] 陈俊武, 卢捍卫. 催化裂化在炼油厂中的地位和作用展望——催化裂化仍将发挥主要作用 [J]. 石油学报(石油加工), 2013, 19(1): 1-11.

[73] 齐桃, 吴晓东, 冯益富, 等. 气井井下节流工艺设计方法研究与应用 [J]. 石油钻采工艺, 2011, 33(5): 72-75.

[74] 曾时田. 高含硫气田钻井、完井主要难点和对策 [J]. 天然气工业, 2008, 28(4): 52-55.

[75] 李士伦. 天然气工程 [M]. 北京: 石油工业出版社, 2000.

[76] 沈琛. 井下作业工程监督 [M]. 北京: 石油工业出版社, 2005.

[77] 吴奇. 井下作业工程师手册 [M]. 北京：石油工业出版社，2002.

[78] 何生厚. 油气开采工程师手册 [M]. 北京：石油工业出版社，2006.

[79] 杜志敏. 国外高含硫气藏开发经验与启示 [J]. 天然气工业，2006，26（12）：3.

[80] 黄桢. 川东地区"三高"气井井口隐患治理技术 [J]. 天然气工业，2008，28（4）：59-60.

[81] 李长忠，李川东，雷英全. 高含硫气井安全隐患治理技术思路与实践 [J]. 天然气工业，2010，（12）：5.

[82] 郝俊芳，唐林. 反循环压井方法 [J]. 西南石油学院学报，1998，20（1）.

[83] 刘崇建，黄柏宗，徐同台，等. 油气井注水泥理论与应用 [M]. 北京：石油工业出版社，2001.

[84] 王鸿勋，张琪，等. 采油工艺原理 [M]. 北京：石油工业出版社，1981.

[85] 张琪. 采油工程原理与设计 [M]. 东营：中国石油大学，2006.

[86] 万仁溥. 采油工程手册 [M]. 北京：石油工业出版社，2009.

[87] 聂海光，王新河. 油气田井下作业修井工程 [M]. 北京：石油工业出版社，2002.

[88] 中国石油天然气集团公司 HSE 指导委员会. 井下作业 HSE 风险管理 [M]. 北京：石油工业出版社，2002.

[89] 李惠东，韩福成，潘国辉. 采用屏蔽暂堵技术保护油气层 [J]. 大庆石油地质与开发，2004，23（4）：3.

[90] 郑有成，张果，游晓波，等. 油气井完整性与完整性管理 [J]. 钻采工艺，2008，31（5）：4.

[91] 李士伦，杜建芬，郭平，等. 对高含硫气田开发的几点建议 [J]. 天然气工业，2007，27（2）：4.

[92] 曾时田. 高含硫气田钻井、完井主要难点及对策 [J]. 天然气工业，2008，28（4）：52-55.

[93] 何生厚，等. 高含硫化氢和二氧化碳天然气田开发工程技术 [M]. 北京：中国石化出版社，2008.

[94] 李鹭光，黄黎明，谷坛，等. 四川气田腐蚀特征及防腐措施 [J]. 石油与天然气化工，2007，36（1）：9.

[95] 江汉石油管理局采油工艺研究所. 封隔器理论基础与应用 [M]. 北京：石油工业出版社，1983.

[96]《试油监督》编写组. 试油监督 [M]. 北京：石油工业出版社，2004.

[97] 文浩，杨存旺. 试油作业工艺技术 [M]. 北京：石油工业出版社，2002.

[98] 吴奇，郑新权，张绍礼，等. 高温高压及高含硫井完整性设计准则 [M]. 北京：石油工业出版社，2017.

[99] 谢军，等. 高温高压酸性气井井筒完整性评价与管理技术 [M]. 北京：石油工业出版社，2016.

[100] 郭建华. 高温高压高含硫井井筒完整性评价技术研究与应用 [D]. 成都：西南石油大学，2013.

[101] 胡顺渠，陈琛，史雪枝，等. 川西高温高压气井井筒完整性优化设计及应用 [J]. 海洋石油，2011，31（2）：82-85.

[102] 储胜利，樊建春，张来斌，等. 套管段井筒完整性风险评价方法研究 [J]. 石油机械，2009，37（6）：1-4，94.

[103] 郑有成，张果，游晓波，等. 油气井完整性与完整性管理 [J]. 钻采工艺，2008，31（5）：6-9，164.

[104] 张智，周延军，付建红，等. 含硫气井的井筒完整性设计方法 [J]. 天然气工业，2010，30（3）：67-69.

[105] 张智，顾南，杨辉，等. 高含硫高产气井环空带压安全评价研究 [J]. 钻采工艺，2011，34（1）：42-44，115.

[106] 古小红，母建民，石俊生，等. 普光高含硫气井环空带压风险诊断与治理 [J]. 断块油气田，2013，20（5）：663-666.

[107] 王云，李文魁. 高温高压高酸性气田环空带压井风险级别判别模式 [J]. 石油钻采工艺，2012

（5）：57-60.

［108］朱仁发. 天然气井环空带压原因及防治措施初步研究［D］. 成都：西南石油大学，2011.

［109］马发明，佘朝毅，郭建华. 四川盆地高含硫气井完整性管理技术与应用——以龙岗气田为例［J］. 天然气工业，2013，33（1）：122-127.

［110］张广东，陈科，张旭，等. 川东北高温高压高产含硫气井井口装置的优选［J］. 油气井测试，2011，20（4）：59-62，78.

［111］Zhu G Y, Zhang S C, Liang Y B, et al. Origins of High H_2S-bearing Natural Gas in China［J］. Acta Geologica Sinica（English Edition），2005（5）：697-708.

［112］Dou Y H, Wang X, Yu Y, et al. Analysis of Sealing Ability of Premium Tubing Connection under Axial Alternating Tension Load［J］. Advanced Materials Research, 2013, 2203：634-638.

［113］郑友志，佘朝毅，刘伟，等. 井温、噪声组合找漏测井在龙岗气井中的应用［J］. 测井技术，2010，34（1）：60-63.